Web开发技术丛书

Nginx底层设计 与源码分析

ANALYSIS OF NGINX SOURCE CODE

聂松松　赵禹　施洪宝　景罗　黄桃
李乐　张报　闫昌　田峰　　　著

机械工业出版社
CHINA MACHINE PRESS

图书在版编目（CIP）数据

Nginx 底层设计与源码分析 / 聂松松等著 . -- 北京：机械工业出版社，2021.6（2023.12
重印）
（Web 开发技术丛书）
ISBN 978-7-111-68274-5

Ⅰ. ① N⋯ Ⅱ. ① 聂⋯ Ⅲ. ① 互联网络 - 网络服务器 - 程序设计 Ⅳ. ① TP368.5

中国版本图书馆 CIP 数据核字（2021）第 092031 号

Nginx 底层设计与源码分析

出版发行：机械工业出版社（北京市西城区百万庄大街 22 号 邮政编码：100037）

责任编辑：董惠芝　　　　　　　　　　　　责任校对：马荣敏

印　　刷：固安县铭成印刷有限公司　　　　版　　次：2023 年 12 月第 1 版第 2 次印刷

开　　本：186mm×240mm　1/16　　　　　印　　张：22.5

书　　号：ISBN 978-7-111-68274-5　　　　定　　价：99.00 元

客服电话：（010）88361066　68326294

过去最主流的服务器是 1995 年发布的 Apache 1.0。Apache 源于 NCSA HTTPd 服务器，是一个多进程模型的 Web 服务器。但运行到后期，Apache 渐渐出现很多问题，比如内存占用很大、扩展需挂接第三方库、并发能力受限等。2004 年 10 月，新的 Web 服务器 Nginx 1.0 横空出世。该服务器采用"多进程 +I/O 复用＋扩展静态编译到主进程"的并发模型，被一直沿用至今。

Nginx 经过十余年的发展，已经演变成非常成熟的 Web 服务器、代理接入服务器。目前，Nginx 在全球 Web 服务器市场中的份额约为 38%，超过了 Apache 服务器全球 25% 的市场份额，为全球各类 Web/API 服务器提供接入服务，满足用户的各种访问需求。

Nginx 弥补了过去大部分服务端软件依赖于操作系统提供的类似于 libc/glibc 等基础库的不足，其内部的主流数据结构算法全部自主实现，包括进程管理、内存管理、异步网络 I/O 封装、各种均衡策略、网络代理、HTTP 处理等，还具备强大的扩展挂接机制，已经成为高性能服务器开发的典范。

目前，市面上关于 Nginx 内核实现机制和原理的书籍并不是很多。本书由 Nginx 技术专家撰写。他们把对 Nginx 的使用、研究体会以及对源码的理解编撰成书，带领读者深入理解高性能服务器 Nginx 的内部实现机制。

本书内容由浅入深，除了介绍 Nginx 的数据结构、网络模型、配置解析、进程机制、HTTP 处理、负载均衡等基础实现机制，还介绍 Nginx 在基于 RTMP 方面的直播模块的实现，非常适合高性能服务器爱好者学习。

纸上得来终觉浅，绝知此事要躬行。愿所有阅读本书的技术伙伴先读书后实践，知行合一，真正掌握 Nginx 的精髓，成为优秀的技术人。

谢华亮（CSDN 博客技术专家，学而思网校技术委员会主席）

2021 年 5 月 7 日

前　　言 *Preface*

在写这本书之前，笔者们专门对源码学习和交流了很长一段时间。因为一个人去坚持自己的目标真的很难，但是一群人去学习，相互鼓励，相互督促，会让学习更高效且更有动力。

当然，学习是为了获取知识、总结学习结果，以便在未来更好地工作。在总结的过程中，大家逐渐有了把这些经验分享出来的想法，以帮助更多想要了解 Nginx 的人，于是便有了本书。

本书特色

内容丰富：除了 Nginx 相关的进程、数据结构、配置、HTTP 模块、内存等内容，还附带编译脚手架和 RTMP 模块的详细讲解。通过学习这些内容，读者可以了解模块的构成，开发定制模块。

深入浅出：Nginx 源码设计中涉及很多知识，这对入门读者来说有一定的难度。所以本书结合案例分析，让读者更轻松地理解这些庞杂、有难度的知识。

实战讲解：通过关键代码片段以及原理分析进行实战难点讲解。某些代码分析还带有源码调试分析与处理流程图，便于读者动手实战，快速入门。

本书结构

本书共 12 章，主要内容介绍如下。

第 1 章介绍 Nginx 源码与编译安装，**第 2 章**介绍 Nginx 基础架构与设计理念，这两章从 Nginx 的优势、源码结构、进程模型等几个方面概述 Nginx。

第 3 章介绍 Nginx 的内存管理，从内存池、共享内存两方面介绍 Nginx 内存管理的相关内容。

第 4 章介绍 Nginx 的基本数据结构，包括字符串、数组、链表、队列、散列、红黑树、基数树的数据结构和算法。

第 5 章解析 Nginx 的配置文件，通过对 main 配置块、events 配置块与 http 配置块的详细介绍，概述 Nginx 配置解析的全过程。

第 6 章介绍 Nginx 进程机制，通过进程模式、Master 进程、Worker 进程以及进程间通信机制，完整介绍 Nginx 进程的管理。

第 7 章介绍 HTTP 模块，通过服务初始化、请求解析、HTTP 请求处理以及 HTTP 请求响应，详细介绍 HTTP 模块的处理过程。

第 8 章介绍 Upstream 机制，对 Upstream 初始化、上下游连接建立、长连接、FastCGI 模块做了详细介绍。

第 9 章介绍 Event 模块实现，内容涉及 Nginx 事件模型的文件事件、时间事件、进程池、连接池等事件处理流程。

第 10 章介绍 Nginx 的负载均衡、限流、日志等模块的实现。

第 11 章介绍跨平台实现，对 Nginx 的 configure 编译文件、跨平台原子操作和锁进行详细介绍。

第 12 章介绍基于 Nginx 的 RTMP 直播服务实现。

预备知识

读者在学习本书之前可以对以下知识进行初步了解，以便更好地学习与理解本书。

- ❑ C/C++ 基础：首先要掌握 C/C++ 语言基础，这样有助于理解源码语意、语法以及相关的业务逻辑。
- ❑ GDB 调试：本书中的一些代码片段是采用 GDB 进行调试的，因此了解 GDB 调试工具有助于对 Nginx 的进程进行调试。
- ❑ Nginx 基础使用：本书基于 Nginx 1.160 版本编写，如果你对 Nginx 的一些使用已经了解，学习起来会更容易。
- ❑ HTTP 及其网络编程基础知识。

勘误与交流

由于笔者写作水平和写作时间有限，文中难免有疏漏与笔误，欢迎大家通过电子邮件等方式批评指正。

- ❑ 笔者邮箱：9641354@qq.com。
- ❑ 笔者博客：https://segmentfault.com/u/php7internal。

致谢

感谢学而思网校技术负责人陈雷老师在本书写作过程中给予的帮助和支持。

感谢出版社给了笔者一次和大家分享技术、交流学习的机会，感谢高婧雅编辑在本书出版过程中的辛勤付出。

赵 禹

2021 年 4 月 12 日

Contents 目　录

推荐序

前　言

第1章　Nginx 源码与编译安装 ·········· 1

1.1　Nginx 优势与 4 种应用示例 ········· 1

1.2　Nginx 源码结构 ··············· 4

1.3　Nginx 编译安装 ··············· 5

1.4　本章小结 ··················· 6

第2章　Nginx 基础架构与设计理念 ···· 7

2.1　Nginx 进程模型 ··············· 7

2.2　Nginx 模块化设计 ············· 9

2.2.1　模块分类 ················ 9

2.2.2　模块接口 ··············· 10

2.2.3　模块分工 ··············· 12

2.3　Nginx 事件驱动 ··············· 13

2.4　本章小结 ·················· 14

第3章　Nginx 内存管理 ············· 15

3.1　Nginx 内存管理简介 ·········· 15

3.2　Nginx 内存池 ··············· 16

3.2.1　内存池结构 ············· 16

3.2.2　申请内存 ··············· 17

3.2.3　释放内存 ··············· 20

3.3　Nginx 共享内存 ············· 22

3.3.1　共享内存的创建及

销毁 ·················· 22

3.3.2　互斥锁 ················ 23

3.3.3　共享内存管理 ·········· 25

3.3.4　共享内存使用 ·········· 30

3.4　本章小结 ·················· 31

第4章　基本数据结构 ··············· 32

4.1　字符串 ···················· 32

4.2　数组 ····················· 33

4.3　链表 ····················· 35

4.4　队列 ····················· 37

4.5　散列 ····················· 42

4.6　红黑树 ···················· 46

4.7　基数树 ···················· 56

4.8　本章小结 ·················· 59

第5章　配置文件解析 ··············· 60

5.1　配置文件简介 ·············· 60

5.2 主函数 ngx_conf_parse ············· 63

5.3 解析 main 配置 ··················· 65

    5.3.1 创建 main 配置上下文 ····· 65

    5.3.2 解析配置指令 ············· 66

5.4 解析 events 配置块 ··········· 69

5.5 解析 http 配置块 ············· 71

    5.5.1 main 配置解析 ············· 71

    5.5.2 server 配置解析 ··········· 74

    5.5.3 location 配置解析 ········· 76

    5.5.4 配置合并 ················· 79

    5.5.5 location 配置再处理 ······· 81

    5.5.6 upstream 配置解析 ········· 83

5.6 本章小结 ····················· 85

第 6 章　Nginx 进程机制 ··········· 86

6.1 Nginx 进程模式 ··············· 86

    6.1.1 daemon 模式 ············· 86

    6.1.2 单进程模式和多进程
模式 ··············· 88

    6.1.3 进程模式源码解析 ········· 88

6.2 Master 进程 ·················· 91

6.3 Worker 进程 ·················· 93

6.4 进程间通信机制 ··············· 99

    6.4.1 信号定义 ················· 99

    6.4.2 信号注册 ················ 101

    6.4.3 信号处理 ················ 102

    6.4.4 Master 进程处理机制 ····· 106

    6.4.5 Worker 进程处理机制 ····· 110

    6.4.6 Master 进程与 Worker
进程通信 ············· 111

6.5 本章小结 ···················· 115

第 7 章　HTTP 模块 ·············· 116

7.1 整体流程 ···················· 117

    7.1.1 HTTP 模块初始化 ········ 117

    7.1.2 HTTP 请求解析 ·········· 118

    7.1.3 HTTP 请求处理与响应 ····· 120

7.2 HTTP 服务初始化 ··········· 123

    7.2.1 模块初始化 ············· 123

    7.2.2 事件初始化 ············· 126

    7.2.3 HTTP 会话建立 ·········· 128

7.3 HTTP 请求解析 ············· 130

    7.3.1 基础结构体 ············· 131

    7.3.2 接收请求流程 ··········· 135

    7.3.3 解析请求行 ············· 137

    7.3.4 解析请求头 ············· 143

7.4 HTTP 请求处理 ············· 148

    7.4.1 多阶段划分 ············· 148

    7.4.2 11 个阶段初始化 ········· 153

    7.4.3 处理 HTTP 请求 ········· 155

    7.4.4 处理请求体 ············· 169

7.5 HTTP 请求响应 ············· 177

    7.5.1 过滤模块 ··············· 177

    7.5.2 发送 HTTP 响应 ········· 182

    7.5.3 结束 HTTP 响应 ········· 190

7.6 本章小结 ···················· 197

第 8 章　Upstream 机制 ··········· 198

8.1 Upstream 简介 ··············· 198

8.2 初始化 Upstream ············· 200

8.3 与上游建立连接 ············· 205

8.4 发送请求到上游 ············· 208

8.5 处理上游响应头 ············· 210

8.6 处理上游响应体 …………… 213

8.7 结束请求 ………………… 217

8.8 重试机制 ………………… 219

8.9 长连接 …………………… 220

8.10 FastCGI 模块 …………… 225

    8.10.1 FastCGI 协议简介 …… 225

    8.10.2 FastCGI 通信流程 …… 226

    8.10.3 Nginx FastCGI ……… 227

8.11 本章小结 ………………… 228

第 9 章 Event 模块实现 ……… 229

9.1 基础知识及相关配置项介绍 …… 230

    9.1.1 基本概念 …………… 230

    9.1.2 基本网络模型 ……… 230

    9.1.3 epoll 网络模型 ……… 231

    9.1.4 Event 模块相关配置项介绍 … 234

9.2 Nginx 事件模型 ………… 234

    9.2.1 文件事件 …………… 235

    9.2.2 时间事件 …………… 235

    9.2.3 进程池 ……………… 237

    9.2.4 监听池 ……………… 237

    9.2.5 连接池 ……………… 238

    9.2.6 事件池 ……………… 240

    9.2.7 Event 模块初始化过程 … 244

    9.2.8 请求处理流程 ……… 257

9.3 Nginx 的惊群处理 ……… 262

9.4 Nginx 的陈旧事件处理 … 264

9.5 本章小结 ………………… 266

第 10 章 其他模块 …………… 267

10.1 负载均衡模块 …………… 267

10.1.1 Nginx 负载均衡算法

       简介 ……………… 267

10.1.2 Nginx 负载均衡配置

       指令 ……………… 268

10.1.3 Nginx 负载均衡算法

       实现 ……………… 270

10.2 限流模块 ………………… 276

    10.2.1 常见限流算法 ……… 276

    10.2.2 Nginx 限流配置 …… 277

    10.2.3 限流实现原理 ……… 278

10.3 日志模块 ………………… 287

    10.3.1 日志模块配置指令 … 288

    10.3.2 日志模块实现原理 … 290

10.4 本章小结 ………………… 295

第 11 章 跨平台实现 ………… 296

11.1 configure 实现详解 …… 296

11.2 跨平台的原子操作和锁 … 304

11.3 信号量 …………………… 311

11.4 信号和进程管理 ………… 315

11.5 共享内存 ………………… 322

11.6 本章小结 ………………… 325

第 12 章 基于 Nginx 的 RTMP

       直播服务实现 ……… 326

12.1 Nginx-RTMP 简介 ……… 326

12.2 握手 ……………………… 328

12.3 分块 ……………………… 331

12.4 Nginx-RTMP 模块 …… 335

12.5 中继模块 ………………… 342

12.6 本章小结 ………………… 347

第 1 章 *Chapter 1*

Nginx 源码与编译安装

Nginx 已经被广泛应用于工业界。据 BuiltWith 调查，在全球前 10 000 个网站中，有 38.2% 的网站使用了 Nginx。例如，维基百科将 Nginx 作为其 SSL 终端代理，众多中小网站将 Nginx 作为其网关服务器。学习 Nginx 源码有利于我们排查问题以及更好地利用 Nginx。本章主要介绍 Nginx 的基本情况，以便读者加深了解 Nginx 及其编译安装等，为后续深入学习 Nginx 源码打下基础。

1.1 Nginx 优势与 4 种应用示例

1. Nginx 优势

Nginx 是一个 Web 服务器，可以用于反向代理、负载均衡等场合。Nginx 具有以下优点。

- **高性能**：相比于其他 Web 服务器（例如 Apache），Nginx 在正常请求以及高峰请求期，可以更快地响应请求。
- **高可靠**：Nginx 采用多进程模型，具体分为主进程和工作进程。主进程负责监视工作进程，当工作进程异常退出时，可以快速拉起一个新的工作进程，从而为用户提供稳定服务。它在工业上的广泛应用也充分证明了这一点。
- **高并发**：Nginx 通常作为网关级服务，其支持的并发量通常在万级别，经过优化甚至可以达到十万级别。
- **易扩展**：Nginx 是模块化设计，具有极高的扩展性，使用者可以根据自身需求，定制开发相应模块。

● **热部署**：Nginx 提供了优雅重启以及平滑升级的方案，使用户在修改配置文件或者升级 Nginx 时，不会影响线上服务。

● **跨平台**：Nginx 支持多种平台，例如 Linux、Windows、macOS。

截至本书定稿，Nginx 最新的开发版本为 1.17.4。本书以 1.16.0 版本为例为读者介绍 Nginx 源码。

2. Nginx 应用

Nginx 在工业界的主要用途有 4 种：HTTP 服务器、反向代理、负载均衡以及正向代理。下面逐一进行介绍。

（1）HTTP 服务器

Nginx 本身可以充当最简单的静态资源服务器，下面给出一个简单的 Nginx 充当静态资源服务器的配置：

```
server {
    listen 80;
    server_name localhost;
    location /{
        index index.html;
    }
}
```

当服务器含有动态资源时，动静分离是一种常用的解决方案。对于静态资源，Nginx 可以充当服务器。对于动态资源，Nginx 可以充当反向代理。下面给出动静分离的 Nginx 配置示例：

```
server {
    listen 80;
    server_name localhost;
    location /{
        index index.html;
    }
        # 静态资源，例如 gif、jpg 等，Nginx 充当服务器
    location ~ .(gif|jpg|js|css)$ {
        root static_resource_path;
    }
    # 动态资源，例如 PHP 文件，Nginx 充当反向代理
    location ~ .php${
        proxy_pass http://localhost:8000;
    }
}
```

（2）反向代理

反向代理是一种代理服务器。反向代理根据客户端的请求，从一组或者多组服务器中

获取资源，然后返回给客户端。对于客户端而言，其仅仅知道代理服务器的地址，并不知道代理服务器后端的一组或者多组服务器。下面给出一个 Nginx 充当反向代理的配置示例：

```
server {
    listen 80;
    server_name localhost;
    location /{
        proxy_pass http://localhost:8000;
    }
}
```

值得一提的是，Nginx 不仅可以充当 HTTP（HTTPS）反向代理服务器，还可以充当 TCP 反向代理服务器。

（3）负载均衡

当客户端请求量比较多时，我们通常需要多个服务端同时提供服务。通过反向代理使服务端对客户端透明，客户端只需要知道代理服务器的地址即可。Nginx 充当反向代理时，会给每个客户端请求分配一个后端服务器进行处理，如图 1-1 所示。那么，Nginx 该如何选择后端服务器呢？这就涉及负载均衡问题。Nginx 提供了多种负载均衡方案供选择，例如加权轮询、源 IP 散列、响应时间、URL 散列等。

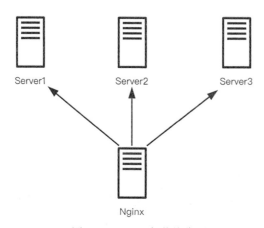

图 1-1　Nginx 负载均衡

下面给出 Nginx 加权轮询的配置示例。

```
upstream backend{
    server localhost:8081 weight=1;
    server localhost:8082 weight=2;
}
server {
    listen 80;
    location /{
        proxy_pass http://backend;
```

```
        }
    }
```

（4）正向代理

正向代理是位于客户端与目标服务器之间的服务器。当客户端需要从目标服务器获取资源时，客户端将发送请求给正向代理，由代理服务器从目标服务器获取数据，之后再转交给客户端。Nginx 可以充当 HTTP 正向代理服务器，下面给出一个简单示例。

```
#DNS server
resolver 8.8.8.8;
server {
    listen 80;
    location /{
    proxy_pass http://$host$request_uri;
    }
}
```

1.2　Nginx 源码结构

本书以 Nginx 1.16.0 为例，介绍 Nginx 源码和实现原理。读者可以从 Nginx 官方网站下载各个版本的 Nginx，目前的最新版本是 Nginx 1.17.4（2019-10-19）。Nginx 源码 src 文件夹的目录结构如图 1-2 所示。

| core | event | http | mail | misc | os | stream |

图 1-2　Nginx 源码 src 文件夹目录

1）core 文件夹用于存储 Nginx 核心代码，其中有 Nginx 内部自定义的数据结构，例如字符串、数组、链表、散列表、队列、基数树以及红黑树等。另外还有 Nginx 核心结构体[⊖]，例如用于与客户端连接的 ngx_connection_t，用于配置解析的 ngx_conf_t，用于缓存的 ngx_buf_t。Nginx 入口函数 main 位于 nginx.c 文件中。该文件夹还有很多其他内容，此处就不一一列举了。

2）event 文件夹存储事件处理模块相关的代码。如图 1-3 所示，modules 存储了 I/O 多路复用相关的代码，例如 select、epoll、poll、kqueue 等。Nginx 可以根据不同的系统选择不同的方案以实现性能最大化。

⊖　编辑注：本书涉及的"结构体"也有称作"结构"，意思相同。

图 1-3　Nginx 源码 src/event 文件夹目录

3）http 文件夹包含 Nginx 处理 HTTP 请求时所需要的相关模块代码。Nginx 1.9.5 版本用 ngx_http_v2_module 模块替换了 ngx_http_spdy_module 模块，自此正式支持 HTTP 2.0 协议，其相关实现也在该文件夹内。

4）除了可以作为 HTTP 服务器外，Nginx 还可以作为邮件服务器。相关实现可以参考 mail 文件夹，由于其使用较少，本书将不展开介绍。

5）misc 文件夹包含两个文件：ngx_cpp_test_module.cpp 与 ngx_google_perftools_module.c。其中，ngx_cpp_test_module.cpp 用于测试 Nginx 中引用的头文件是否与 C++ 兼容，ngx_google_perftools_module.c 用于支持 gperftools 的实现。gperftools 是谷歌开源的性能分析工具，读者可以自行查阅相关资料，本书不再介绍。

6）os 文件夹包含跨平台实现的相关代码。

7）stream 文件夹包含 Nginx 支持 TCP 反向代理功能的具体实现。

除了 src 文件夹外，Nginx 源码中还有一些其他的文件夹，例如 auto 文件夹内存储了一些脚本，这些脚本在执行 configure 时使用，conf 文件夹内存储了 Nginx 所需的配置文件，并给出了配置文件示例 nginx.conf，这里就不一一介绍了。

1.3　Nginx 编译安装

Nginx 支持多种平台，包括 Windows、Linux、macOS 等。本节以 Linux 系统 CentOS 为例，介绍如何安装 Nginx。

1）下载 Nginx 1.16.0 源码，地址为 http://nginx.org/download/nginx-1.16.0.tar.gz。

2）解压缩，指令为 tar -zxvf nginx-1.16.0.tar.gz。

3）进入 Nginx 1.16.0 根目录 cd nginx-1.16.0。

4）执行 ./configure 命令，这一步可以增加参数，比如 ./configure --prefix=PATH，以便指定安装路径。更多参数可以通过 ./configure --help 进行查看。

5）执行完 ./configure 命令后，可以看到目录中增加了 Makefile 文件，然后执行 make 命令进行编译。编译完成后，进入 objs 目录，即可看到可执行文件 nginx。

6）执行 make install 命令安装 Nginx，这一步根据需要执行即可。默认的安装路径为

/usr/local/nginx，进入该目录即可看到安装后的 Nginx。

下面介绍如何启动 Nginx 服务器。首先进入 Nginx 安装目录，可以看到多个文件夹，其中，html 文件夹存储默认的静态资源，logs 文件夹存储 Nginx 执行过程中产生的日志，sbin 文件夹包含 Nginx 可执行文件，以 temp 结尾的文件夹是 Nginx 执行过程中需要的临时文件。Nginx 默认读取 conf 文件夹下的 nginx.conf 文件，监听端口为 80 端口。执行如下命令即可启动 Nginx：

```
./sbin/nginx
```

此时，通过浏览器访问 http://localhost，可以看到 Nginx 欢迎页面，如图 1-4 所示。

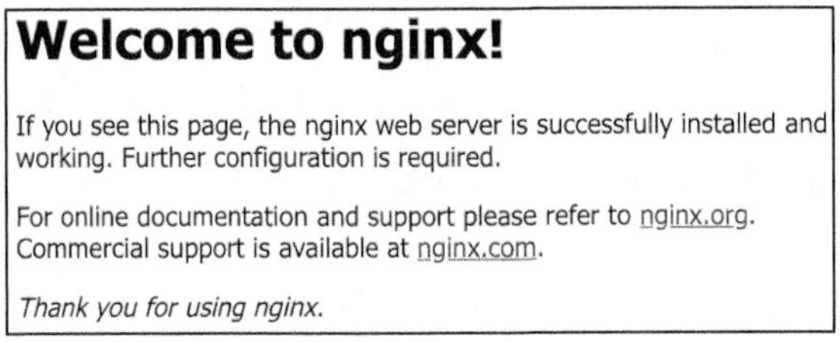

Welcome to nginx!

If you see this page, the nginx web server is successfully installed and working. Further configuration is required.

For online documentation and support please refer to nginx.org.
Commercial support is available at nginx.com.

Thank you for using nginx.

图 1-4　Nginx 欢迎页

> 注意　当打印变量时，会提示 optimized out，这是编译时被优化导致的。如果想看到变量的信息，则需要在配置参数时增加 --with-cc-opt='-O0' 参数。

1.4　本章小结

本章首先对 Nginx 的优势和应用场景示例进行了简单介绍，之后讲解了 Nginx 的源码结构以及编译安装。通过本章的学习，相信读者已经对 Nginx 有了初步的了解，这将为后续深入研究 Nginx 源码奠定基础。

第2章　*Chapter 2*

Nginx 基础架构与设计理念

自诞生以来，Nginx 以高性能、高可靠、易扩展闻名于世，这得益于它诸多优秀的设计理念。本章站在宏观的角度来欣赏 Nginx 的架构设计之美。

2.1　Nginx 进程模型

随着大多数系统需要应对海量的用户流量，人们越来越关注系统的高可用、高吞吐、低延时、低消耗等特性，于是小巧且高效的 Nginx 走进大家的视野，并很快受到人们的青睐。Nginx 的全新进程模型与事件驱动设计使其能轻松应对 C10K 甚至 C100K 高并发场景。

Nginx 使用了 Master 管理进程（Master 进程）和 Worker 工作进程（Worker 进程）的设计，如图 2-1 所示。

Master 进程负责管理各个 Worker 进程，通过信号或管道的方式来控制 Worker 进程的动作。当某个 Worker 进程异常退出时，Master 进程一般会启动一个新的 Worker 进程替代它。各 Worker 进程是平等的，它们通过共享内存、原子操作等一些进程间通信机制实现负载均衡。多进程模型的设计充分利用 SMP（Symmetrical Multi-Processing，对称多处理）多核架构的并发处理能力，保障了服务的健壮性。

同样是基于多进程模型，为什么 Nginx 具备如此强的性能与超高的稳定性，其原因有以下几点。

（1）异步非阻塞

Nginx 的 Worker 进程全程工作在异步非阻塞模式下。从 TCP 连接的建立到读取内核缓

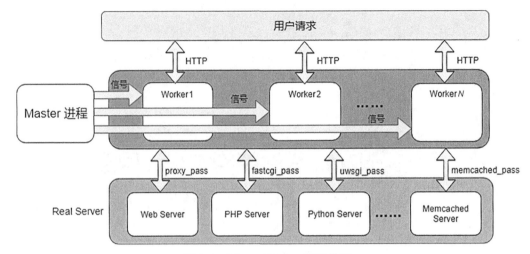

图 2-1　Master-Worker 进程模型

冲区里的请求数据，再到各 HTTP 模块处理请求，或者反向代理时将请求转发给上游服务器，最后再将响应数据发送给用户，Worker 进程几乎不会阻塞。当某个系统调用发生阻塞时（例如进行 I/O 操作，但是操作系统还没将数据准备好），Worker 进程会立即处理下一个请求。当处理条件满足时，操作系统会通知 Worker 进程继续完成这次操作。一个请求可能需要多个阶段才能完成，但是整体上看每个 Worker 进程一直处于高效的工作状态，因此 Nginx 只需要少数 Worker 进程就能处理大量的并发请求。当然，这些得益于 Nginx 的全异步非阻塞事件驱动框架，尤其是在 Linux 2.5.45 之后操作系统的 I/O 多路复用模型中新增了 epoll 这款"神器"，让 Nginx 换上全新的发动机一路狂飙到性能之巅。

（2）CPU 绑定

通常，在生产环境中配置 Nginx 的 Worker 进程数量等于 CPU 核心数，同时会通过 worker_cpu_affinity 将 Worker 进程绑定到固定的核上，让每个 Worker 进程独享一个 CPU 核心，这样既能有效避免 CPU 频繁地上下文切换，也能大幅提高 CPU 缓存命中率。

（3）负载均衡

当客户端试图与 Nginx 服务器建立连接时，操作系统内核将 socket 对应的 fd 返回给 Nginx，如果每个 Worker 进程都争抢着去接受（Accept）连接就会造成著名的"惊群"问题，也就是最终只允许有一个 Worker 进程成功接受连接，其他 Worker 进程都白白地被操作系统唤醒，这势必会降低系统的整体性能。另外，如果有的 Worker 进程运气不好，一直接受失败，而有的 Worker 进程本身已经很忙碌却接受成功，就会造成 Worker 进程之间负载的不均衡，也会降低 Nginx 服务器的处理能力与吞吐量。Nginx 通过一把全局的 accept_mutex 锁与一套简单的负载均衡算法就很好地解决了这两个问题。首先每个 Worker 进程在监听之前都会通过 ngx_trylock_accept_mutex 无阻塞地获取 accept_mutex 锁，只有成功抢到锁的 Worker 进程才会真正监听端口并接受新的连接，而抢锁失败的 Worker 进程只能继续处理已接受连接的事件。其次，Nginx 为每个 Worker 进程设计了一个全局变量 ngx_accept_disabled，并通过如下方式对该值进行初始化：

```
ngx_accept_disabled = ngx_cycle->connection_n / 8 - ngx_cycle->free_connection_n
```

其中，connection_n 表示每个 Worker 进程可同时接受的连接数，free_connnection_n 表示空闲连接数。Worker 进程启动时，空闲连接数与可接受连接数相等，也就是 ngx_accept_disabled 初始值为 $-7/8 \times$ connection_n。当 ngx_accept_disabled 为正数时，表示空闲连接数已经不足总数的 1/8 了，说明该 Worker 进程十分繁忙。于是，它在本次事件循环时放弃争抢 accept_mutex 锁，专注处理已有的连接，同时将自己的 ngx_accept_disabled 减一，下次事件循环时继续判断是否进入抢锁环节。下面的代码摘要展示了上述算法逻辑：

```
if (ngx_use_accept_mutex) {
        if (ngx_accept_disabled > 0) {
            ngx_accept_disabled--;
        } else {
            if (ngx_trylock_accept_mutex(cycle) == NGX_ERROR) {
                return;
            }
......
    }
```

总体来说，这种设计略显粗糙，但胜在简单实用，一定程度上维护了各 Worker 进程的负载均衡，避免了单个 Worker 进程耗尽资源而拒绝服务，提升了 Nginx 服务器的性能与健壮性。

另外，Nginx 也支持单进程模式，但是这种模式不能发挥 CPU 多核的处理能力，通常只适用于本地调试。

2.2　Nginx 模块化设计

Nginx 主框架中只提供了少量的核心代码，大量强大的功能是在各模块中实现的。模块设计完全遵循高内聚、低耦合的原则。每个模块只处理自己职责之内的配置项，专注完成某项特定的功能。各类型的模块实现了统一的接口规范，这大大增强了 Nginx 的灵活性与可扩展性。

2.2.1　模块分类

Nginx 官方将众多模块按功能分为 5 类，如图 2-2 所示。

1）**核心模块**：Nginx 中最重要的一类模块，包含 ngx_core_module、ngx_http_module、ngx_events_module、ngx_mail_module、ngx_openssl_module、ngx_errlog_module。每个核心模块定义了同一种风格类型的模块。

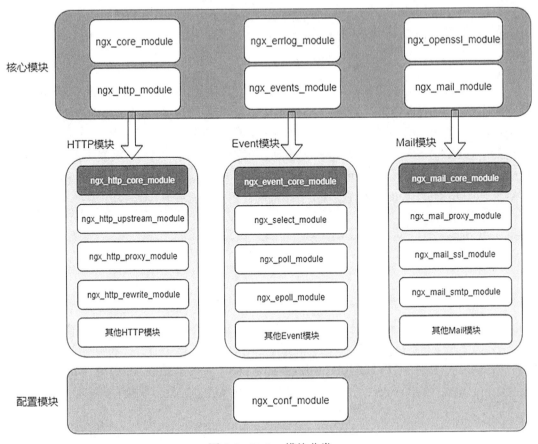

图 2-2　Nginx 模块分类

2）HTTP 模块：与处理 HTTP 请求密切相关的一类模块。HTTP 模块包含的模块数量远多于其他类型的模块。Nginx 的大量功能是通过 HTTP 模块实现的。

3）Event 模块：该模块定义了一系列可以运行在不同操作系统、不同内核版本的事件驱动模块。Nginx 的事件处理框架完美地支持各类操作系统提供的事件驱动模型，包括 epoll、poll、select、kqueue、eventport 等。

4）Mail 模块：与邮件服务相关的模块。Mail 模块使 Nginx 具备了代理 IMAP、POP3、SMTP 等的能力。

5）配置模块：此类模块只有 ngx_conf_module 一个成员，是其他模块的基础，因为其他模块在生效前都需要依赖配置模块处理配置指令并完成各自的准备工作。配置模块指导所有模块按照配置文件提供功能，是 Nginx 可配置、可定制、可扩展的基础。

2.2.2　模块接口

虽然 Nginx 模块数量众多、功能复杂多样，但并没有给开发人员带来多少困扰，因为所有的模块都遵循同一个 ngx_module_t 接口设计规范，定义如下：

```
struct ngx_module_s {
    ngx_uint_t              ctx_index;
    ngx_uint_t              index;
    char                    *name;
    ngx_uint_t              spare0;
    ngx_uint_t              spare1;
    ngx_uint_t              version;
    const char              *signature;
    void                    *ctx;
    ngx_command_t           *commands;
    ngx_uint_t              type;

    ngx_int_t               (*init_master)(ngx_log_t *log);
    ngx_int_t               (*init_module)(ngx_cycle_t *cycle);
    ngx_int_t               (*init_process)(ngx_cycle_t *cycle);
    ngx_int_t               (*init_thread)(ngx_cycle_t *cycle);
    void                    (*exit_thread)(ngx_cycle_t *cycle);
    void                    (*exit_process)(ngx_cycle_t *cycle);
    void                    (*exit_master)(ngx_cycle_t *cycle);

    uintptr_t               spare_hook0;
    uintptr_t               spare_hook1;
    uintptr_t               spare_hook2;
    uintptr_t               spare_hook3;
    uintptr_t               spare_hook4;
    uintptr_t               spare_hook5;
    uintptr_t               spare_hook6;
    uintptr_t               spare_hook7;
};
```

这是 Nginx 源码中非常重要的一个结构体，它包含了一个模块的基本信息，包括模块名称、模块类型、模块指令、模块顺序等。注意，init_master、init_module、init_process 等 7 个钩子函数让每个模块能够在 Master 进程和 Worker 进程启动与退出、初始化等阶段嵌入各自的逻辑，这大大提高了模块实现的灵活性。

前面我们提到，Nginx 对所有模块都进行了分类。每类模块都有自己的特性，实现了自己特有的方法。如何将各类模块和 ngx_module_t 结构体关联起来呢？细心的读者可能已经注意到，ngx_module_t 中有一个类型为 void* 的 ctx 成员，其定义了该模块的公共接口。它是 ngx_module_t 和各类模块的纽带。何谓 "公共接口"？简单点讲，就是每类模块都有各自家族特有的协议规范，通过 void* 类型的 ctx 变量进行抽象，同类型的模块只需要遵循这一套规范即可。这里以核心模块和 HTTP 模块为例进行说明。

对于核心模块，ctx 变量指向的是名为 ngx_core_module_t 的结构体。这个结构体很简单，除了一个 name 成员就只有 create_conf 和 init_conf 两个方法。所有的核心模块都会去实现这两个方法。如果将来 Nginx 拥有了新的核心模块，那它一定是按照 ngx_core_ module_t 结构体的接口规范来实现的。

```
typedef struct {
    ngx_str_t              name;
    void                   *(*create_conf)(ngx_cycle_t *cycle);
    char                   *(*init_conf)(ngx_cycle_t *cycle, void *conf);
} ngx_core_module_t;
```

而对于 HTTP 模块，ctx 变量指向的是名为 ngx_http_module_t 的结构体。这个结构体中定义了 8 个通用的方法，分别是 HTTP 模块在解析配置文件前后以及创建、合并 http 段、server 段、location 段配置时所调用的方法，代码如下：

```
typedef struct {
    ngx_int_t    (*preconfiguration)(ngx_conf_t *cf);
    ngx_int_t    (*postconfiguration)(ngx_conf_t *cf);

    void        *(*create_main_conf)(ngx_conf_t *cf);
    char        *(*init_main_conf)(ngx_conf_t *cf, void *conf);

    void        *(*create_srv_conf)(ngx_conf_t *cf);
    char        *(*merge_srv_conf)(ngx_conf_t *cf, void *prev, void *conf);

    void        *(*create_loc_conf)(ngx_conf_t *cf);
    char        *(*merge_loc_conf)(ngx_conf_t *cf, void *prev, void *conf);
} ngx_http_module_t;
```

Nginx 在启动的时候，就可以根据当前执行的上下文依次调用所有 HTTP 模块里 ctx 变量所指定的方法。更重要的是，对于开发者来说，他只需要按照 ngx_http_module_t 的接口规范实现自己想要的逻辑，这样不仅降低了开发成本，还提高了 Nginx 模块的可扩展性和可维护性。

从全局的角度来看，Nginx 的模块接口设计兼顾统一化与差异化思想，以最简单、实用的方式实现了模块的多态性。

2.2.3 模块分工

既然 Nginx 对模块进行了分类，每个模块都实现了某种特定的功能。那这么多模块是如何被有效地组织起来呢？在 Nginx 启动过程中，各模块需要完成哪些准备工作？在处理请求过程中，各模块又是如何相互协作完成使命呢？本节先简要介绍一下模块分工，后续章节会详细阐述。

事实上，Nginx 主框架只关心 6 个核心模块的实现，每个核心模块分别"代言"一种类型的模块。例如对于 HTTP 模块，其统一由 ngx_http_module 管理，包括创建各 HTTP 模块存储配置项的结构体以及执行各模块的初始化操作的时间点。就好像一家大型公司的管理团队，每个高级管理者负责一个大部门，部门内每个员工专注完成各自的使命。最高层领导只关注各部门管理者，各部门管理者只需管理各自的下属。这种分层思想使得 Nginx 的源代码具有高内聚、低耦合的特点。

　　Nginx 启动时需要完成配置文件的解析，这部分工作完全是以 Nginx 配置模块与解析引擎为基础完成的。对于每一个配置指令，Nginx 除了需要精准无误地读取和识别指令，还要进行存储与解析。首先，Nginx 会找到对该指令感兴趣的模块并调用该模块预先设定好的处理函数。多数情况下，这里会将参数保存到该模块存储配置项的结构体中并进行初始化操作。而核心模块在启动过程中不仅会创建用于保存该"家族"所有存储配置结构体的容器，而且会按顺序将各结构体组织起来，这样众多的模块的配置信息可统一由所属家族的"老大"管理。Nginx 也能按照序号从这些全局容器中迅速获取某个模块的配置项。另外，Event 模块在启动过程中需要完成最重要的工作，就是根据用户配置以及操作系统选择一个事件驱动模型。Linux 系统中，Nginx 默认选择 epoll 模型，在 Worker 进程被派生（fork）出来并进入初始化阶段时，Event 模块会创建各自的 epoll 对象，并通过 epoll_ctl 系统调用将监听端口的 fd 参数添加到 epoll 中。

　　用户请求的处理主要是各 HTTP 模块负责。为了让处理流程更加灵活，各 HTTP 模块耦合度需要更低。Nginx 有意将处理 HTTP 请求的过程划分为 11 个阶段，每个阶段理论上允许多个模块执行相应的逻辑。在启动阶段解析完配置文件之后，各 HTTP 模块会将各自的 handler 函数以 hook 的形式挂载到某个阶段。Nginx 的 Event 模块会根据各种事件调度 HTTP 模块依次执行各阶段的 handler 处理方法，并通过返回值来判定是继续向下执行还是结束当前请求，这种流水线式的请求处理流程使各 HTTP 模块完全解耦，给 Nginx 模块的设计带来了极大的便捷。开发者在完成模块核心处理逻辑之后，只需要考虑将 handler 函数注册到哪个阶段即可。

　　自 Nginx 开源以来，社区涌现出大量优质的第三方模块，极大地扩展了原生 Nginx 的核心功能，这些都得益于 Nginx 优秀的模块化设计思想。

2.3　Nginx 事件驱动

　　Nginx 全异步事件驱动框架是保障其高性能的重要基石。事件驱动并不是 Nginx 首创的，这一概念在计算机领域很早就出现了。它指的是在持续的事件管理过程中进行决策的一种策略，即跟随当前时间点上出现的事件，调动可用资源，执行相关任务，使不断出现的问题得以解决，防止事务堆积。通常，事件驱动框架主要由 3 部分组成：事件收集器、事件发生器、事件处理器。顾名思义，事件收集器专门负责收集所有的事件。作为一款 Web 服务器，Nginx 主要处理的事件来自网络和磁盘，包括 TCP 连接的建立与断开、接收和发送网络数据包、磁盘文件的 I/O 操作等。事件分发器则负责将收集到的事件分发到目标对象中。Nginx 通过 Event 模块实现了读 / 写事件的管理和分发。事件处理器作为消费者，负责接收分发过来的各种事件并处理。通常，Nginx 中每个模块都有可能成为事件消费者。当模块处理完业务逻辑之后立刻将控制权交还给 Event 模块，进行下一个事件的调度与分发。由于消费事件的主体是各 HTTP 模块，事件处理函数在一个进程中完成，因此只要各 HTTP 模块不让进程进入休眠状态，整个请求的处理过程是非常迅速的。这是 Nginx 保持超高网络吞吐量的关键。当然，这种设计增加了编程难度，开发者需要通过一定的手段（例如异步回调的方式）解决阻塞问题。

不同操作系统提供了不同事件驱动模型，例如 Linux 2.6 系统同时支持 epoll、poll、select 模型，FreeBSD 系统支持 kqueue 模型，Solaris 10 系统支持 eventport 模型。为了保证其跨平台特性，Nginx 的事件驱动框架完美地支持各类操作系统的事件驱动模型。针对每一种模型，Nginx 设计了一个 Event 模块，包括 ngx_epoll_module、ngx_poll_module、ngx_select_module、ngx_kqueue_module 等事件驱动模块。事件驱动框架会在模块初始化时选取其中一个作为 Nginx 进程的事件驱动模块。对于大多数生产环境中 Liunx 系统的 Web 服务器，Nginx 默认选取最强大的事件驱动模型 epoll，这部分知识我们将在第 7 章进行详细讲解。

2.4 本章小结

关于 Nginx 的基础架构与设计原理，本章并没有涉及太多具体的细节，而是站在一个宏观的角度进行阐述。首先在进程模型设计上，Nginx 采用 Master-Worker 的方式，同时通过异步非阻塞、CPU 绑定、负载均衡保障了多进程模式下的高性能。然后在模块化设计上，Nginx 通过模块分工、统一的抽象接口等手段实现了代码的解耦，具备了高扩展性与可伸缩性。在事件驱动框架上，Nginx 通过 Event 模块与各 HTTP 模块实现了事件的收集、分发、管理、消费，同时针对不同的操作系统实现了不同的事件驱动模型。通过阅读本章的内容，读者应该对 Nginx 的架构实现有了一个基本的认识，这有助于理解 Nginx 的底层原理与设计思想，深入地剖析与优化 Nginx 源码。

第 3 章　Chapter 3

Nginx 内存管理

内存管理是指程序运行时对计算机内存资源分配和使用的技术。内存管理的主要目的是快速、高效地分配内存，并且在合适的时间释放和回收内存资源。高效的内存管理能够极大地提高程序性能。Nginx 自行实现了一套内存管理机制，本章将带领读者走进 Nginx 内存管理的世界。

3.1　Nginx 内存管理简介

应用程序的内存总体上可以分为栈内存、堆内存等。对于栈内存而言，其在函数调用以及函数返回时可以实现内存的自动管理（编译器会自动生成相关代码）。因此，我们通常所说的应用程序内存管理是指堆内存管理。程序员使用堆内存的步骤可以简化为 3 步：申请内存、使用内存和释放内存。

1）申请内存通常需要程序员在代码中显式声明，比如 C 语言中 malloc 函数的调用、C++ 语言中 new 的使用、Java 中 new 的使用等。

2）内存的使用是由程序逻辑决定的。通常，申请后的内存只在单线程中使用，如果该内存需要在多线程中使用，需要考虑多线程安全的问题。

3）释放内存对于单线程比较简单，但是对于多线程会烦琐得多，因为需要知道在哪个时刻才能释放内存。很多高级语言提供了垃圾回收机制，如 Java、Go，但是对于没有垃圾回收机制的 C 语言、C++ 语言而言，内存回收则会复杂得多。

Nginx 采用多进程单线程模型，主进程（Master 进程）负责监控工作进程，工作进程（Worker 进程）负责监听客户端的请求，处理客户端的请求并返回结果。每个工作进程只有一个线程。由于工作进程之间需要通信，Nginx 采用共享内存方案，比如记录总的请求数。通过共享内存，每个工作线程在处理请求时都会更新位于共享内存中用于记录总请求数的变量。可以看出，对于 Nginx 而言，不仅每个进程自身需要内存管理，进程之间共享的内存也需要内存管理。综上所述，Nginx 需要管理两种内存：进程内内存；进程间共享内存。

前面讲到，堆内存的使用分为 3 步：申请内存、使用内存、释放内存。站在内存管理员的角度看，当应用程序申请内存时，我们需要快速找到符合要求的内存块。当应用程序释放内存时，我们需要快速回收内存，减少内存碎片。这两个问题是我们真正需要关心的。下面先介绍本章后续章节的安排：3.2 节介绍 Nginx 进程内内存管理方案；3.3 节讲解 Nginx 共享内存管理方案。Nginx 内存管理相关代码读者可以参考 src/core/ngx_palloc.h、src/core/ngx_palloc.c 文件。

3.2 Nginx 内存池

Nginx 使用内存池管理进程内内存，当接收到请求时，创建一个内存池。处理请求过程中需要的内存都从这个内存池中申请，请求处理完成后释放内存池。Nginx 将内存池中的内存分为两类：小块内存、大块内存。大、小块内存的分界点是由创建内存池时的参数以及系统页大小决定的。对于小块内存，其在用户申请后并不需要释放，而是等到释放内存池时再释放。对于大块内存，用户可以调用相关接口进行释放，也可以等内存池释放时再释放。Nginx 内存池支持增加回调函数，当内存池释放时，自动调用回调函数以释放用户申请的其他资源。值得一提的是，回调函数允许增加多个，通过链表进行链接，在内存池释放时被逐一调用。

3.2.1 内存池结构

与 Nginx 内存池相关的结构主要有 3 个：ngx_pool_s、ngx_pool_data_t 和 ngx_pool_large_s。

```
//ngx_pool_large_s 的结构
typedef struct ngx_pool_large_s  ngx_pool_large_t;
struct ngx_pool_large_s {
    ngx_pool_large_t      *next; //用于构成链表
    void                  *alloc; //指向真正的大块内存
};
//ngx_pool_data_t 的结构
typedef struct {
    u_char                *last;
    u_char                *end;
    ngx_pool_t            *next;
    ngx_uint_t             failed;
} ngx_pool_data_t;
```

```
// ngx_pool_s 的结构
typedef struct ngx_pool_s   ngx_pool_t;
struct ngx_pool_s {
    ngx_pool_data_t        d;
    size_t                 max;
    ngx_pool_t            *current;
    ngx_chain_t           *chain;
    ngx_pool_large_t      *large;
    ngx_pool_cleanup_t    *cleanup;
    ngx_log_t             *log;
};
```

应用程序首先需要通过 ngx_create_pool 函数创建一个新的内存池，之后从新的内存池中申请内存或者释放内存池中的内存。下面先看一下如何创建内存池以及内存池的基本结构。

```
// 返回创建的内存池地址，size 为内存池每个内存块大小，log 为打印日志
ngx_pool_t * ngx_create_pool(size_t size, ngx_log_t *log){
    ngx_pool_t   *p;
    // 申请内存，如果系统支持内存地址对齐，则默认申请 16 字节对齐地址
    p = ngx_memalign(NGX_POOL_ALIGNMENT, size, log);
    if (p == NULL) return NULL;
    // 初始化内存池
    p->d.last = (u_char *) p + sizeof(ngx_pool_t);
    p->d.end = (u_char *) p + size;
    p->d.next = NULL;
    p->d.failed = 0;
    // 计算内存池中每个内存块最大可以分配的内存
    size = size - sizeof(ngx_pool_t);
    p->max = (size < NGX_MAX_ALLOC_FROM_POOL) ? size : NGX_MAX_ALLOC_FROM_POOL;
    p->current = p;
    p->chain = NULL;
    p->large = NULL;
    p->cleanup = NULL;
    p->log = log;
    return p;
}
```

初始化的 Nginx 内存池结构如图 3-1 所示。

3.2.2　申请内存

创建完内存池后，我们可以从内存池中申请内存。Nginx 提供了 3 个 API：ngx_palloc、ngx_pcalloc、ngx_pnalloc。其中，ngx_palloc 是最基本的内存申请 API，获取内存后并不进行初始化操作。ngx_pcalloc 对 ngx_ palloc 进行了简单封装，其通过 ngx_palloc 申请内存后，对内存进行初始化。相比于 ngx_pnalloc，ngx_palloc 申请内存的首地址是对齐的（也就是说，申请到的内存首地址是 4 或者 8 的整数倍，与系统相关），而 ngx_pnalloc 没有考虑内存对齐。下面重点介绍 ngx_palloc。

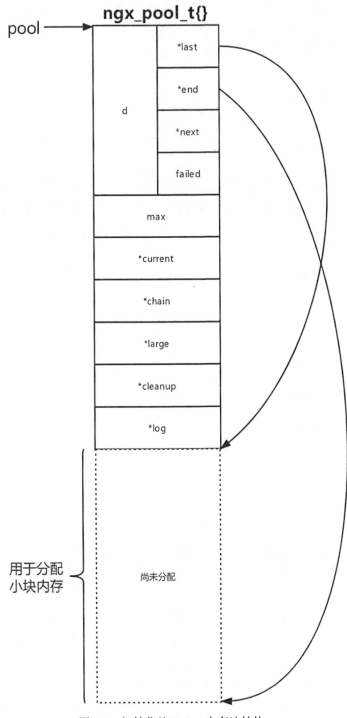

图 3-1 初始化的 Nginx 内存池结构

```
void * ngx_palloc(ngx_pool_t *pool, size_t size){
        if (size <= pool->max) return ngx_palloc_small(pool, size, 1);
    return ngx_palloc_large(pool, size);
}
```

可以看出：如果申请的内存小于等于 pool->max，则认为是小块内存申请；如果大于 pool->max，则认为是大块内存申请。

申请小块内存时，Nginx 会先查看内存池中当前的内存块是否还有可以分配的空间，如果没有，则逐一遍历内存池中的内存块，找到则返回。如果没有找到，Nginx 则会申请一个新的内存块。值得一提的是：如果某次申请没有从内存池的现有内存块中申请到内存，而是申请了一块新的内存，则会增加内存池中每个内存块的分配失败次数；如果内存块的分配失败次数超过 4[⊖]，则不会再尝试从这个内存块中申请内存。申请小块内存的源码可以参考 ngx_palloc_small 函数。限于篇幅，此处仅给出核心部分的代码。

```
static void *
ngx_palloc_small(ngx_pool_t *pool, size_t size, ngx_uint_t align){
    u_char       *m;
    ngx_pool_t   *p;
    p = pool->current;
    do {
        m = p->d.last;
        // 内存对齐
        if (align) m = ngx_align_ptr(m, NGX_ALIGNMENT);
        if ((size_t) (p->d.end - m) >= size) {
            p->d.last = m + size;
            return m;
        }
        p = p->d.next;
    } while (p);
        // 重新申请一块内存用于小块内存申请
        return ngx_palloc_block(pool, size);
}
```

对于大块内存申请，Nginx 直接申请相应大小的内存块，通过链表将已经申请的内存块进行链接。值得一提的是，大块内存管理的链表节点 ngx_pool_large_t 所占用的内存是从内存池中申请的，因为这仅仅是一小块内存，便于释放。

```
static void * ngx_palloc_large(ngx_pool_t *pool, size_t size){
    void            *p;
    ngx_uint_t       n;
    ngx_pool_large_t *large;
    // 申请内存
    p = ngx_alloc(size, pool->log);
    if (p == NULL) return NULL;
    // 获取大块内存管理的链表结构，该结构可以复用
```

　⊖　可以看出：前面加入的内存块会首先加到 5，这些内存块按照申请顺序构成链表。

```
        n = 0;
        for (large = pool->large; large; large = large->next) {
            if (large->alloc == NULL) {
                large->alloc = p;
                return p;
            }
            if (n++ > 3) break;
        }
        // 直接从内存池中申请大块内存管理的链表节点
        large = ngx_palloc_small(pool, sizeof(ngx_pool_large_t), 1);
        if (large == NULL) {
            ngx_free(p);
            return NULL;
        }
        large->alloc = p;
        // 将大块内存放到内存池中，也就是放到链表头部，便于维护管理
        large->next = pool->large;
        pool->large = large;
        return p;
    }
```

综上，Nginx 内存池基本结构如图 3-2 所示。

3.2.3 释放内存

我们从内存池中申请内存后，可能需要释放内存。对于内存池中的小块内存，其并不需要进行释放，因为在释放整个内存池时会随之释放。我们可以通过 ngx_pfree 进行大块内存释放。下面先介绍如何释放大块内存。

```
ngx_int_t ngx_pfree(ngx_pool_t *pool, void *p){
    ngx_pool_large_t    *l;
    // 遍历大块内存链表
    for (l = pool->large; l; l = l->next) {
        // 如果找到这块内存
        if (p == l->alloc) {
            ngx_free(l->alloc);
            l->alloc = NULL;
            return NGX_OK;
        }
    }
    return NGX_DECLINED;
}
```

讲解完如何释放大块内存后，我们需要知道如何释放内存池。释放内存池的逻辑比较简单，首先查看内存池是否挂载清理函数，如果是，则逐一调用链表中的所有回调函数，之后再释放大块内存，最后释放内存池中的内存块。释放内存池 API 接口为 ngx_destroy_pool。

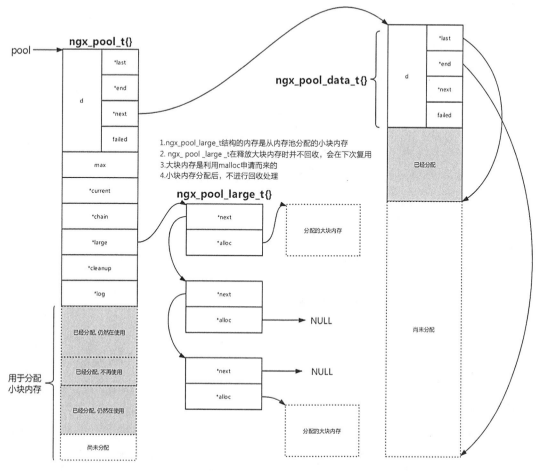

图 3-2　Nginx 内存池基本结构

```
void ngx_destroy_pool(ngx_pool_t *pool){
    ngx_pool_t              *p, *n;
    ngx_pool_large_t        *l;
    ngx_pool_cleanup_t      *c;
    // 遍历清理函数，逐一调用
    for (c = pool->cleanup; c; c = c->next) {
        if (c->handler) c->handler(c->data);
    }
    // 遍历大块内存进行释放
    for (l = pool->large; l; l = l->next) {
        if (l->alloc) ngx_free(l->alloc);
    }
    // 释放内存池内存块
    for (p = pool, n = pool->d.next;; p = n, n = n->d.next) {
        ngx_free(p);
        if (n == NULL) break;
```

```
            }
    }
```

3.3 Nginx 共享内存

进程是计算机系统资源分配的最小单位。每个进程都有自己的资源，彼此隔离。内存是进程的私有资源，进程的内存是虚拟内存，在使用时由操作系统分配物理内存，并将虚拟内存映射到物理内存上。之后进程就可以使用这块物理内存。正常情况下，各个进程的内存相互隔离。共享内存就是让多个进程将自己的某块虚拟内存映射到同一块物理内存，这样多个进程都可以读/写这块内存，实现进程间的通信。共享内存的示意图如图 3-3 所示。

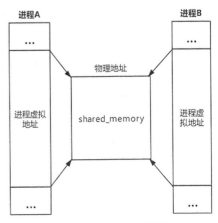

图 3-3　共享内存示意图

那么，进程该如何创建以及销毁共享内存呢？正常情况下，我们在 C 代码中通过 malloc 函数申请的内存都是进程的私有内存，不会在进程间共享。Linux 提供了几个系统调用函数来创建共享内存或者释放共享内存，例如 mmap、munmap 等。

前面讲到，Nginx 使用共享内存实现进程间通信。也就是说，Nginx 除了管理单个进程内的内存分配，还需要管理进程间的共享内存。例如，统计用户请求总数需要开辟共享内存，并在每个进程处理请求时更新这块内存。很明显，共享内存会被多个进程共享，除了使用原子操作外，有时需要通过锁来保证每次只有一个进程访问。通常，Nginx 共享内存由主进程负责创建，主进程记录共享内存的地址。派生（Fork）子进程时，子进程可以继承父进程记录共享内存地址的变量，进而访问共享内存。本节首先介绍 Nginx 如何开辟共享内存块，之后介绍如何在共享内存块中创建锁，然后讲解 Nginx 共享内存管理，最后举例说明 Nginx 现有模块是如何使用共享内存的。

3.3.1 共享内存的创建及销毁

Linux 系统下创建共享内存可以使用 mmap 或者 shmget 方法。Nginx 基于这两个系统调用方法封装了 ngx_shm_alloc 接口以及 ngx_shm_free 接口。下面先看一下共享内存相关的结构体以及 API。

```
typedef struct {
    u_char      *addr;      //指向申请的共享内存块首地址
    size_t      size;       //内存块大小
```

```
    ngx_str_t    name;    // 内存块名称
    ngx_log_t    *log;    // 记录日志
    ngx_uint_t   exists;  // 标识是否已经存在
} ngx_shm_t;
// 创建共享内存块
ngx_int_t ngx_shm_alloc(ngx_shm_t *shm);
// 释放共享内存块
void ngx_shm_free(ngx_shm_t *shm);
```

Nginx 根据预定义的宏，采用不同的方法（mmap 或者 shmget）创建共享内存。此处，我们仅介绍 mmap 方法。

```
// 申请共享内存
ngx_int_t ngx_shm_alloc(ngx_shm_t *shm){
    shm->addr = (u_char *) mmap(NULL, shm->size,
                             PROT_READ|PROT_WRITE,
                             MAP_ANON|MAP_SHARED, -1, 0);
    if (shm->addr == MAP_FAILED) {
        // Log
        return NGX_ERROR;
    }
    return NGX_OK;
}
// 释放共享内存
void ngx_shm_free(ngx_shm_t *shm){
    if (munmap((void *) shm->addr, shm->size) == -1) {
        // 这里进行日志记录，限于篇幅，我们就不再展示这部分代码
    }
}
```

总体上看，Nginx 创建共享内存主要依赖系统调用，调用过程也比较简单，本文就不再详细介绍。

3.3.2　互斥锁

Nginx 互斥锁用于保障进程间同步，防止多个进程同时写共享内存块（同时读也可以）。Nginx 互斥锁结构图如图 3-4 所示，共享内存块通过一个原子变量标识这个锁（图中共享内存中的 lock），每个进程在访问变量 v 时，都要先获取这个锁，然后才能访问，这样就保证了在每个时间点，只有一个进程在操作变量 v。每个进程内都有一个 ngx_shmtx_t 结构体。通过封装，进程内可以很容易地通过 ngx_shmtx_t 结构体进行加锁、释放锁等操作。

下面介绍 Nginx 互斥锁的实现。总体而言，如果系统支持原子操作，Nginx 可通过原子操作实现互斥锁；如果系统不支持原子操作，Nginx 则通过文件锁实现互斥锁。本节主要介绍通过原子操作实现互斥锁。值得一提的是，如果系统支持信号量，则会通过信号量唤醒正在等待锁的进程（限于篇幅，我们假定系统不支持信号量，这并不影响学习互斥锁的主要逻辑）。对于通过文件锁实现互斥锁，感兴趣的读者可以自行研究。

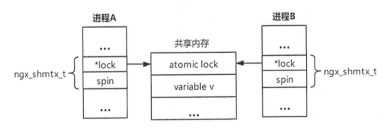

图 3-4　Nginx 互斥锁

关于互斥锁，Nginx 提供的主要结构体以及 API 如下：

```
// 该结构体存储在共享内存块中
typedef struct {
    ngx_atomic_t    lock;
}ngx_shmtx_sh_t;
// 每个进程使用该结构体进行加锁、释放锁等操作
typedef struct {
    ngx_atomic_t    *lock;    // 指向 ngx_shmtx_sh_t 结构体 lock 字段
    ngx_uint_t      spin;     // 控制自旋次数
} ngx_shmtx_t;
// 创建锁
ngx_int_t ngx_shmtx_create(ngx_shmtx_t *mtx, ngx_shmtx_sh_t *addr,
                           u_char *name);
// 销毁锁
void ngx_shmtx_destroy(ngx_shmtx_t *mtx);
// 尝试加锁，失败直接返回
ngx_uint_t ngx_shmtx_trylock(ngx_shmtx_t *mtx);
// 获取锁，直到成功获取锁后才返回
void ngx_shmtx_lock(ngx_shmtx_t *mtx);
// 释放锁
void ngx_shmtx_unlock(ngx_shmtx_t *mtx);
```

我们先介绍锁的创建以及销毁。锁的创建和销毁比较简单，创建锁只需要将共享内存块中锁变量的地址赋值到进程锁变量的地址即可，销毁锁则不需要进行任何操作（如果系统支持信号量，则需要销毁信号量）。

```
// mtx 是进程创建的、用于存储锁的变量，addr 是共享内存块中用于标识锁的变量
ngx_int_t ngx_shmtx_create(ngx_shmtx_t *mtx,ngx_shmtx_sh_t *addr,u_char *name){
    mtx->lock = &addr->lock;
    if (mtx->spin == (ngx_uint_t) -1) return NGX_OK;
    mtx->spin = 2048;
    return NGX_OK;
}
```

尝试加锁的操作比较简单，通过原子变量的比较交换即可（将共享内存块中原子变量的值改为当前进程 pid），如果交换成功，则意味着成功加锁，否则没有获取到锁。对于加锁操作，Nginx 首先尝试获取锁，尝试一定次数后（尝试次数由 ngx_shmtx_t 结构体 spin 字段决

定），则让出 CPU，然后继续尝试加锁。如果系统支持信号量，则可以通过信号量优化这个过程。释放锁的逻辑比较简单，只需要通过原子操作，将共享内存块中的原子变量的值改为 0 即可。这部分代码比较简单，此处就不再详细介绍。

3.3.3　共享内存管理

通过前面几节的学习，我们了解了 Nginx 如何创建共享内存、如何创建共享内存互斥锁。在使用时，如果我们只是统计一些简单的信息，这些接口已经足够。然而，有时候我们想要更好地使用共享内存块，比如想要在共享内存块中创建复杂的结构体，例如链表、红黑树等。对于这种场景，如果我们自行维护共享内存的申请以及释放，内存管理的效率可能很低。我们想要 Nginx 提供一个类似于内存池的结构，帮助管理共享内存。我们可通过某个 API 创建一个共享内存块，然后通过一些 API 从这个共享内存块中申请或者释放内存。在 Nginx 中，管理共享内存块的结构体是 ngx_slab_pool_t。类似于 Nginx 进程内的内存池，ngx_slab_pool_t 就相当于共享内存的内存池。

在介绍 ngx_slab_pool_t 之前，我们先介绍几个重要的数据结构体——ngx_slab_page_t 用于管理内存页，记录内存页使用的各项信息；ngx_slab_stat_t 则用于统计信息。

```
typedef struct ngx_slab_page_s  ngx_slab_page_t;
struct ngx_slab_page_s {
    uintptr_t         slab;
    ngx_slab_page_t  *next;
    uintptr_t         prev;
};
typedef struct {
    ngx_uint_t        total;
    ngx_uint_t        used;
    ngx_uint_t        reqs;
    ngx_uint_t        fails;
} ngx_slab_stat_t;
```

ngx_slab_pool_t 是共享内存管理的核心结构体。使用者可以通过这个结构体，从共享内存块中分配内存或者释放内存。

```
typedef struct {
    ngx_shmtx_sh_t      lock;
    size_t    min_size;     // 可以分配的最小内存
    size_t    min_shift;    // 最小内存的对应的偏移值（3 代表 min_size 为 2^3）
    ngx_slab_page_t *pages; // 指向第一页的管理结构
    ngx_slab_page_t *last;  // 指向最后一页的管理结构
    ngx_slab_page_t  free;  // 用于管理空闲页面
    ngx_slab_stat_t *stats; // 记录每种规格内存统计信息（小块内存）
    ngx_uint_t       pfree; // 空闲页数
    u_char          *start;
    u_char          *end;
    ngx_shmtx_t      mutex;
```

```
    u_char              *log_ctx;
    u_char               zero;
    unsigned             log_nomem:1;
    void                *data;
    void                *addr;
} ngx_slab_pool_t;
```

下面我们介绍 Nginx 共享内存管理的几个核心 API。

```
//pool 指向某个共享内存块的首地址，该函数完成共享内存块初始化
void ngx_slab_init(ngx_slab_pool_t *pool);
// 从 pool 指向的共享内存块中申请大小为 size 的内存
void *ngx_slab_alloc(ngx_slab_pool_t *pool, size_t size);
// 释放 pool 分配的某个内存
void ngx_slab_free(ngx_slab_pool_t *pool, void *p);
```

Nginx 共享内存管理较为复杂，限于篇幅，我们主要介绍其核心思想，不再一一列举其源码实现。假定我们的系统是 64 位系统，系统页大小为 4KB，Nginx 默认页大小与系统页大小一致，也为 4KB。共享内存块初始化后的结构如图 3-5 所示。

一块共享内存初始化后，总体上由以下几个部分构成。

1）ngx_slab_pool_t 结构体用于管理整块共享内存，位于共享内存块的头部。

2）ngx_slab_page_t 结构体有 9 个规格种类，也就是说有 9 种规格内存块，此处仅仅使用 next 字段组成链表。

3）ngx_slab_stat_t 结构体有 9 个，用于配合上面的 9 个 ngx_slab_page_t 结构体，用于统计每种规格内存的分配情况。

4）页管理结构体 ngx_slab_page_t 的个数为 pages 值。pages 的值是剩余内存可以分配的页数（除去上面介绍的几种结构体）。

5）对于 Nginx 而言，内存页的首地址默认对齐（内存块的首地址后 12bit 为 0），所以此处需要对齐内存块，这块内存并不使用。

6）物理页的大小为 4096Byte。

对于 Nginx 而言，当申请的内存小于等于半页内存（2048Byte）时，先申请一页内存，之后将

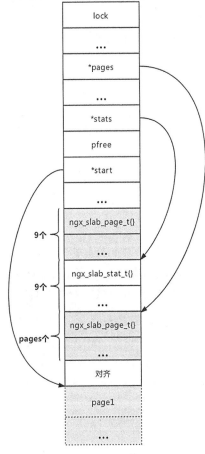

图 3-5 共享内存初始化后的结构

这页内存划分为特定规格的内存块（整页内存都会划分成这种规格的内存块），使用时从这些内存块中分配一个即可。当申请的内存大于 2048Byte 时，首先计算需要使用的页数，然后分配整数页内存（这些页是连续的）。对于小于等于半页的内存而言，Nginx 使用 9 种规格进行划分，分别为 8Byte、16Byte、32Byte、64Byte、128Byte、256Byte、512Byte、1024Byte、2048Byte（其实就是 2 的整数次幂，最小是 8Byte，最大是 2048Byte）。Nginx 将这 9 种内存规格划分为 3 类，如果加上整页内存，可以分为 4 类。

1）**小块内存**：8Byte、16Byte、32Byte；

2）**精确内存**：64Byte；

3）**大块内存**：128Byte、256Byte、512Byte、1024Byte、2048Byte；

4）**页内存**：4096Byte。

为什么小块内存需要分为 3 种规格？精确内存的大小又是如何计算？对于小于等于半页的内存而言，申请一整页内存后，我们可以将其划分成多个特定大小的内存，例如 1 页内存可以划分为 512 个 8Byte 内存块、256 个 16Byte 内存块、64 个 64Byte 内存块。强调一点，1 页内存只能划分为 1 种规格的内存。很明显，我们需要知道 1 页内哪些内存块正在使用，哪些还没有使用。Nginx 通过 bitmap 解决这个问题。对于小块内存，我们需要首先在内存页首地址开辟一段空间，用于存储 bitmap，比如 1 页内存如果分配 8Byte 大小的内存块，可以分配 512 个，其中前面 8 个内存块用于存储 bitmap，后面的内存块才可以使用；对于精确内存，其需要 64bit，刚才我们介绍过 ngx_slab_page_s 结构体（这里指的是每页的页管理结构，也就是图 3-5 中 pages 个 ngx_slab_page_t 结构体），该结构体的 slab 字段正好是 64bit。也就是说，我们可以使用这个字段存储 bitmap。换句话说，精确内存块的大小其实是 ngx_slab_page_s 结构体的 slab 字段充当 bitmap 时对应的内存块大小。对于大块内存，使用 slab 字段的前 32bit 存储 bitmap。

当用户申请的内存小于等于半页时，Nginx 会首先申请一个内存页（如果之前申请的内存页没有使用完，则继续使用），之后将这个内存页划分为特定规格（这个规格可以满足用户要求并且也是 2 的整数次幂），划分完成后分给用户其中的一个内存块即可。除此之外，Nginx 使用 bitmap 记录这个内存块的使用情况。很明显，我们下次请求同样规格的内存块时，能够使用上次还没有使用完的内存页。另外，Nginx 对每种规格的内存块，都建立一个链表进行链接。这个链表的头部节点就是 ngx_slab_pool_t 中的 ngx_slab_page_s 结构体。对于空闲内存页，ngx_slab_pool_t 存储了一个 ngx_slab_page_s 类型的 free 字段，该字段用于将所有空闲的页链接起来。当需要整页内存时，Nginx 可以直接遍历这个链表。共享内存管理结构如图 3-6 所示。

通过将每种规格的内存页都链接到一起，就可以很容易地实现分配。但是在释放内存时，我们仅仅知道整个共享内存块的首地址（ngx_slab_free 接口）以及待释放内存的地址。该如何找到这块内存所属的页，进而释放内存呢？首先计算该内存所属的内存页的地址及大小，ngx_slab_pool_t 记录了可以分配的内存页的首地址以及每个页的大小。计算完成后，找到这个页对应的页管理结构。很明显，为了释放内存，Nginx 需要在每个内存页的页管理结构中记录一些信息。下面我们看一下 Nginx 是如何使用 ngx_slab_page_s 结构体的。

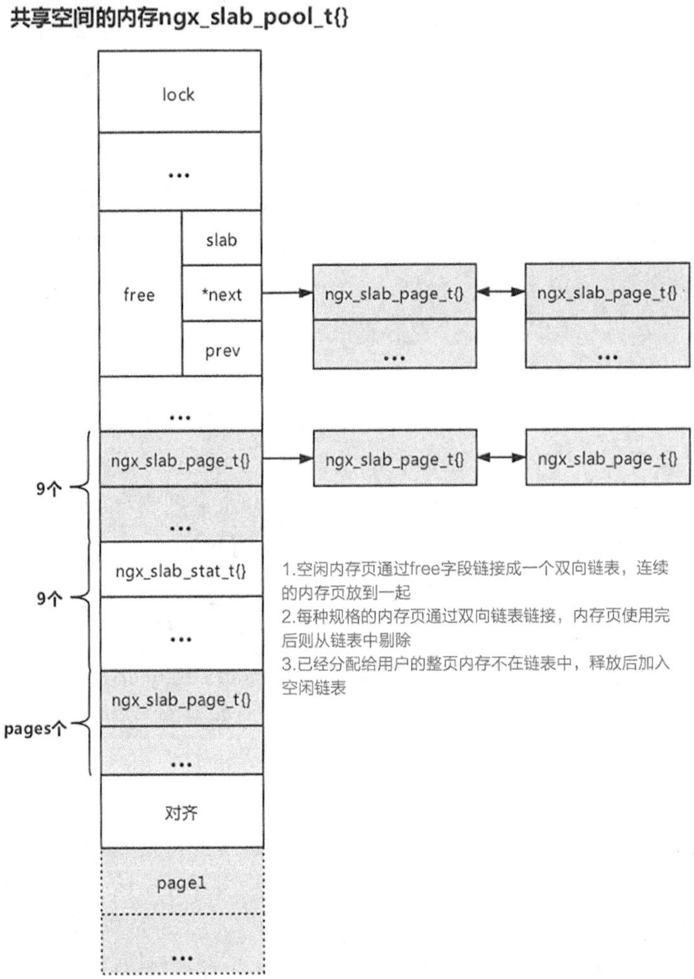

图 3-6 共享内存管理结构

1）对于小块内存，slab 字段记录其内存块大小的偏移量（例如，3 代表内存块的大小偏移量是 2^3）；对于精确内存，slab 字段记录其 bitmap；对于大块内存，slab 字段的前 32bit 记录其 bitmap，后 32bit 记录内存块大小的二进制偏移量（7 代表内存块大小偏移量是 2^7）。

2）next 字段构成链表。

3）prev 字段以及 next 字段一起构成双向链表。prev 字段的后 2bit 用于记录页面类型，例如，00 代表整页，01 代表大块内存页，10 代表精确内存页，11 代表小块内存页。

通过 ngx_slab_page_s 结构体，我们可以知道当前内存页使用的情况。如果这个内存页已经分配完，释放一个内存块后，可以将其挂载到对应规格的内存管理链表中（1 页内存全部使用后会将其从链表中移除，这样就不用再进行分配）；如果这个内存页全部释放，还可以将其挂载到空闲内存页链表中。

前面我们重点讲解了如何申请以及如何释放小于等于半页的内存。如果申请的内存大于半页内存，我们需要按照整数页内存进行申请。申请时，我们只需要从空闲页链表中，找到符合要求的连续内存页即可。但是释放内存页时，我们需要尽可能地将其前后几个内存页连接到一起，形成一个连续的空闲内存块。下面我们看一下 Nginx 是如何管理连续的内存页的。

1）对于申请多个整页的情况，Nginx 需要提供连续的内存页以供使用，这些页对应的页管理结构也是连续的。对于第一个内存页，其页管理结构 ngx_slab_page_s 的 slab 字段的第一位设置为 1，后 31bit 记录连续页的个数，next、prev 字段置为 0。后续页面的 slab 字段置为 0xFFFFFFFF，next 字段以及 prev 字段置为 0。

2）对于空闲的整页，我们需要将连续的空闲页整合到一起，这样才可以分配大块内存。此时，首个内存页管理结构 ngx_slab_page_s 的 slab 字段记录连续内存页的页数，next 以及 prev 字段与其他空闲页构成双向链表。最后一个内存页的页管理结构的 slab 字段为 0，next 字段为 0，prev 字段指向内存块第一个内存页的页管理结构。中间内存页的页管理结构的字段都为 0。

通过上面的介绍，当 Nginx 释放内存页时，我们找到这个页前面页的页管理结构，判断其是否空闲，如果空闲并且其前面也有很多空闲页，可以通过其页面管理结构的 prev 字段，找到整个空闲内存块，进而与待释放的内存页链接到一起。对于这个内存页后面的内存页也是如此。下面给出 ngx_slab_free_pages 结构释放内存页时，与其前面的空闲内存页链接的核心代码：

```
if (page > pool->pages) {
    //join是释放内存页前面一页的页管理结构，page是待释放页面的页管理结构
    join = page - 1;
    //判断是否是整页类型的内存
    if (ngx_slab_page_type(join) == NGX_SLAB_PAGE) {
        //如果这个内存页是前面多个空闲页的最后一页，找到第一页
        if (join->slab == NGX_SLAB_PAGE_FREE) {
            join = ngx_slab_page_prev(join);
        }
        //next不为空，表明这个页在空闲页链表中
        if (join->next != NULL) {
            //将这两个页合并成一个大的空闲页内存块
            pages += join->slab;
            join->slab += page->slab;
            ...
```

```
            }
        }
    }
```

综上所述，Nginx 通过 ngx_slab_pool_t 结构体实现了共享内存块的管理，可以快速地为用户申请内存、回收内存。

3.3.4 共享内存使用

通过前面几节的介绍，我们已经知道 Nginx 如何创建共享内存块、如何创建共享内存块的锁以及如何通过共享内存池 ngx_slab_pool_t 分配内存。总体而言，Nginx 使用共享内存有两种方案。

1）第一种方案是直接调用 ngx_shm_alloc 创建共享内存块，自行创建需要的锁，自行管理共享内存空间。这种方式主要用于简单场景，例如请求计数，这部分内容可以参考 ngx_event_module_init 函数。

2）第二种方案是使用 Nginx 提供的 ngx_shared_memory_add 函数创建共享内存块，使用 ngx_slab_pool_t 进行共享内存管理。例如：ngx_stream_limit_conn_module 限制同一客户端的并发请求数，每当新的客户端发起请求时，需要从共享内存块中分配特定大小的内存，以便记录该客户端的请求数。

由于第一种场景比较简单，本节重点介绍第二种共享内存分配方式。下面看一下这种方式相关的结构体以及 API。

```
typedef struct ngx_shm_zone_s  ngx_shm_zone_t;
struct ngx_shm_zone_s {
void                        *data;
    ngx_shm_t                   shm;  //用于记录共享内存块的相关信息
    ngx_shm_zone_init_pt        init; //共享内存初始化后的回调
    void                        *tag;
    void                        *sync;
    ngx_uint_t                  noreuse;
};
//用于新增共享内存块
ngx_shm_zone_t * ngx_shared_memory_add(ngx_conf_t *cf, ngx_str_t *name, size_t
    size, void *tag)
```

Nginx 在配置解析阶段，各个模块根据需要调用 ngx_shared_memory_add 函数，增加一个共享内存块，并且设置初始化回调函数。在 ngx_init_cycle 处理后期，统一创建所有的共享内存块，并且调用各个回调函数。Nginx 派生子进程时，子进程会自动继承父进程的 ngx_cycle_t 结构体。子进程处理请求时会调用各个模块的请求处理回调函数，此时各个模块可以从 ngx_cycle_t 结构体中获取本模块共享内存块的相关信息，进而使用共享内存块。Nginx 共享内存管理结构如图 3-7 所示。

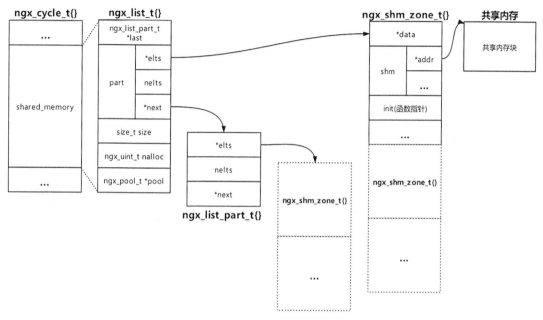

图 3-7　Nginx 共享内存管理结构

3.4　本章小结

　　本章主要介绍了 Nginx 内存管理。对于 Nginx 内存管理，我们将其分为进程内内存管理以及进程间共享内存管理。对于进程内内存，Nginx 通过内存池的方式进行管理；对于进程间共享内存，则通过 slab 方式进行分配管理。通过本章的学习，读者可以深入理解 Nginx 内存管理，以便继续深入学习 Nginx。

基本数据结构

字符串、数组是很多编程语言都具备的基本类型，链表、队列、散列、红黑树、基数树等在数据结构相关图书中也有介绍。Nginx 对这些基本数据类型和数据结构重新进行了封装，以便达到对内存的优化。本章将逐一介绍这些基本数据类型和数据结构。

4.1 字符串

字符串是一种可以表示文本的数据类型。Nginx 是由 C 语言实现的，C 语言并没有字符串类型，但可以用下面两种方式来定义字符串。

```
char str1[] = "hello";// 字符数组，str1 的指向不能变，但数组的内容可以变
char *str2 = "world"; // 字符指针，可以改变 str2 的指向
```

这两种定义字符串的方法区别如下。

1）str1 是一个字符数组类型，可以对 str1［i］进行赋值。

2）str2 是一个指针变量，它的内容是 world 这个字符串的地址。它指向的字符串值是不能改变的，即不可以对 str2［i］进行赋值。

我们知道，C 语言字符串是以 '\0' 作为结尾的，是一种非二进制安全的字符串，即字符串遇到 '\0' 便会结束。字符串长度为实际字节数量加 '\0' 所占的字节（strlen 函数不统计最后的 '\0' 这一字节）。网络传输的字节流需要满足双方约定的协议（一般包括对类型、长度、值三种结构的约定），字节流中可能会出现 '\0'，如果用 C 语言原生字符串来存储网络字节流，显然会出现字符串被截断的情况。为了解决这个问题，Nginx 对字符串进行

了简单的封装。

Nginx 中字符串结构体的定义如下：

```
typedef struct {
    size_t      len;
    u_char      *data;
} ngx_str_t;
```

可以看到，字段 len 记录字符串的长度，data 指向真正的字符串空间。在访问字符串时，从 data 指向的位置读取 len 字段内容，这个内容就是字符串的长度值，通过这种方式可以解决字符串被 '\0' 截断的问题。

Nginx 通过表 4-1 所提供的宏对字符串进行设置、修改和获取。

表 4-1 Nginx 提供的字符串处理相关的宏

宏定义	说　　明
ngx_string(str)	字符串初始化，str 是一个普通的 C 语言字符串
ngx_null_string	定义一个空字符串
ngx_str_set(str, text)	修改字符串内容，str 字符串结构体必须已经存在
ngx_str_null(str)	将 ngx_str_t 结构体设置为空字符串
ngx_tolower(c)	字符串首字母转小写
ngx_toupper (c)	字符串首字转大写
ngx_strncmp(s1, s2, n)	比较 s1 和 s2 前 n 个字符组成的字符串的大小
ngx_strcmp(s1, s2)	比较 s1 和 s2 是否相等
ngx_strstr(s1, s2)	判断 s2 是否为 s1 的子串
ngx_strlen(s)	获取字符串长度
ngx_strchr(s1, c)	获取 c 在 s1 中首次出现的位置
ngx_memcpy(dst, src, n)	将 dst 的前 n 个字节由 src 前 n 个字节覆盖
ngx_cpymem(dst, src, n)	将 dst 的前 n 个字节由 src 前 n 个字节覆盖，并返回 dst 从第 n 个字节开始的字符串

除了通过一些宏定义来处理字符串外，Nginx 还提供一些函数来处理字符串，例如字符串转大写、小写等函数。这些函数比较简单，这里不再一一赘述。

4.2　数组

数组是每种高级编程语言都有的数据类型。在 C 语言中定义一个数组时，我们必须知道所存储数据的类型和数量。在 PHP 等弱类型的语言中，数组可以存储任意类型、任意数量的数据。Nginx 的数组占用内存池上一块连续的空间，它存放的数据类型是确定的，而且容量可以扩充，这样的数组更为易用。

Nginx 数组的定义如下：

```
typedef struct {
    void        *elts;
    ngx_uint_t  nelts;
    size_t      size;
    ngx_uint_t  nalloc;
    ngx_pool_t *pool;
} ngx_array_t;
```

代码中的参数说明如下。

❑ elts：数据块，指向实际存储的数据。

❑ nelts：当前数组中已存放数据的数量。

❑ size：每个数据的大小。

❑ nalloc：已经分配的区域大小，即当前数组可存储数据的数量。

❑ pool：存储当前数组的内存池。

Nginx 用 ngx_array_create 函数来创建数组，它的参数有 3 个，分别是内存池地址、数组初始个数、每个数据的大小。ngx_array_create 函数定义如下：

```
ngx_array_t *ngx_array_create(ngx_pool_t *p, ngx_uint_t n, size_t size);
```

它首先从内存池中分配数组结构体所需要的空间，并对结构体进行初始化。结构体初始化时会再从内存池中分配 $n \times size$ 的空间，并将返回的地址赋值给 elts 参数。结构体初始化完成后，由于还没有插入数据，nelts 参数的值为 0，nalloc 和 size 参数的值为函数参数入参值。初始化函数返回内存池中为数组分配的内存起始位置。

初始化完成之后，Nginx 用 ngx_array_push 函数向数组添加数据。ngx_array_push 函数定义如下：

```
void *ngx_array_push(ngx_array_t *a);
```

📷 **注意**　Nginx 数组插入数据并不是直接将数据添加到数组中，而是返回数据所需要的内存大小，由用户自定义该内存区域的值。

数组插入数据时，如果数组的容量和已分配的数量不相等，表示内存池中有足够的空间供数据存放，此时直接返回数据所需要的内存空间，并将数组已使用的个数加 1，代码如下：

```
elt = (u_char *) a->elts + a->size * a->nelts;
a->nelts++;
```

如果数组已分配的数量等于数组的容量，表示此时数组已经存满。当数据存满数组时，一般的做法是开辟一块较大的新内存空间，将当前数据全部赋值到新内存地址。由于 Nginx 的数组容量是在内存池上分配的，因此不一定需要新开辟空间，这需要依据内存池是否有新的可用空间来确定。

```
if ((u_char *) a->elts + size == p->d.last  && p->d.last + a->size <= p->d.end)
// 内存池当前节点上仍有剩余空间存放数组新数据
{
    p->d.last += a->size;
    a->nalloc++;
} else {
    new = ngx_palloc(p, 2 * size); // 当内存池地址不够用时，需要新申请内存池。申请内存池
                                   // 的大小是原数组大小的 2 倍
    if (new == NULL) {
        return NULL;
    }
    ngx_memcpy(new, a->elts, size);// 内存池初始化之后，将原数组依次赋值到新地址上
    a->elts = new;
    a->nalloc *= 2;
}
```

从上述代码可以看出：当存储数组的内存池有剩余空间时，插入数据直接在当前内存池上向后扩容；当存储数组的内存池空间不足时，需要开辟新的内存空间并将数组数据依次赋值到新内存地址上，以此来保证数组数据的连续性。

当数组使用完毕释放时，直接释放内存池上的空间即可，不用将内存交还给操作系统，从而保证申请和释放内存的高效性。被释放的内存仍可以另作他用，实现内存的重复利用，减少了系统开销。

4.3　链表

链表和数组一样，也是基本的数据结构。它的数据在内存中不连续，但其插入数据的时间复杂度仅为 O(1)。下面我们来看一下 Nginx 中是如何实现链表的。

链表节点的数据结构如下：

```
struct ngx_list_part_s {
    void              *elts;
    ngx_uint_t         nelts;
    ngx_list_part_t   *next;
};
```

代码中的参数说明如下。

❑ elts：指向节点数据的实际存储区域。

❑ nelts：当前链表节点上已分配的数据数量。

❑ next：指向链表的下一个节点。

我们知道，链表中每个节点只有一个数据，通过 next 指针指向下一个数据，这里是怎么回事呢？事实上，Nginx 链表上的一个节点并不只存储一个数据，而是存储多个数据。一

个节点内的数据是在内存池上连续存放的，当内存池不够用时，才会申请内存池节点，并通过 next 指针指向下一个节点。这与数组是不一样的，数组在当前内存池节点无内存空间时会新申请内存池节点，并将数组所有数据移到新的内存池节点上。

链表头部的数据结构如下：

```
typedef struct {
    ngx_list_part_t  *last;
    ngx_list_part_t  part;
    size_t           size;
    ngx_uint_t       nalloc;
    ngx_pool_t       *pool;
} ngx_list_t;
```

代码中的参数说明如下。

❑ last：链表最后一个节点。

❑ part：链表的第一个节点。

❑ size：每个数据的大小。

❑ nalloc：链表每个节点所包含的数据个数。

❑ pool：链表头部所在的内存池。

Nginx 用 ngx_list_create 函数来创建链表。ngx_list_create 函数定义如下：

```
ngx_list_t *ngx_list_create(ngx_pool_t *pool, ngx_uint_t n, size_t size);
```

与数组创建一样，链表在创建时会先从内存池中申请头部所占用的空间，并对 ngx_list_t 结构体进行初始化。初始化完成之后，part 为链表的第一个节点，分配有 $n \times size$ 的存储空间。由于还没有插入数据，part 的 nelts 参数值为 0，next 指向 NULL。头部的 last 节点指向当前插入的节点，可分配的数据数量为函数参数 n。

链表初始化完成之后，通过 ngx_list_push 函数向链表插入数据，函数定义如下：

```
void *ngx_list_push(ngx_list_t *list);
```

同数组一样，链表插入数据时，并不会直接将值赋值到数据节点上，而是返回内存地址，由用户自定义内存区域的值。

链表插入数据时，如果节点上已分配的数据数量还未达到 nalloc 值，表示内存池中有足够的空间存放新数据，此时直接返回数据所需要的内存空间，并将节点已使用的个数加 1，代码如下：

```
elt = (char *) last->elts + l->size * last->nelts;
last->nelts++;
```

当链表节点上已分配的数据数量等于 nalloc 时，表示当前链表节点已经存满，需要重新开辟一个内存池来存放链表的新节点。

```
if (last->nelts == l->nalloc) {
    last = ngx_palloc(l->pool, sizeof(ngx_list_part_t));
    if (last == NULL) {
        return NULL;
    }

    last->elts = ngx_palloc(l->pool, l->nalloc * l->size);
    if (last->elts == NULL) {
        return NULL;
    }

    last->nelts = 0;
    last->next = NULL;

    l->last->next = last;
    l->last = last;
}
```

从上述代码可以看到，新插入的数据需要从新的内存池上分配链表节点所占用的空间，并分配 l->nalloc * l->size 空间来存放本链表节点的数据。当存储空间分配好之后，将链表头部的 last 节点指向当前新申请的链表节点，这样就完成了在链表节点插入数据的操作。

Nginx 在链表使用完毕之后，直接释放链表所在的内存池上的空间，这样的操作更简单而且不用考虑单个节点的内存释放，易于维护。

4.4　队列

队列通常是一种先进先出的数据结构。在实际工作中，队列多用于异步的任务处理。Nginx 的队列由包含头节点的双向循环链表实现，是一种双向队列。

Nginx 的队列定义如下：

```
typedef struct ngx_queue_s  ngx_queue_t;
struct ngx_queue_s {
    ngx_queue_t  *prev;
    ngx_queue_t  *next;
};
```

从上述结构体定义可以看出，队列只有前驱和后继节点。我们不禁要问，队列的数据节点存在哪里呢？先保留这个疑问，看一下队列的初始化和插入过程。

Nginx 用宏 ngx_queue_init 初始化一个队列，定义如下：

```
#define ngx_queue_init(q)                          \
    (q)->prev = q;                                 \
    (q)->next = q
```

队列初始化时必须有一个头节点。当头节点的 prev 和 next 指针都指向自己时，队列是只有一个头节点的空队列。

Nginx 可以用 ngx_queue_insert_head 实现头插法来插入数据，也可以用 ngx_queue_insert_tail 实现尾插法来插入数据，这两个方法的原理是一样的，只需要修改指针的指向。下面以头插法为例进行简要说明。

```
#define ngx_queue_insert_head(h, x)            \
    (x)->next = (h)->next;                      \
    (x)->next->prev = x;                        \
    (x)->prev = h;                             \
    (h)->next = x
```

从上面的宏可以看出，头插法插入一个头节点分以下 4 步。

1）修改新插入节点 x 的 next 指针指向 h 节点的下一个节点；

2）修改 x 的下一个节点的 prev 指针指向 x；

3）修改 x 的 prev 指针指向 h 节点；

4）修改头指针指向 x。

假设原队列除头节点外有两个数据，插入一个节点的效果如图 4-1 所示，其中实线代表修改指针指向，虚线表示断开指针指向。

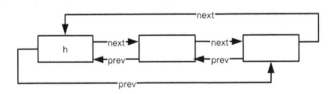

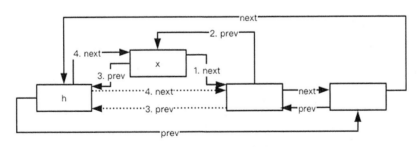

图 4-1 头插法插入数据

尾插法和头插法原理类似，这里不再详细展开。

我们已经知道队列中插入节点的原理。下面来看一下队列中删除节点的原理。Nginx 用宏 ngx_queue_remove 来删除队列的节点：

```
#define ngx_queue_remove(x)                    \
    (x)->next->prev = (x)->prev;               \
```

```
(x)->prev->next _ (x)->next
```

删除节点原理更简单，直接修改要删除节点的前后节点指针即可，并没有释放节点内存。释放内存的操作应由开发者自己来完成。队列中删除 x 节点的效果如图 4-2 所示。

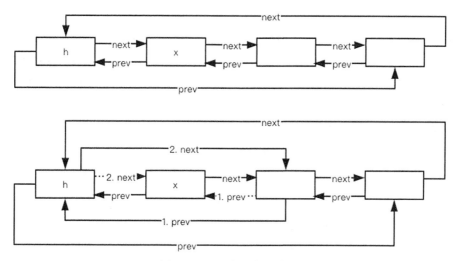

图 4-2　队列中删除 x 节点

之前我们提到，队列结构体中有 next 和 prev 指针，它的数据存放在哪里我们还是不清楚。下面来研究一下队列中的数据是怎么存储的。Nginx 中队列获取数据是由宏 ngx_queue_data 来实现的，具体定义为：

```
#define ngx_queue_data(q, type, link)                    \
    (type *) ((u_char *) q - offsetof(type, link))
```

offsetof 是 C 语言的一个库函数，它返回一个结构体成员相对于结构体开头的字节偏移量。在 offsetof(type, link) 中，函数返回 link 成员相对于 type 结构体开头的字节偏移量。q 是一个队列节点，实际上是一个结构体的成员变量。我们以一个实例来说明，Nginx 会将网络连接状态初始化为一个队列，并从头部插入节点，方法如下：

```
ngx_queue_insert_head(
    (ngx_queue_t *) &ngx_cycle->reusable_connections_queue, &c->queue);
```

可以看到，往队列里添加的节点是 &c->queue，而 c->queue 是结构体 ngx_connection_s 的一个成员变量。c 的定义为：

```
ngx_connection_s *c;
```

ngx_connection_s 的简要定义如下：

```
struct ngx_connection_s {
    void                *data;
```

```
ngx_event_t            *read;
ngx_event_t            *write;
...
ngx_queue_t             queue;
...
};
```

我们得出结论，在往队列中添加节点时，这个节点实际上是一个结构体内存的首地址向后偏移一定位置的地址。这个位置向前偏移相同的位置，并强制转换成对应的类型就可以获取节点真正存储的值。如图 4-3 所示，队列的节点包括成员 1，成员 2，…，成员 N 等属性，队列的 prev、next 等指针全部在节点的一个类型为 ngx_queue_t 的属性中，从这个属性所在的位置向前偏移 offsetof(type，link) 便可以获取队列的节点。

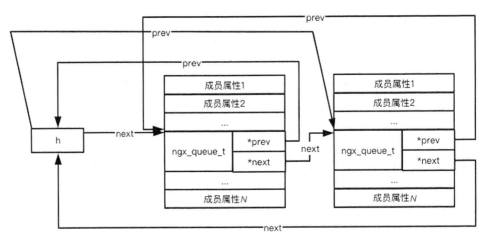

图 4-3　队列的实际内存指向

我们已经知道队列的内存结构，也知道了队列的初始化以及节点插入和删除过程。下面来看一下队列的拆分和合并。

队列拆分代码如下：

```
#define ngx_queue_split(h, q, n)        \
    (n)->prev = (h)->prev;              \
    (n)->prev->next = n;                \
    (n)->next = q;                      \
    (h)->prev = (q)->prev;              \
    (h)->prev->next = h;                \
    (q)->prev = n;
```

这段代码的含义为：以数据 q 为界，将队列 h 拆分为 h 和 n 两个队列，其中拆分后数据 q 位于第二个队列中。队列拆分实际上是以数据 q 作为第二个队列的第一个节点，数据 q 的前一个节点作为前一个队列的最后一个节点。如图 4-4 所示，按照图中顺序调整指针就可以完成队列的拆分。

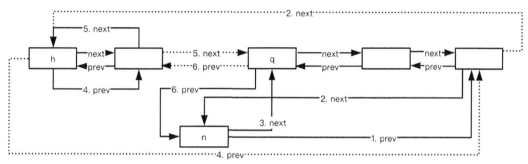

图 4-4　队列拆分示意图

队列合并代码如下：

```
#define ngx_queue_add(h, n)                       \
    (h)->prev->next = (n)->next;                  \
    (n)->next->prev = (h)->prev;                  \
    (h)->prev = (n)->prev;                        \
    (h)->prev->next = h;
```

这段代码的含义为：将队列 n 添加到队列 h 的尾部。同队列拆分一样，队列合并主要是调整两个队列的头节点和最后一个节点的指针，使两个队列组成一个双向队列。如图 4-5 所示，按顺序调整指针指向就可以完成队列的合并。

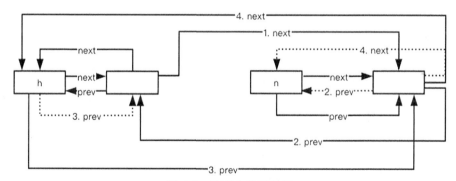

图 4-5　队列合并示意图

Nginx 还提供了其他的宏来操作队列，如表 4-2 所示。

表 4-2　Nginx 提供的队列相关宏

宏定义	说明
ngx_queue_empty(h)	判断队列是否为空
ngx_queue_head(h)	获取队列头部
ngx_queue_last(h)	获取队列最后一个节点
ngx_queue_sentinel(h)	获取队列结构指针
ngx_queue_next(q)	获取节点 q 的下一个节点
ngx_queue_prev(q)	获取节点 q 的前一个节点

4.5 散列

我们之前研究了 Nginx 数组和链表的实现，这两种数据结构一种插入消耗大，一种查找效率低。散列是一种可以在 O(1) 的时间复杂度下快速查找的数据结构，它是以空间换时间的数据结构。我们可将散列的 key 通过一定的方法映射到散列表中的某一位置。当然，散列可能会出现 key 冲突。解决冲突的两种方法是拉链法和开放地址法。

拉链法解决散列冲突的原理是，当 key 的散列值出现冲突时，将相同的散列值组成一个链表。当查找这些冲突的数据时，通过遍历这个链表找到相应的数据。拉链法一般用头插法来实现，这里不再展开描述。

Nginx 采用开放地址法解决散列冲突。当 key 的散列值出现冲突时，则向后遍历，查看散列值 +1 的位置是否有值存在，如果无值则会占用这个位置，如果有值则继续向后遍历。在查找数据时，如果遇到的散列值不是想查找的数据，则向后遍历，直到找到相应的数据。

Nginx 散列相关的数据结构如下：

```
typedef struct {
    void            *value;
    u_short         len;
    u_char          name[1];
} ngx_hash_elt_t;
```

代码中的参数说明如下。

❑ value：指向散列 value 的值。

❑ len：散列 key 的长度。

❑ name：柔性数组，散列 key 的值。

ngx_hash_elt_t 是散列的结构体，其中散列的 key 是结构体的 name 字段，散列的 value 是结构体的 value 字段。该结构体如下：

```
typedef struct {
    ngx_hash_elt_t  **buckets;
    ngx_uint_t      size;
} ngx_hash_t;
```

代码中的参数说明如下。

❑ buckets：桶数组，数组中每个数据的类型为 ngx_hash_elt_t*，buckets 指向当前桶的第一个散列数据。

❑ size：散列桶的数量。

所有的散列数据连续存储在一个字节数组 buckets 中。当散列冲突时，一个散列位置需要存储多个散列数据，这时候如何处理呢？我们观察 ngx_hash_elt_t 结构体，很容易知道数据的长度，所以多个散列数据在冲突位置按顺序存储即可。为了使用方便，每个桶的最后都有一个 8 字节的 NULL。数据在散列中的存储示例如图 4-6 所示。

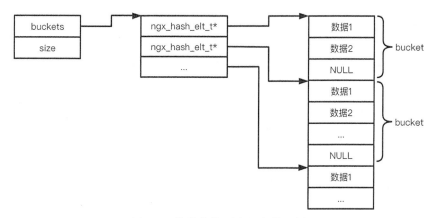

图 4-6　数据在散列中的存储示例

ngx_hash_init_t 结构用于提供创建散列所需的信息：

```
typedef struct {
    ngx_hash_t        *hash;
    ngx_hash_key_pt    key;
    ngx_uint_t         max_size;
    ngx_uint_t         bucket_size;
    char              *name;
    ngx_pool_t        *pool;
    ngx_pool_t        *temp_pool;
} ngx_hash_init_t;
```

代码中的参数说明如下。

❏ hash：指向散列。

❏ key：散列方法，它是一个函数指针。

❏ max_size：散列表中桶的最大数量。

❏ bucket_size：每个桶的最大字节大小。

❏ name：散列的名称。

❏ pool：散列所在的内存池。

❏ temp_tool：构建散列时所用的临时内存池，创建散列完成时被回收。

Nginx 用 ngx_hash_init 函数来初始化散列，函数定义如下：

```
ngx_int_t ngx_hash_init(ngx_hash_init_t *hinit, ngx_hash_key_t *names, ngx_
    uint_t nelts);
```

Nginx 的散列在初始化完成之后便不会再修改，只能用于查询操作。因此创建散列时就必须预先计算好合适的桶数目、每个桶的字节大小以及每个桶存储哪些数据等。在初始化散列之前，我们需要一个 ngx_hash_init_t 结构体指针变量 hinit。hinit 变量已经将结构体各变量初始化，而 ngx_hash_init 函数的作用就是将 nelts 个存储在 names 里的 key-value 添加到

hinit 变量的哈希表里。

由于散列的每个桶的最后都有一个 8 字节的 NULL，因此在初始化散列的时候，需要判断每个数据加 8 字节是否大于散列的 bucket_size，如果大于，则表示散列无法存下数据。这是异常情况，不能继续初始化，代码如下：

```
for (n = 0; n < nelts; n++) {
    if (hinit->bucket_size < NGX_HASH_ELT_SIZE(&names[n]) + sizeof(void *))
    {
        ...
        return NGX_ERROR;
    }
}
```

其中，NGX_HASH_ELT_SIZE 用于计算散列数据的大小，代码如下：

```
#define NGX_HASH_ELT_SIZE(name)                                    \
    (sizeof(void *) + ngx_align((name)->key.len + 2, sizeof(void *)))
```

由 ngx_hash_elt_t 的定义我们知道：它有一个 void* 元素，指向数据的实际值；它的 name 字段是一个柔性数组，柔性数组的长度在赋值时才会知道；它的长度用 u_short 表示，长度为 2。为了内存对齐操作方便，通过 ngx_align 使数据为 8 字节的整数倍，这样就求出了一个数据的大小。

在判断完所有数据的大小都满足要求后，需要计算合适的桶数目，桶数目已知后，便可以计算出每个散列数据的桶索引。计算合适的桶数目需要遍历，首先会粗略计算出一个最小桶数目 start、最大桶数目 max_size，在此范围内再精确计算桶最终数目。每个散列数据最小为 16 字节，因此可按如下方式计算最小桶数目（每个桶最后都有 8 字节的 NULL 表示桶结束）：

```
bucket_size = hinit->bucket_size - sizeof(void *);
start = nelts / (bucket_size / (2 * sizeof(void *)));
start = start ? start : 1;
```

这里还需要统计每个桶存储的散列数据长度之和，因此可以先分配一个 test 数组：

```
test = ngx_alloc(hinit->max_size * sizeof(u_short), hinit->pool->log);
```

这里先用 test 数组来实现桶数目的精确计算，每个数据都应该存放在散列中，且每个桶的大小不能大于 bucket_size。当所有条件都满足后，得到的 size 值即为最终确定的精确桶数目。

```
for (size = start; size <= hinit->max_size; size++) {
    ngx_memzero(test, size * sizeof(u_short));
    for (n = 0; n < nelts; n++) {
        ...
        key = names[n].key_hash % size;
```

```
        test[key] = (u_short) (test[key] + NGX_HASH_ELT_SIZE(&names[n]));
        if (test[key] > (u_short) bucket_size) {
            goto next;
        }
    }
    goto found;
next:
    continue;
}
```

求出 size 之后便可以计算出散列的总长度。

```
for (i = 0; i < size; i++) {
    test[i] = sizeof(void *);// 每个桶都有一个 8 字节的 NULL 指针
}
for (n = 0; n < nelts; n++) {
    ...
    key = names[n].key_hash % size;
    test[key] = (u_short) (test[key] + NGX_HASH_ELT_SIZE(&names[n]));
}
```

桶的数目和散列的总长度确定好之后，就可以在内存池上分配存储空间了。注意，这里在分配空间时是按照 ngx_cacheline_size 结构体进行字节对齐的。CPU 在加载内存中数据到高速缓存时是一次性加载一个数据块。数据块的大小为 cacheline_size，通常为 64 字节。分配内存时，按照 ngx_cacheline_size 结构体字节对齐的方式加载到高速缓存的效率较高。

```
for (i = 0; i < size; i++) {
    ...
    test[i] = (u_short) (ngx_align(test[i], ngx_cacheline_size));
    ...
}
elts = ngx_palloc(hinit->pool, len + ngx_cacheline_size);
```

前面已经计算出每个桶所有数据总长度，因此这里可以将桶指针指向每个桶第一个数据首地址：

```
for (i = 0; i < size; i++) {
    ...
    buckets[i] = (ngx_hash_elt_t *) elts;
    elts += test[i];
}
```

以上所有准备工作就绪之后，我们就可以将散列数据存放到桶中相应的位置了：

```
for (n = 0; n < nelts; n++) {
    ...
    key = names[n].key_hash % size;
    elt = (ngx_hash_elt_t *) ((u_char *) buckets[key] + test[key]);
```

```
elt->value = names[n].value;
elt->len = (u_short) names[n].key.len;
ngx_strlow(elt->name, names[n].key.data, names[n].key.len);
test[key] = (u_short) (test[key] + NGX_HASH_ELT_SIZE(&names[n]));
}
```

当然，每个桶最后会添加 8 字节的 NULL 作为结束标志：

```
for (i = 0; i < size; i++) {
    ...
    elt = (ngx_hash_elt_t *) ((u_char *) buckets[i] + test[i]);
    elt->value = NULL;
}
```

将确定好的桶数量和长度赋值给散列数据结构中的变量：

```
hinit->hash->buckets = buckets;
hinit->hash->size = size;
```

通过以上步骤，我们便完成了对散列桶数目的确定并将每个数据添加到桶的相应位置。
Nginx 散列是通过开放地址法来解决散列冲突的，所以在查找数据时，首先需要确定好数据所在的桶位置。

```
elt = hash->buckets[key % hash->size];
```

知道了桶的位置后，便可以通过遍历桶上的所有数据来找到相应的数据，这比较简单，不再赘述。

4.6 红黑树

红黑树是每个节点都带有颜色属性的二叉查找树，颜色为红色或黑色。它是一种自平衡的二叉查找树，能够在插入和删除数据时通过特定操作保持二叉查找树的平衡性，从而获得较高的查找性能。除了二叉查找树的强制要求外，任何一棵有效的红黑树还必须满足以下性质。

1）节点是黑色或红色。

2）根节点是黑色。

3）所有的叶子节点都是黑色（叶子是 NIL 节点）。

4）每个红色节点必须有两个黑色的子节点（不存在两个连续的红色节点）。

5）从任一节点到其每个叶子节点的所有路径都包含相同数目的黑色节点。

Nginx 中红黑树用两个数据结构来表示，分别为红黑树节点结构体和红黑树结构体。红黑树节点结构体存储了节点间的对应关系和节点的真实数据。红黑树结构体维护整个红黑树的根节点及定义插入的节点时执行的函数指针。

红黑树节点结构体如下：

```
typedef ngx_uint_t   ngx_rbtree_key_t;
typedef ngx_int_t    ngx_rbtree_key_int_t;
struct ngx_rbtree_node_s {
    ngx_rbtree_key_t       key;
    ngx_rbtree_node_t      *left;
    ngx_rbtree_node_t      *right;
    ngx_rbtree_node_t      *parent;
    u_char                 color;
    u_char                 data;
};
```

代码中的参数说明如下。

❑ key：节点的键值，这是一个数字，在比较红黑树节点大小时使用。

❑ left：指向当前节点的左节点。

❑ right：指向当前节点的右节点。

❑ parent：指向当前节点的父节点。

❑ color：当前节点的颜色。

❑ data：节点的数据。

红黑树结构体如下：

```
struct ngx_rbtree_s {
    ngx_rbtree_node_t      *root;
    ngx_rbtree_node_t      *sentinel;
    ngx_rbtree_insert_pt   insert;
};
```

代码中的参数说明如下。

❑ root：红黑树的根节点。

❑ sentinel：哨兵指针，始终指向红黑树的叶子节点。

❑ insert：函数指针，添加数据时被调用，用来计算被添加节点的插入位置。

红黑树的第 4、第 5 条性质保证了红黑树的平衡性，因此在红黑树插入、删除任一节点之后要通过旋转等操作来保证当前树仍符合基本的 5 条性质。关于红黑树的调整，我们在插入和删除节点时再详细介绍。

有了以上的基础了解之后，我们来看一下怎样构建一棵红黑树。

初始化红黑树时，我们需要一个函数指针，用于在插入节点时调用。我们还需要哨兵节点，并将根指针指向此节点，代码如下：

```
#define ngx_rbtree_init(tree, s, i)           \
    ngx_rbtree_sentinel_init(s);              \
    (tree)->root = s;                         \
    (tree)->sentinel = s;                     \
    (tree)->insert = i
```

通过以上代码，我们初始化好一个红黑树结构体所占用的内存空间，但此时红黑树是一棵空树，虽然有根节点的内存空间，但没有实际的值。下面我们来看一下插入节点的过程。

在插入节点时，我们已经初始化好一棵红黑树，并且根指针和哨兵节点都指向了同一个内存空间。如果根节点和哨兵节点的指针相同，表示还没有节点插入，直接将此节点赋值为根节点即可。为了保证红黑树的性质，根节点一定是黑色节点。根节点插入完成之后，它的父节点为 NULL，左右节点都指向了哨兵节点。

```
if (*root == sentinel) {// 第一个节点插入时，root 值和 sentinel 值相等，把新插入的节点作为
                        // root 节点
    node->parent = NULL;
    node->left = sentinel;
    node->right = sentinel;
    ngx_rbt_black(node);// 根节点为黑色
    *root = node;
    return;              // 如果插入的是根节点，插入完成之后直接返回
}
```

根节点被插入之后，所有被插入的节点就是普通节点了。在插入普通节点之前，我们需要找到节点的插入位置，此时就需要用到之前提到的 insert 函数指针。insert 函数指针可以解决具有相同键值，但颜色不同的节点的冲突问题，也可以决定新节点是新增还是替换原始某个节点。为了操作方便，所有新插入节点的颜色先赋值为红色（如果新插入节点为黑色，则一定违反性质 5，一定要调整红黑树）。

```
node->parent = temp;
node->left = sentinel;
node->right = sentinel;
ngx_rbt_red(node);
```

找到节点的插入位置后，由于被插入节点的颜色为红色，同时新插入一个节点可能会导致违反红黑树的 5 条性质，所以需要一定的调整来保证红黑树的性质。调整是一个循环的过程，循环的结束条件是循环到根节点或当前循环节点的父节点是黑色节点：

```
while (node != *root && ngx_rbt_is_red(node->parent))
```

为什么是终止条件呢？一是因为当循环到根节点时，所有要调整的节点已经完成；二是因为调整是循环过程，可能出现红色节点位置的调整，当被调整节点的父节点为黑色时，表示调整节点和父节点的颜色不会出现冲突且左、右子树都已经平衡，不需要再向上循环调整。

如果被插入节点的父节点为黑色节点，不用做任何处理，因为被插入的节点为红色节点，不会影响红黑树的性质⊖。如果被插入节点的父节点为红色节点，则红黑树需要做一定的

⊖ 父节点的原节点为叶子节点，一定是黑色，此时插入一个红色节点不会影响任何红黑树性质。

调整才能满足 5 条性质。

在介绍调整动作之前，我们先来明确节点的名字，如图 4-7 所示。（本书红黑树相关图中，红色节点用灰色表示，黑色节点用黑色表示，未知颜色用白色表示。）

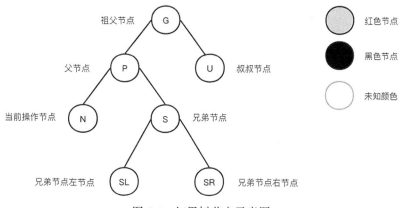

图 4-7　红黑树节点示意图

红黑树的旋转如图 4-8 所示。

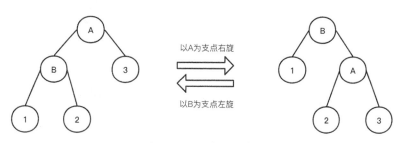

图 4-8　左旋和右旋

从图 4-8 中可以看出，以 A 为支点右旋，则 A 会变成其原左节点 B 的右节点，B 的原右节点会变成 A 的左节点。以 B 为支点左旋，则 B 会变成其原右节点 A 的左节点，A 的左节点会变成 B 的右节点。

当父节点是红节点，由红黑树的性质 4 可知，其祖父节点一定是黑色。插入一个红色子节点之后，根据其插入位置和叔叔节点颜色的不同，红黑树有不同的调整方法，下面分情况讨论。

（1）如果被插入节点的父节点是其祖父节点的左节点

1）**如果叔叔节点是红色节点**。父节点和叔叔节点同时为红色，被插入节点也是红色，我们不能随意将被插入节点改为黑色，因为新增一个黑色节点会破坏红黑树的性质 5。此时，如果把父节点和叔叔节点同时改为黑色，将祖父节点改为红色。之后将祖父节点作为当前节点，继续向上循环。如图 4-9 所示，P 和 U 节点变成黑色，G 节点变成红色。

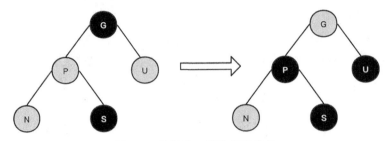

图 4-9　父节点、祖父节点变色

这种情况下，由于父节点和被插入节点都是红色，为了满足性质 4，将父节点改为黑色，但这会导致该路径上的黑色节点增加 1，不满足性质 5。在将祖父节点改为红色，叔叔节点改为黑色后，已经局部满足了红黑树的性质。但是此时祖父节点颜色已被改变，可能破坏了上层树的结构，所以需要将祖父节点看作当前节点，继续向上循环。

2）**如果叔叔节点是黑色节点，并且被插入节点是其父节点的左节点**。将父节点改为黑色，祖父节点改为红色，以祖父节点为支点进行右旋处理。如图 4-10 所示，将 P 节点变成黑色，G 节点变成红色，以 G 节点为支点进行右旋。

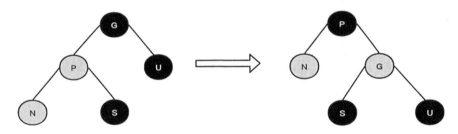

图 4-10　以祖父节点为支点右旋

这种情况下，被插入节点和父节点都是红色。为了满足性质 4，将父节点改为黑色，但这时又不满足性质 5，因为所有经过父节点路径的黑色节点增加了 1。此时，如果我们将祖父节点的颜色设置为红色并右旋，这样就可以满足红黑树的性质了，再以父节点为当前节点继续向上循环。

3）**如果叔叔节点是黑色节点，并且当前节点是其父亲的右节点**。先将父节点做一次左旋操作。如图 4-11 所示，以 P 节点作为支点左旋。

当父节点左旋之后，我们发现此时并不满足红黑树的性质，因为 N 和 P 节点都为红色，但是我们发现这种情况与第 2 种情况相似，只需要按上述第 2 种情况操作就可以了。

（2）如果要插入节点的父节点是其祖父节点的右节点

1）**如果叔叔节点是红色节点**。这种情况与分类 1 的第 1 种情况一样，直接将父节点、叔叔节点变黑，祖父节点变红，之后按祖父节点作为当前节点继续向上循环就可以了。如图 4-12 所示，将 P、U 节点变成黑色，G 节点变成红色。

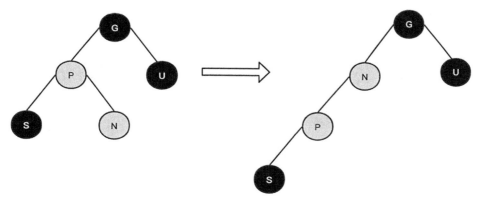

图 4-11 以父节点为支点左旋

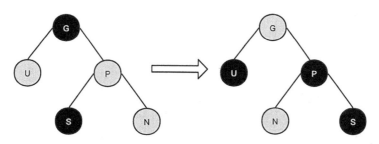

图 4-12 父节点、祖父节点变色

2）**如果叔叔节点是黑色节点，并且被插入节点是其父节点的右节点。**参考分类 1 的第 2 种情况，将父节点变成黑色，祖父节点变成红色，以祖父节点为支点进行左旋操作。如图 4-13 所示，将 P 节点变成黑色，以 G 节点为支点进行左旋。

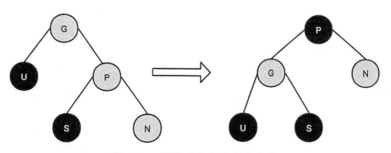

图 4-13 以祖父节点为支点左旋

然后将父节点作为当前节点继续向上循环。

3）**如果叔叔节点是黑色节点，并且被插入节点是其父节点的左节点。**参考分类 1 的第 3 种情况，将父节点做一次右旋操作。如图 4-14 所示，以 P 节点为支点进行右旋。

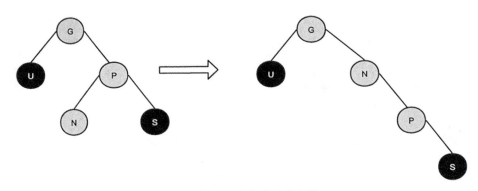

图 4-14　以父节点为支点右旋

然后按分类 2 的第 2 种情况继续操作就可以了。

上述内容就是因为插入一个红色节点可能导致红黑树不满足 5 条性质所做的调整。它是一个循环的过程,每次循环都需要判断条件满足哪一种情况,根据不同的情况采取不同的变色和旋转操作,以便满足红黑树的 5 条性质。当循环到根节点或循环节点的父节点为黑色节点时,便可以结束循环。

下面我们来看一下红黑树删除节点的过程。

红黑树的节点可能是黑色或红色,可能有一两个子节点或者无子节点,如果直接将节点删除,为了满足红黑树的 5 条性质可能会引起大的调整。为了尽可能减少调整,我们可以寻找被删除节点的后续节点,将待删除节点在红黑树中的位置由后续节点进行替换,然后将节点删除,这样就可以尽可能地减少红黑树的调整。待删除节点的后续节点一定没有子节点(后续节点是其右子树的最左侧节点)或仅有一个子节点,具体如下。

(1)后续节点没有子节点

1)后续节点为红色,则替换后可以直接删除节点,不影响红黑树的 5 条性质。

2)后续节点为黑色,则替换后删除节点需要进行调整操作。

(2)后续节点仅有一个子节点

该后续节点一定是黑色节点,子节点一定是红色节点。后续节点替换后,将其红色子节点补充到其原来位置,并将子节点颜色变成黑色,这样就完成了节点的删除,不需要调整。

由此可见,后续节点颜色至关重要,如果后续节点为黑色则一定要进行调整操作。

在 Nginx 中,node 表示被删除节点,subst 表示 node 的后续节点,temp 表示 subst 的其中一个子节点。因为删除节点需要将 node 节点的子节点补充到其位置上,所以为了减少操作,当 node 节点无子节点或只有一个子节点时,就不需要寻找后续节点了,因此 subst 和 temp 的赋值有以下 3 种情况。

1)当 node 节点无左子节点时(可能也无右子节点),subst 节点和 node 节点相同,temp 节点指向 node 的右子节点,右子节点可能为叶子节点;

2）当 node 节点有左了节点而无右子节点时，subst 节点和 node 节点相同，temp 节点指向 node 的左子节点；

3）当 node 节点既有左子节点又有右子节点时，subst 节点指向 node 的后续节点，temp 节点指向 subst 的非叶子子节点。当左、右子节点都为叶子节点时，temp 节点指向叶子节点。

有一种特殊情况，即 subst 节点正好是 root 节点，这种情况表示整个红黑树只有 root 节点或 root 节点只有一个子节点，此时直接删除 root 节点并将 temp 节点变成黑色就完成了节点的删除。这是删除红黑树节点最简单的一种情况。

当 subst 节点不是 root 节点时，需要用 subst 节点替换被删除节点，然后将被替换节点删除。具体方法是：

1）subst 节点的父节点指向 temp 节点；

2）temp 节点的父指针赋值为 subst 的父指针；

3）node 节点的左右子节点、父节点指针依次赋值给 subst 的相应值；

4）赋值 node 的颜色给 subst 节点；

5）node 节点的父节点指向 subst 节点；

6）node 节点的子节点的父指针指向 subst 节点；

7）删除 node 节点各指针的指向。

通过以上步骤，就完成了 subst 节点替换 node 节点并删除 node 节点的操作。此时如果原 subst 节点的颜色为红色，则删除红色节点不影响红黑树的性质。如果原 subst 节点的颜色为黑色，由于删除了一个黑色节点，subst 节点所在的子树高度会减 1。如果 temp 节点是红色，那么不需要进行调整，直接将 temp 节点变成黑色即可。当 temp 节点是黑色时，需要对红黑树进行调整。调整是一个循环的过程，循环结束的条件是循环到根节点或当前节点为红色节点：

```
while (temp != *root && ngx_rbt_is_black(temp))
```

当循环到根节点时，所有要调整的节点都已经调整完毕。当 temp 节点是红色时，将 temp 节点变成黑色也完成了调整过程，循环终止。

按 temp 节点是其父节点的左节点还是右节点，红黑树调整对应不同的操作。我们按 temp 节点是其父节点的左节点来看一下具体的调整过程。在 Nginx 中，w 表示 temp 节点的兄弟节点，根据 w 的颜色和 w 子节点的颜色的不同，有不同的调整方法。

（1）w 节点为黑色，且 w 节点的右节点为红色，左节点颜色任意

调整操作如下：

1）将 w 节点设置为 temp 父节点的颜色；

2）将 temp 父节点的颜色设置为黑色；

3）以 temp 父节点为支点进行左旋操作；

4）调整结束。

调整过程如图 4-15 所示。

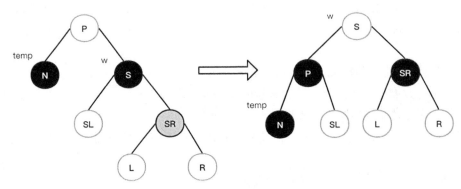

图 4-15　以 w 父节点为支点左旋

此种情况下，因为原 P 节点的左子树少了一个黑色节点导致左右子树不平衡[⊖]，当左旋之后，P 节点的左子树增加了一个黑色节点（节点 P），右子树黑色节点数量没有变化（SR 节点变成黑色补回来了）。左右子树高度已经相同，平衡结束。

（2）w 节点为黑色，且 w 的右节点为黑色，左节点为红色

调整操作如下：

1）将 w 节点的左节点变为黑色；

2）将 w 节点的颜色变为红色；

3）以 w 节点为支点进行右旋。

这种情况下 w 节点的右节点一定是红色的，所以按分类 1 继续执行。调整过程如图 4-16 所示。

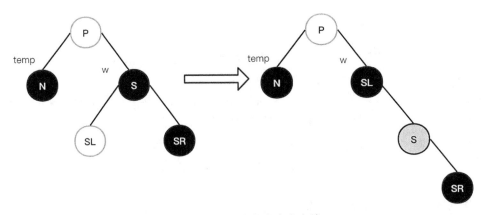

图 4-16　以 w 节点为支点右旋

⊖　SR 为红色节点，那么 L、R 至少有一个黑色的节点才会比 P 的左子树高度多 1。

（3）w 为黑色，且 w 的两个子节点都是黑色

调整操作如下：

1）将 w 节点的颜色变为红色；

2）将 temp 节点的父节点作为新的 temp 节点继续循环。

兄弟节点的子节点全为黑色，则将 w 节点变为红色并不会和子节点冲突。w 节点变为红色后，左、右子树已经实现平衡，此时应该将 w 节点的父节点作为新的 temp 节点继续循环。调整过程如图 4-17 所示。

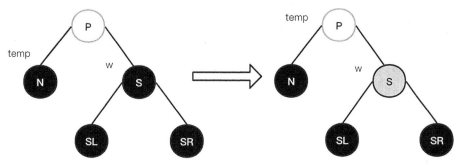

图 4-17　w 节点变色

（4）w 节点为红色

调整操作如下：

1）将 w 节点的颜色变为黑色；

2）将 temp 父节点的颜色变为红色；

3）以 temp 的父节点为支点进行左旋，此时 temp 的兄弟节点是旋转之前 w 的左子节点，该子节点的颜色为黑色（w 节点为红色，子节点一定是黑色）。

此时，根据 w 的左右节点的颜色分别按分类 1、2、3 处理，调整过程如图 4-18 所示。

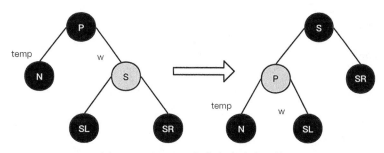

图 4-18　以 temp 父节点为支点左旋

经过以上步骤，我们便完成了红黑树节点的删除。

红黑树插入节点时，被插入节点一定是红色节点，然后看插入之后是否违反红黑树的 5

条性质，进而通过旋转等操作使其满足红黑树的 5 条性质；删除节点时需要找到当前删除节点的后续节点，通过节点替换、将被删除节点替换为后续节点的方式来删除节点。红黑树删除节点比插入节点复杂，读者需要反复阅读上文来理解其调整过程。

4.7 基数树

基数树也是一种二叉查找树，它要求树的每个节点存储的必须是 32 位的整型数据。它具备二叉查找树的所有优点，而且不用像红黑树那样必须保证树形态的平衡性，因此它在插入和删除节点时速度会比红黑树快得多。基数树的每个节点的 key 关键字决定了它在树中的位置，插入节点时，先将节点的 key 关键字转化为 32 位长度的二进制数，从左至右遇 0 插入左子树，遇 1 插入右子树。

基数树的每个节点结构体如下：

```
struct ngx_radix_node_s {
    ngx_radix_node_t  *right;
    ngx_radix_node_t  *left;
    ngx_radix_node_t  *parent;
    uintptr_t          value;
};
```

代码中的参数说明如下。

❑ right：指向当前节点的右节点。

❑ left：指向当前节点的左节点。

❑ parent：指向当前节点的父节点。

❑ value：指向节点存储的值。

基数树没有哨兵节点，它的 left 和 right 节点可能指向 NULL。

基数树结构体如下：

```
typedef struct {
    ngx_radix_node_t  *root;
    ngx_pool_t        *pool;
    ngx_radix_node_t  *free;
    char              *start;
    size_t             size;
} ngx_radix_tree_t;
```

代码中的参数说明如下。

❑ root：基数树的根节点。

❑ pool：内存池，基数树的所有节点都在此内存池中。

❑ free：所有已经分配但未使用的节点。

❑ start：已分配还未使用的内存的首地址。

❑ size：已分配内存还未使用的内存大小。

下面来看一下基数树的创建过程。创建基数树时，首先初始化 ngx_radix_tree_t 结构体，然后创建基数树的 root 节点。

```
ngx_radix_tree_t  *tree;
tree = ngx_palloc(pool, sizeof(ngx_radix_tree_t));
...
tree->root = ngx_radix_alloc(tree);
```

基数树在创建时会传入 preallocate 参数，如果传入值为 0 表示不需要初始化节点，直接返回初始化好的结构即可。如果传入值为 –1，则需要根据如下代码构建一棵深度为 6、7或 8 的基数树，但树中不存储数据。

```
ngx_pagesize / sizeof(ngx_radix_tree_t)
```

初始化不存储数据的基数树的代码如下：

```
mask = 0;
inc = 0x80000000;
while (preallocate--) {
    key = 0;
    mask >>= 1;
    mask |= 0x80000000;
    do {
        if (ngx_radix32tree_insert(tree, key, mask, NGX_RADIX_NO_VALUE) != NGX_OK)
        ...
        key += inc;
    } while (key);
    inc >>= 1;
}
```

由于 Nginx 中基数树为二叉树结构，所以当深度为 7 时，树的节点总个数为 $2^{(preallocate+1)}-1$，每一层节点个数为 $2^{(7-preallocate)}$。preallocate、mask、inc 的赋值过程如表 4-3 所示。

表 4-3　7 层基数树各层数据

preallocate	7	6	5	4	3	2	1
mask	10000000	11000000	11100000	11110000	11111000	11111100	11111110
inc	10000000	01000000	00100000	00010000	00001000	00000100	00000010
节点个数	2	4	8	16	32	64	128

上述代码中，do-while 循环的终止条件是 key 的值为 0。每次 while 循环中 key 值会重新赋值为 0。由于 key 是 unsigned int 类型，且每次 do-while 循环中 key 值都会增加 inc，如表 4-3 所示。每层的 key 内存越界时，正好循环次数是当层的节点个数。

Nginx 基数树存储的全部是 32 位的整型数据，所以理论上基数树的最大深度可以是 32层。但根据基数树的创建过程得知，在 Nginx 中基数树的层高最高只支持到 8 层。Nginx 根据 mask 中 1 的个数来确定节点应该插入哪一层。在插入节点时，从左向右遍历 key 的二进制值，如果当前位为 0，则向节点的左分支继续查找插入位置，否则向右分支继续查找插入位置。代码如下：

```
while (bit & mask) {
    if (key & bit) {
        next = node->right;
    } else {
        next = node->left;
    }
    if (next == NULL) {
        break;
    }
    bit >>= 1;
    node = next;
}
```

如果被插入位置已经申请过内存空间，则可以直接将数据插入到此位置，操作结束。如果被插入位置没有申请过内存空间，则需要申请空间并完成节点指针的指向，完成之后便可以插入节点。

```
while (bit & mask) {
    next = ngx_radix_alloc(tree);
    ...
    if (key & bit) {
        node->right = next;

    } else {// bit 位为 0
        node->left = next;
    }
    bit >>= 1;
    node = next;
}
node->value = value;
```

基数树删除节点时，如果删除的是叶子节点，则可以直接从基数树中删除，并把这个节点放入 free 链接；如果删除的不是叶子节点，直接赋值为 –1 即可。

删除非叶子节点的代码如下：

```
if (node->right || node->left) {
    if (node->value != NGX_RADIX_NO_VALUE) {
        node->value = NGX_RADIX_NO_VALUE;
        return NGX_OK;
    }
}
```

删除叶子节点的代码如下：

```
for ( ;; ) {
    if (node->parent->right == node) {
        node->parent->right = NULL;

    } else {
        node->parent->left = NULL;
    }
    node->right = tree->free;
    tree->free = node;
    node = node->parent;
    ...
}
```

基数树的查找是最简单的，在插入节点和删除节点时必须找到相应的位置才可以进行操作，这里不再赘述。

4.8 本章小结

本章介绍了 Nginx 的基本数据结构。数据结构是计算机科学的基础知识。为了高效实现、跨平台、使用方便等，Nginx 对这些数据结构进行了重新封装。

通过本章的学习，读者对 Nginx 的一些基本数据结构有了详细的了解，这对后续了解 Nginx 的高级特性有相当大的帮助。

Chapter 5 · 第 5 章

配置文件解析

Nginx 使用者一般只需要了解配置指令的含义即可，比如 daemon 用于配置是否以守护进程方式运行；worker_processes 用于配置 Worker 进程数目；worker_connections 用于配置每个 Worker 进程最多可建立的连接数目，等等。对于学习 Nginx 源码甚至 Nginx 模块开发的人员来说，配置文件的解析、存储以及查找等原理是必须深入研究的。

Nginx 的配置指令可以分为两大类：配置块（如 events/http/server/location）与单条指令（如 worker_processes/root/rewrite）。

1）配置块可以嵌套，如 http 配置块中可以嵌套 server 配置块，server 配置块中还可以嵌套 location 配置块。

2）单条指令可以同时配置在不同的配置块，如 root 指令可以同时配置在 http、server 和 location 配置块中。

配置块、配置块的嵌套以及指令的多处配置导致配置文件的解析、存储以及查找比较复杂。

5.1 配置文件简介

下载 Nginx 源码后，conf 目录存储在配置文件模板 nginx.conf 中，示例如下：

```
worker_processes  1;
error_log  logs/error.log  error;
events {
    use epoll;
    worker_connections  1024;
```

```
    }
http {
    log_format   main   '$remote_addr - $remote_user [$time_local] "$request" '
                        '$status $body_bytes_sent "$http_referer" '
                        '"$http_user_agent" "$http_x_forwarded_for"';
    access_log   logs/access.log   main;
    server {
        listen          80;
        server_name     localhost;
        location ~ \.php$ {
            root            html;
            fastcgi_pass    127.0.0.1:9000;
            fastcgi_index   index.php;
            fastcgi_param   SCRIPT_FILENAME   /scripts$fastcgi_script_name;
            include         fastcgi_params;
        }
    }
}
```

Nginx 按照上述配置启动之后会在 80 端口监听客户端请求，接收到 HTTP 请求并转发给上游 FPM 进程处理后，将处理结果返给客户端。各配置指令介绍如下。

1）worker_processes：配置 Worker 进程数目，其值可以是具体的数字或者 auto，一般等于 CPU 核数。通常，其会结合 worker_cpu_affinity 来设置 CPU 亲和力，使得 Worker 进程绑定到特定 CPU 上执行。

2）error_log：配置错误日志输出方式以及日志级别。通常，我们会将错误日志输出到某一文件。日志级别从低到高划分为 debug、info、notice 等，默认级别为 error。

3）events/http：配置块，用于区分配置类型。events 指令块的内部指令均用于配置事件相关处理，http 指令块的内部指令均用于配置 HTTP 请求相关处理。

4）use：用于配置使用的 I/O 多路复用模型，如 epoll/kqueue 等。如果没有配置 use，Nginx 会检测当前操作系统支持的 I/O 多路复用模型。

5）worker_connections：用于配置每个 Worker 进程最多可建立的连接数。由此可得 Nginx 实例最多可建立的连接数目为 worker_connections* worker_processes，包括与客户端建立的网络连接、与上游 Upstream 建立的网络连接以及用于监听的 socket 描述符。

6）log_format：用于配置日志输出格式，main 定义了日志格式的名称，$remote_addr 等变量为 Nginx 内部定义的变量，此处用于定义日志输出格式。

7）access_log：用于配置 Nginx 访问日志，结果输出到文件 logs/access.log。main 定义了使用的日志格式名称。

8）server：配置块，用于配置一个虚拟服务器。

9）listen：用于配置监听的 IP 以及端口，该指令可选项非常多，比如选项 default_server 用于配置当前虚拟服务器为默认服务器（当某 HTTP 请求的 Host 与所有服务器的 server_name 都没有匹配成功时，会使用默认服务器处理）；选项 backlog 用于配置 TCP 半连接队列以及全连接队列最大限制（同时受限于内核参数）。

10）server_name：用于配置基于名称的虚拟服务器，可使用全名称 www.example.com，或者通配符 *.example.com。只有当 HTTP 请求的 Host 与该服务器名称匹配成功时，才会由该服务器处理 HTTP 请求（默认服务器除外）。

11）location：用于匹配指定的请求 URI，匹配成功时才会选择该 location 配置处理 HTTP 请求。location 匹配方式支持正则匹配、最大前缀匹配以及精确匹配等。

12）fastcgi_pass：将 HTTP 请求按照 FastCGI 协议转发给上游 FPM 进程处理，将 HTTP 请求按照 HTTP 转发给上游服务处理。

在讲解 Nginx 配置解析之前，我们先补充两个基础知识：

1）与配置指令相关的结构体 ngx_command_t；

2）配置解析的主函数 ngx_conf_parse。

结构体 ngx_command_t

Nginx 配置文件的解析是分散到各个模块的。每个模块都有一个 commands 数组，数组类型为 ngx_command_t，用于存储该模块可以解析的所有配置指令。结构体 ngx_command_t 定义如下：

```
typedef struct ngx_command_s           ngx_command_t;
struct ngx_command_s {
    ngx_str_t               name;
    ngx_uint_t              type;
    char                    *(*set)(ngx_conf_t *cf, ngx_command_t *cmd, void *conf);
    ngx_uint_t              conf;
    ngx_uint_t              offset;
    void                    *post;
};
```

各字段含义如下。

1）name：配置指令名称，如 proxy_pass。

2）type：指令类型。指令类型分为 4 种：表示指令可配置位置；用于校验参数数目；表明指令是单条指令还是配置块；其他。

第 1 种指令类型表示指令可配置位置。什么是可配置位置？我们以实例说明。比如：

❑ 指令 worker_processes、events/http 只能在配置文件进行配置，不能在任何配置块中配置，其类型为 NGX_MAIN_CONF。

❑ 指令 worker_connections/use 只能配置在 events 配置块中，其类型为 NGX_EVENT_CONF。

❑ 指令 server 只能配置在 http 配置块中，其类型为 NGX_HTTP_MAIN_CONF。

❑ 指令 listen/server_name 只能配置在 server 配置块中，其类型为 NGX_HTTP_SRV_CONF。

❑ 指令 proxy_pass/fastcgi_pass 只能配置在 location 配置块中，其类型为 NGX_HTTP_
LOC_CONF。

❑ 指令 ip_hash（实现上游负载均衡）只能配置在 upstream 配置块，其类型为 NGX_
HTTP_UPS_CONF。

> 📌 注 意　指令类型按位标记。当一条指令可以同时配置在多个位置时，指令类型支持按位或
> 运算，比如 root 指令，可以配置在 http/server/location 配置块，因此其类型为 NGX_
> HTTP_MAIN_CONF|NGX_HTTP_SRV_CONF|NGX_HTTP_LOC_CONF。

第 2 种指令类型用于校验参数数目，主要有下面几种。

❑ NGX_CONF_TAKEn 表示该指令必须有 *n* 个参数。

❑ NGX_CONF_TAKEmn 表示该指令必须有 *m* 或者 *n* 个参数。

❑ NGX_CONF_NOARGS 表示该指令没有参数。

❑ NGX_CONF_1MORE 表示该指令至少有 1 个参数。

❑ NGX_CONF_2MORE 表示该指令至少有 2 个参数。

❑ NGX_CONF_ANY 表示该指令参数数目任意。

第 3 种指令类型表明指令是单条指令还是配置块，如 NGX_CONF_BLOCK 表示该指令
为一个配置块。

另外，还有一些其他指令类型，比如 NGX_CONF_FLAG 表示该指令为一个标识类指
令，只能配置 on/off；NGX_DIRECT_CONF 表示该指令的存储地址可直接获取，不需要再
额外分配。

3）set：函数指针，指向该配置对应的处理函数。

4）conf 和 offset：表示偏移量，通过偏移量可定位到该配置的存储地址。后面讲解配
置解析时会详述，这里暂时跳过。

5）post：可以指向多种结构，解析到具体指令时会详述，这里暂时跳过。

5.2　主函数 ngx_conf_parse

配置解析的主函数，即入口函数是 ngx_conf_parse(ngx_conf_t cf, ngx_str_t filename)，
输入参数 filename 表示配置文件路径，如果值为 NULL 表明此时解析的是配置块；cf 即当前
待处理指令，类型为 ngx_conf_t。函数 ngx_conf_parse 主要通过调用 ngx_conf_handler 函数
处理并解析指令。本节主要介绍结构体 ngx_conf_t 以及函数 ngx_conf_handler 的实现逻辑。

1. 结构体 ngx_conf_t

结构体 ngx_conf_t 主要字段如下：

```
struct ngx_conf_t {
    char                    *name;        // 当前读取到的配置名称
    ngx_array_t             *args;        // 当前读取到的配置参数
    void                    *ctx;         // 上下文
    ngx_uint_t              module_type;  // 模块类型
    ngx_uint_t              cmd_type;     // 指令类型
};
```

各个字段说明如下。

1）name：类型为字符串，存储当前读取到的配置的名称。

2）args：类型为数组，存储当前读取到的配置的所有参数。

3）ctx：类型为 void* 指针，配置在解析后，结果通常会存储在某结构体的某字段。通过 ctx 字段，我们可以获取该结构体地址。

4）module_type 和 cmd_type：表示当前配置可以由哪些模块解析以及当前配置的指令类型。读取到某配置时，需要遍历所有模块的指令数组，查找当前配置对应的 ngx_command_t。通过这两个字段可以快速过滤掉那些不能处理当前配置的模块以及不匹配的结构体。

2. 处理函数 ngx_conf_handler

函数 ngx_conf_parse 逻辑比较简单，就是读取完整配置，并调用函数 ngx_conf_handler 处理配置。由于配置指令块的存在，配置的解析是一个递归调用函数 ngx_conf_parse 的过程。

函数 ngx_conf_handler 主要逻辑是：遍历类型为 cf->module_type 的模块，查找该模块的指令数组中类型为 cf->cmd_type 的指令；如果没找到，打印错误日志并返回错误；如果找到，则校验指令参数等是否合法；调用 cf->set 函数指针处理该配置。函数 ngx_conf_handler 主要代码如下：

```
for (i = 0; cf->cycle->modules[i]; i++) {
    cmd = cf->cycle->modules[i]->commands; // 指令数组
    for ( /* void */ ; cmd->name.len; cmd++) {
        if (cf->cycle->modules[i]->type != NGX_CONF_MODULE
            && cf->cycle->modules[i]->type != cf->module_type){
            continue;
        }// 校验模块类型，注意 NGX_CONF_MODULE！
        if (!(cmd->type & cf->cmd_type)) {
            continue;
        }// 校验指令类型
        if (!(cmd->type & NGX_CONF_ANY)) { // 校验参数数目
            if (cmd->type & NGX_CONF_FLAG) {
                if (cf->args->nelts != 2) {
                    goto invalid;
                }
            }
            // 省略了部分参数数目校验
        }
```

```
        // 省略 conf 查找过程
        rv = cmd->set(cf, cmd, conf);
    }
}
```

第一步，判断模块类型。如果模块类型为 NGX_CONF_MODULE，则跳过当前模块。目前，NGX_CONF_MODULE 类型的模块只有 ngx_conf_module，用于处理 include 配置。include 配置用于引入另一个 Nginx 配置文件，一般多个虚拟服务器的配置会写在多个配置文件中，再通过 include 配置引入。

第二步，校验指令参数。指令类型 NGX_CONF_ANY 表示该配置指令参数数目任意，因此不需要校验参数数目。指令类型 NGX_CONF_FLAG 表示该配置指令为标识类配置，参数只能是 on/off，即 cf->args->nelts[⊖]只能等于 2。

第三步，调用 cmd->set 完成配置的处理。注意，这里省略了参数 conf 的获取过程，而这也是 ngx_conf_handler 函数的实现难点。解析不同类型配置时，参数 conf 的获取方式不同，因此这部分内容放到后面章节讲解。

5.3　解析 main 配置

main 配置属于 NGX_MAIN_CONF 类型，只能配置在配置文件中，不能配置在配置块中，同时该类型配置只能由核心模块进行解析（类型为 NGX_CORE_MODULE）。解析 main 配置可以分为两个步骤：创建 main 配置上下文；解析所有配置指令。下面我们将详细介绍解析 main 配置。

5.3.1　创建 main 配置上下文

不管是解析 main 配置还是解析配置块内部的配置，入口函数都是 ngx_conf_parse，那如何区分当前解析的是哪种类型的配置指令呢？这由输入参数 ngx_conf_t cf 决定。因此，解析 main 配置首先需要初始化结构体 ngx_conf_t，并创建上下文配置，核心流程如下：

```
cycle->conf_ctx = ngx_pcalloc(pool, ngx_max_module * sizeof(void *));
// ngx_max_module 为模块总数目
for (i = 0; cycle->modules[i]; i++) {
    if (cycle->modules[i]->type != NGX_CORE_MODULE) { // 过滤非核心模块
        continue;
    }
    module = cycle->modules[i]->ctx;                   // 获得核心模块
    // 遍历所有核心模块，并调用每个模块的 reate_conf 方法创建配置结构体，存储到上下文数组
    if (module->create_conf) {
        rv = module->create_conf(cycle);
        if (rv == NULL) {
```

⊖　注意，cf->args->nelts 作为参数数目时包含了配置名称。

```
        ngx_destroy_pool(pool);
        return NULL;
    }
    cycle->conf_ctx[cf->cycle->modules[i]->index] = rv;
  }
}
// 初始化结构体 ngx_conf_t
conf.ctx = cycle->conf_ctx;
conf.module_type = NGX_CORE_MODULE;
conf.cmd_type = NGX_MAIN_CONF;
```

上述程序中有一个很重要的变量 cycle->conf_ctx，它就是我们所说的解析 main 配置所需的上下文，类型为 void* 数组。for 循环遍历所有的核心模块，调用每个核心模块的 create_conf 方法（如果存在）创建配置结构体并存储在 cycle->conf_ctx 数组对应索引位置。可以看到，最后两行代码设置待解析配置的模块类型为 NGX_CORE_MODULE，指令类型为 NGX_MAIN_CONF。

另外需要注意的一点是，create_conf 方法的作用通常只是初始化配置的值为 NGX_CONF_UNSET。待所有配置解析完成后，Nginx 还会遍历所有模块并执行模块中的 init_conf 方法。此时，如果某些配置的值依然为 NGX_CONF_UNSET，则初始化为默认值。

需要注意的是，核心模块很多，比如 ngx_core_module、ngx_events_module、ngx_http_module 等，但是只有 ngx_core_module 模块有 create_conf 方法。main 配置存储结构如图 5-1 所示。

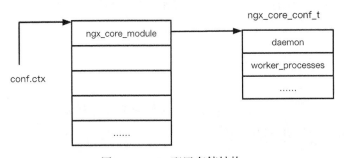

图 5-1　main 配置存储结构

5.3.2　解析配置指令

通过 5.2 节的程序，函数 ngx_conf_parse 的输入参数 ngx_conf_t 已经初始化完成。接下来，Nginx 会调用函数 ngx_conf_parse 循环逐行读取所有配置。参考图 5-1 思考一下，对于 daemon/worker_processes 等配置，如何通过 conf.ctx 配置上下文查找到其应该存储的结构体地址？另外，events/http 等配置块又该如何处理？下面我们将详细分析。

在 5.2 节讲解 ngx_conf_handler 实现时，我们省略了部分逻辑：

```
for (i = 0; cf->cycle->modules[i]; i++) {
    ......
    // 查找可以解析该配置的模块

    // 由模块 cf->cycle->modules[i] 解析该配置
    if (cmd->type & NGX_DIRECT_CONF) {
        conf = ((void **) cf->ctx)[cf->cycle->modules[i]->index];
    } else if (cmd->type & NGX_MAIN_CONF) {
        conf = &(((void **) cf->ctx)[cf->cycle->modules[i]->index]);
    } else if (cf->ctx) {
        confp = *(void **) ((char *) cf->ctx + cmd->conf);
        if (confp) {
            conf = confp[cf->cycle->modules[i]->ctx_index];
        }
    }
    rv = cmd->set(cf, cmd, conf);
}
```

cf->ctx 是我们所说的配置上下文，等同于图 5-1 中的 conf.ctx。显然，该配置上下文是一个 void* 数组。程序中的 cf->cycle->modules［i］为可以解析当前配置的模块，index 为该模块索引。

上述程序将 cf->ctx 强制转换为 void** 或者 char* 类型，为什么需要转换呢？cf->ctx 类型其实是 void*，即 cf->ctx 指向的是一个 void 类型的数据，无法进行地址偏移操作，比如 cf->ctx + 1，强制转换为 char* 后，操作 cf->ctx + 1 相当于地址偏移 1 字节；强制转换为 void** 后，操作 cf->ctx + 1 相当于地址偏移 8 字节。

结合图 5-1，对于模块 ngx_core_module，其配置结构体 ngx_core_conf_t 已初始化完成，且存储在上下文数组 cf->ctx 对应索引位置，因此可以直接通过 cf->ctx 获取其配置结构体的地址。以 daemon 指令为例：

```
{   ngx_string("daemon"),
    NGX_MAIN_CONF|NGX_DIRECT_CONF|NGX_CONF_FLAG,
    ngx_conf_set_flag_slot,
    0,
    offsetof(ngx_core_conf_t, daemon),
    NULL }
```

可以看到，daemon 指令的类型包括 NGX_DIRECT_CONF，因此执行 cmd->set(cf, cmd, conf) 时，conf 指向的是配置结构体 ngx_core_conf_t 的首地址。另外，可以看到 daemon 指令的 offset 字段值为 offsetof(ngx_core_conf_t, daemon)，即 daemon 字段相对于结构体 ngx_core_conf_t 的首地址偏移量。函数 ngx_conf_set_flag_slot 为指令 daemon 的处理函数，同时是一个通用处理函数，可用于处理所有标志类型配置（只能配置 on/off）。函数 ngx_conf_set_flag_slot 的实现逻辑如下：

```
char * ngx_conf_set_flag_slot(ngx_conf_t *cf, ngx_command_t *cmd, void *conf)
```

```
{
    char  *p = conf;
    fp = (ngx_flag_t *) (p + cmd->offset);
    if (ngx_strcasecmp(value[1].data, (u_char *) "on") == 0) {
        *fp = 1;
    } else if (ngx_strcasecmp(value[1].data, (u_char *) "off") == 0) {
        *fp = 0;
    }
}
```

再以配置指令 worker_processes 为例，其处理函数为 ngx_set_worker_processes。注意，第三个输入参数 conf 指向结构体 ngx_core_conf_t 的首地址，因此可以进行强制类型转换。当 Worker 进程数目设置为 auto 时，其最终初始化为 CPU 核数 ngx_ncpu。

```
static char *
ngx_set_worker_processes(ngx_conf_t *cf, ngx_command_t *cmd, void *conf)
{
    ccf = (ngx_core_conf_t *) conf;//强制转换类型
    if (ngx_strcmp(value[1].data, "auto") == 0) {
        ccf->worker_processes = ngx_ncpu;
        return NGX_CONF_OK;
    }
    ccf->worker_processes = ngx_atoi(value[1].data, value[1].len);
}
```

另外，events/http 等配置指令需要特殊处理。以 events 指令为例：

```
{   ngx_string("events"),
    NGX_MAIN_CONF|NGX_CONF_BLOCK|NGX_CONF_NOARGS,
    ngx_events_block,
    0,
    0,
    NULL  }
```

可以看到，events 指令类型包括 NGX_MAIN_CONF，但是不包括 NGX_DIRECT_CONF。因此调用 ngx_events_block 函数时，参数 conf 获取方式如下：

```
else if (cmd->type & NGX_MAIN_CONF) {
    conf = &(((void **) cf->ctx)[cf->cycle->modules[i]->index]);
}
rv = cmd->set(cf, cmd, conf);
```

📷 注
意   conf 赋值表达式右侧的取地址符。这是因为目前对于 events 等指令并没有初始化其对应的配置结构体，因此执行 ngx_events_block 函数时，conf 指向的是 main 配置上下文数组对应索引位置。解析 events 配置块的工作由函数 ngx_events_block 完成。

5.4　解析 events 配置块

解析 events 配置块的函数为 ngx_events_block，主要处理逻辑包括：

1）创建 events 配置上下文；

2）调用所有 Event 模块的 create_conf 方法创建配置结构体；

3）修改 cf->ctx（解析 events 配置块时，配置上下文会发生改变）、cf->module_type 以及 cf->cmd_type；

4）调用 ngx_conf_parse 函数解析 events 配置块中的配置项。

具体实现代码如下：

```
static char *
ngx_events_block(ngx_conf_t *cf, ngx_command_t *cmd, void *conf)
{
    // 创建 events 配置上下文，其只是一个 void* 结构
    ctx = ngx_pcalloc(cf->pool, sizeof(void *));
    // void* 数组，指向所有 Event 模块创建的配置结构体
    *ctx = ngx_pcalloc(cf->pool, ngx_event_max_module * sizeof(void *));
    // conf 指向 events 配置上下文
    *(void **) conf = ctx;
    // 遍历所有 Event 模块，创建配置结构
    for (i = 0; cf->cycle->modules[i]; i++) {
        if (cf->cycle->modules[i]->type != NGX_EVENT_MODULE) {
            continue;
        }
        if (m->create_conf) {
            (*ctx)[cf->cycle->modules[i]->ctx_index] = m->create_conf(cf->cycle);
        }
    }
    // 修改 cf 的配置上下文、模块类型、指令类型；原始 cf 暂存在 pcf 变量中
    pcf = *cf;
    cf->ctx = ctx;
    cf->module_type = NGX_EVENT_MODULE;
    cf->cmd_type = NGX_EVENT_CONF;
    // 解析 events 配置块中的配置项
    rv = ngx_conf_parse(cf, NULL);
    // 还原 cf
    *cf = pcf;
}
```

函数 ngx_events_block 执行时，第 3 个输入参数 conf 指向的是 main 配置上下文数组对应索引的位置。events 配置上下文的类型为 void*，指向 void* 数组。该数组最终指向所有 Event 模块创建的配置结构体。而赋值语句 *(void **) conf = ctx，将 events 配置上下文存储在 main 配置上下文数组中。

同样，create_conf 方法的作用只是初始化配置的值为 NGX_CONF_UNSET。

另外，在递归调用 ngx_conf_parse 函数解析 events 配置块中指令之前，需要修改 cf 指

向的配置上下文为 events 配置上下文的地址，同时设置当前配置只能由 Event 模块（NGX_EVENT_MODULE）解析，以及当前解析的配置类型为 NGX_EVENT_CONF。需要注意的是，在修改 cf 之前需要保存原始 cf 到局部变量 pcf，解析完 events 配置块中的指令之后，再恢复原始 cf。

在 Linux 系统中采用默认选项编译 Nginx，events 配置块中只有 ngx_event_core_module 和 ngx_epoll_module，且这两个模块都有 create_conf 方法。events 配置块存储结构示意图如图 5-2 所示。

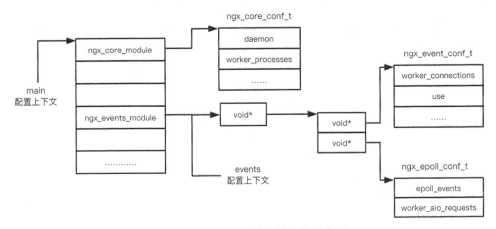

图 5-2　events 配置块存储结构示意图

思考一下，为什么 events 配置上下文变量类型为 void*，又指向了 void* 数组？参照图 5-2，好像多了一层不必要的 void* 引用，如果 events 配置上下文变量类型就是 void* 数组首地址是否可行？理论上也是可以的。参照 5.5 节的 http 配置上下文存储结构，猜测可能只是为了两者结构保持一致。

现在可以回答 5.3 节提出的问题，即如何通过配置上下文配置事件类型，查找其对应的配置结构体地址？逻辑如下：

```
else if (cf->ctx) {
    confp = *(void **) ((char *) cf->ctx + cmd->conf);
    if (confp) {
        conf = confp[cf->cycle->modules[i]->ctx_index];
    }
}
```

事件类型配置指令 cmd->conf 都等于 0，confp 指向的是图 5-2 中的 events 配置上下文指向的 void* 数组。接下来，根据模块索引获取对应数组元素即可。conf 最终指向的是结构体 ngx_event_conf_t 或者 ngx_epoll_conf_t 的首地址。

以 worker_connections 配置为例，配置指令的结构体定义如下。指令类型 NGX_CONF_TAKE1 表示该指令只接收一个配置参数。函数 ngx_event_connections（ngx_conf_t *cf，

ngx_command_t *cmd, void *conf) 为指令处理函数，其第 3 个输入参数 conf 指向结构体
ngx_event_conf_t 的首地址。

```
{   ngx_string("worker_connections"),
    NGX_EVENT_CONF|NGX_CONF_TAKE1,
    ngx_event_connections,
    0,
    0,
    NULL }
```

events 配置块中的配置全部解析完成后，同样会遍历所有 Event 模块，执行其 init_conf
方法，此时如果某些配置值依然为 NGX_CONF_UNSET，会被初始化为默认值。

5.5　解析 http 配置块

http 配置块的解析与 events 配置块的解析逻辑比较类似，又远远复杂于 events 配置块
的解析流程。http 指令定义如下：

```
{   ngx_string("http"),
    NGX_MAIN_CONF|NGX_CONF_BLOCK|NGX_CONF_NOARGS,
    ngx_http_block,
    0,
    0,
    NULL }
```

可以看到，http 指令类型包括 NGX_MAIN_CONF，但是不包括 NGX_DIRECT_CONF。
因此调用 ngx_http_block 函数时，参数 conf 获取方式如下：

```
else if (cmd->type & NGX_MAIN_CONF) {
    conf = &(((void **) cf->ctx)[cf->cycle->modules[i]->index]);
}
rv = cmd->set(cf, cmd, conf);
```

> 注意　conf 赋值表达式右侧的取地址符。对于 http 指令，目前并没有初始化 http 配置存储
> 结构，因此执行 ngx_http_block 函数时，conf 指向的是 main 配置上下文数组对应索
> 引位置。http 配置存储结构的初始化工作由函数 ngx_events_block 完成。

5.5.1　main 配置解析

函数 ngx_http_block 作为 http 配置块解析的入口函数，同样需要处理，流程如下：

1）http 配置上下文的创建；

2）调用所有 HTTP 模块的 create_main_conf、create_srv_conf 和 create_loc_conf 方法创

建配置结构体；

3）修改 cf->ctx（解析 http 配置块时，配置上下文会发生改变）、cf->module_type 以及 cf->cmd_type；

4）调用 ngx_conf_parse 函数解析 http 配置块中的配置。

http 配置上下文创建逻辑如下：

```
ctx = ngx_pcalloc(cf->pool, sizeof(ngx_http_conf_ctx_t));
*(ngx_http_conf_ctx_t **) conf = ctx;
// 初始化 main_conf 数组、srv_conf 数组和 loc_conf 数组；
ctx->main_conf = ngx_pcalloc(cf->pool, sizeof(void *) * ngx_http_max_module);
ctx->srv_conf = ngx_pcalloc(cf->pool, sizeof(void *) * ngx_http_max_module);
ctx->loc_conf = ngx_pcalloc(cf->pool, sizeof(void *) * ngx_http_max_module);
```

结构体 ngx_http_conf_ctx_t 即 http 配置上下文结构，只有 3 个字段 main_conf、srv_conf 与 loc_conf，且这 3 个字段均指向的是 void* 数组。同样，*(ngx_http_conf_ctx_t **) conf = ctx 赋值语句将 http 配置上下文存储在 main 配置上下文数组。

HTTP 模块数目比较多，其中 ngx_http_core_module 模块是第一个 HTTP 模块。http 配置块存储结构示意图如图 5-3 所示。

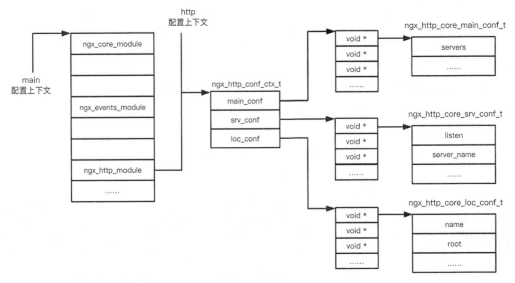

图 5-3　http 配置块存储结构示意图

对比图 5-2 与图 5-3 所述的 events 配置块存储结构与 http 配置块存储结构，可以发现两者结构非常类似。

http 配置块存储结构创建完成后，接下来调用 ngx_conf_parse 函数解析 http 配置块中的配置，具体如下：

```
pcf = *cf;
cf->ctx = ctx;
cf->module_type = NGX_HTTP_MODULE;
cf->cmd_type = NGX_HTTP_MAIN_CONF;
rv = ngx_conf_parse(cf, NULL);

......
*cf = pcf;
```

同样，在递归调用 ngx_conf_parse 函数解析 http 指令之前，需要修改 cf 指向的配置上下文为 http 配置上下文，同时设置当前配置只能由 HTTP 模块（NGX_HTTP_MODULE）解析，并且当前解析的配置类型为 NGX_HTTP_MAIN_CONF。另外，在修改 cf 之前，需要保存原始 cf 到局部变量 pcf，解析完 http 指令之后再恢复到原始 cf。

思考一下 http 配置上下文为什么会同时包含 main_conf、srv_conf 以及 loc_conf？这里简要说明一下，main_conf 用于存储类型为 NGX_HTTP_MAIN_CONF 的配置，srv_conf 用于存储类型为 NGX_HTTP_SRV_CONF 的配置，loc_conf 用于存储类型为 NGX_HTTP_LOC_CONF 的配置。但是我们注意到解析 http 配置块时，设置当前解析的配置类型为 NGX_HTTP_MAIN_CONF，为什么还需要 srv_conf 和 loc_conf？原因就在于某些配置的类型不是一种，比如 root 指令定义如下：

```
{   ngx_string("root"),
    NGX_HTTP_MAIN_CONF|NGX_HTTP_SRV_CONF|NGX_HTTP_LOC_CONF|NGX_HTTP_LIF_
    CONF|NGX_CONF_TAKE1,
    ngx_http_core_root,
    NGX_HTTP_LOC_CONF_OFFSET,
    0,
    NULL }
```

那么在解析 root 时，配置值应该存储在哪里，是 main_conf、srv_conf 还是 loc_conf 呢？我们在讲解指令结构体 ngx_command_t 时，提到 cmd->conf 字段表示偏移量，可以看到 root 指令的 cmd->conf 字段值为 NGX_HTTP_LOC_CONF_OFFSET，宏定义为：

```
#define NGX_HTTP_LOC_CONF_OFFSET    offsetof(ngx_http_conf_ctx_t, loc_conf)
```

root 的配置值最终存储在 loc_conf，其配置结构体的获取方式如下：

```
else if (cf->ctx) {
    confp = *(void **) ((char *) cf->ctx + cmd->conf);
    if (confp) {
        conf = confp[cf->cycle->modules[i]->ctx_index];
    }
}
rv = cmd->set(cf, cmd, conf);
```

cf->ctx 即 http 配置上下文，指向结构体 ngx_http_conf_ctx_t 的首地址；confp 作用等同于 loc_conf；conf 指向配置结构体 ngx_http_core_loc_conf_t 的首地址。

再如 client_header_timeout 用于设置 Nginx 等待接收客户端请求头的超时时间，从 Nginx 接收客户端连接开始计时，该配置指令定义如下：

```
{   ngx_string("client_header_timeout"),
    NGX_HTTP_MAIN_CONF|NGX_HTTP_SRV_CONF|NGX_CONF_TAKE1,
    ngx_conf_set_msec_slot,
    NGX_HTTP_SRV_CONF_OFFSET,
    offsetof(ngx_http_core_srv_conf_t, client_header_timeout),
    NULL }
```

指令类型 NGX_HTTP_MAIN_CONF|NGX_HTTP_SRV_CONF 表示该配置可以出现在 http 配置块以及 server 配置块中；指令类型 NGX_CONF_TAKE1 表示该配置只接收一个参数。NGX_HTTP_SRV_CONF_OFFSET 偏移量表明该配置值最终存储在 srv_conf 中。offsetof 用于获取在配置结构体 ngx_http_core_srv_conf_t 时 client_header_timeout 字段的偏移量。指令处理函数为 ngx_conf_set_msec_slot，实现逻辑如下：

```
char * ngx_conf_set_msec_slot(ngx_conf_t *cf, ngx_command_t *cmd, void *conf)
{
    char  *p = conf;
    msp = (ngx_msec_t *) (p + cmd->offset);
    value = cf->args->elts;

    *msp = ngx_parse_time(&value[1], 0);
}
```

这里输入参数 conf 指向的是结构体 ngx_http_core_srv_conf_t 的首地址，获取方式同上面介绍的 root 指令。

5.5.2　server 配置解析

root/client_header_timeout 等普通配置解析逻辑相对简单。server 指令类型不但包括 NGX_HTTP_MAIN_CONF，还包括 NGX_CONF_BLOCK，这表明 server 指令是一个配置块。解析 server 配置需要创建并切换到新的配置上下文，这里我们将 server 配置块创建的配置上下文称为 srv 配置上下文。server 指令定义如下：

```
{   ngx_string("server"),
    NGX_HTTP_MAIN_CONF|NGX_CONF_BLOCK|NGX_CONF_NOARGS,
    ngx_http_core_server,
    0,
    0,
    NULL }
```

server 指令的处理函数为 ngx_http_core_server，处理逻辑如下：

1）创建 srv 配置上下文；

2）调用所有 HTTP 模块的 create_srv_conf 和 create_loc_conf 方法创建配置结构体；

3）修改 cf->ctx（因此解析 server 块时配置上下文会发生改变）以及 cf->cmd_type；

4）调用 ngx_conf_parse 函数解析 server 配置块中的配置。

srv 配置上下文创建逻辑如下：

```
ctx = ngx_pcalloc(cf->pool, sizeof(ngx_http_conf_ctx_t));
http_ctx = cf->ctx;
// 继承 main_conf 数组
ctx->main_conf = http_ctx->main_conf;
// srv_conf 数组和 loc_conf 数组
ctx->srv_conf = ngx_pcalloc(cf->pool, sizeof(void *) * ngx_http_max_module);
ctx->loc_conf = ngx_pcalloc(cf->pool, sizeof(void *) * ngx_http_max_module);
```

cf->ctx 指向的是 http 配置上下文，结构体 ngx_http_conf_ctx_t 作为 srv 配置上下文。注意，这里的 main_conf 赋值为 http_ctx->main_conf，即 srv 配置上下文的 main_conf 是从 http 配置上下文继承的。

这里省略了调用所有 HTTP 模块的 create_srv_conf 和 create_loc_conf 方法初始化配置结构体的过程。该过程将所有配置的值初始化为 NGX_CONF_UNSET。另外，可以看到 srv 配置上下文与 http 配置上下文结构完全一致，因此不再给出 server 配置存储结构示意图。

参照 srv 配置上下文创建逻辑，创建新的 srv_conf 与 loc_conf，而 http 配置上下文同样包含 srv_conf 与 loc_conf；当同一个配置既出现在 http 配置块，又出现在 server 配置块时（比如 root），配置值会出现两份，到底以哪个配置值为准？5.5.5 节将详细介绍。

思考一下，http 配置块与 server 配置块的层级关系如何存储与表示？让我们接着分析，在 http 配置块中，通常可以配置多个虚拟服务器。Nginx 的处理逻辑如下：

```
ngx_http_core_srv_conf_t    *cscf, **cscfp;
ngx_http_core_main_conf_t    *cmcf;
cscf = ctx->srv_conf[ngx_http_core_module.ctx_index];
cscf->ctx = ctx;

cmcf = ctx->main_conf[ngx_http_core_module.ctx_index];

cscfp = ngx_array_push(&cmcf->servers);
*cscfp = cscf;
```

ngx_http_core_module 作为 HTTP 类型的第一个模块，创建了 3 个核心配置结构体——ngx_http_core_main_conf_t、ngx_http_core_srv_conf_t 以及 ngx_http_core_loc_conf_t。ctx 为当前 srv 配置上下文，这里使 cscf->ctx 指向当前 srv 配置上下文，同时将 cscf 添加到 cmcf->servers 数组（注意，ctx->main_conf 是从 http 配置上下文中继承的），以此形成了 http 配置块与 server 配置块的层级结构，如图 5-4 所示。

通过 http 配置上下文，我们可以查找到 ngx_http_core_main_conf_t 结构体。该结构体的 servers 数组指向多个 ngx_http_core_srv_conf_t 结构体，而 ctx 又指向了对应的 srv 配置上下文。

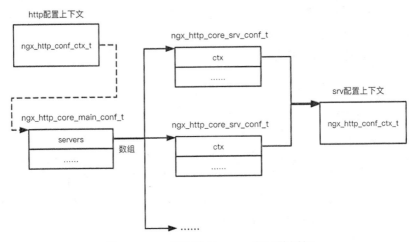

图 5-4 http 配置块与 server 配置块层级

最后，递归调用 ngx_conf_parse 函数解析 server 配置块中的指令。别忘了修改 cf 指向的配置上下文为 srv 配置上下文，同时设置当前解析的配置类型为 NGX_HTTP_SRV_CONF。在修改 cf 之前，还需要保存原始 cf 到局部变量 pcf 中，解析完成 server 配置块中指令之后，再恢复原始 cf。

```
pcf = *cf;
cf->ctx = ctx;
cf->cmd_type = NGX_HTTP_SRV_CONF;
rv = ngx_conf_parse(cf, NULL);
*cf = pcf;
```

5.5.3 location 配置解析

location 配置用于匹配特定的请求 URI，本节先介绍 location 配置的基本语法，再讲解 location 配置的解析流程。

Location 配置基本语法为：

```
location [=|~|~*|^~] uri{……}
location @name { ... }
```

其中：

1）"="用于定义精确匹配规则，请求 URI 与配置的 URI 模式完全匹配才能生效。

2）"~"和"~*"分别定义区分大小写的正则匹配规则和不区分大小写的正则匹配规则，正则匹配成功时，立即结束 location 查找。

3）"^~"用于定义最大前缀匹配规则，该类型 location 即使匹配成功也不会结束 location 查找，依然会查找匹配长度更长的 location。另外，只包含 URI 的 location 依然为最大前缀匹配。

4）"@"用于定义命令 location，该类型 location 不能匹配常规客户端请求，只能用于内部请求重定向。

以"^~"开始的匹配模式与只包含 URI 的匹配模式都表示最大前缀匹配规则，这两者有什么区别呢？以"^~"开始的 location 在匹配成功时，不会再执行后续的正则匹配，直接选择该 location。只包含 URI 的 location 在匹配成功时，依然会执行后续的正则匹配，只有当正则匹配不成功时，才会选择该 location；否则，会选择正则类型 location。

location 配置实例如下：

```
location / {
    [ configuration B ]
}
location /documents/ {
    [ configuration C ]
}
location ^~ /images/ {
    [ configuration D ]
}
location ~* \.(gif|jpg|jpeg)$ {
    [ configuration E ]
}
```

"location/"通常用于定义通用匹配。如果某请求 URI 未匹配到 location，Nginx 会返回 404。

location 指令类型包括 NGX_HTTP_SRV_CONF、NGX_CONF_BLOCK，表明其是一个配置块。解析 location 配置需要创建并切换到新的配置上下文，这里我们将 location 配置块创建的配置上下文称为 loc 配置上下文。location 指令定义如下：

```
{   ngx_string("location"),
    NGX_HTTP_SRV_CONF|NGX_HTTP_LOC_CONF|NGX_CONF_BLOCK|NGX_CONF_TAKE12,
    ngx_http_core_location,
    NGX_HTTP_SRV_CONF_OFFSET,
    0,
    NULL }
```

location 指令的处理函数为 ngx_http_core_location，处理逻辑如下：

1）创建 loc 配置上下文；

2）调用所有 HTTP 模块的 create_loc_conf 方法创建配置结构体；

3）解析 location 匹配模式；

4）修改 cf->ctx（因此解析 location 块时配置上下文会发生改变）以及 cf->cmd_type；

5）调用 ngx_conf_parse 函数解析 location 配置块中的配置。

其中，loc 配置上下文的创建逻辑如下：

```
ctx = ngx_pcalloc(cf->pool, sizeof(ngx_http_conf_ctx_t));
pctx = cf->ctx;
```

```
ctx->main_conf = pctx->main_conf;
ctx->srv_conf = pctx->srv_conf;

ctx->loc_conf = ngx_pcalloc(cf->pool, sizeof(void *) * ngx_http_max_module);
```

cf->ctx 指向的是父级配置上下文，结构体 ngx_http_conf_ctx_t 作为 loc 配置上下文。

> **注意** 这里的 main_conf 赋值为 pctx ->main_conf，srv_conf 赋值为 pctx ->srv_conf，即 loc 配置上下文的 main_conf 以及 srv_conf 是从父级配置上下文中继承的。

这里省略了调用所有 HTTP 模块的 create_loc_conf 方法初始化配置结构体的过程。该过程将所有配置的值初始化为 NGX_CONF_UNSET。另外，可以看到 loc 配置上下文与 http/srv 配置上下文结构完全一致，因此不再给出 location 配置存储结构示意图。

相比 http/server 配置块解析过程，location 配置块多了匹配模式的解析，即区分精确匹配、最大前缀匹配、正则匹配以及命名 location 等。ngx_http_core_loc_conf_t 结构体中的部分字段用于标识 location 匹配模式类型，具体如下：

```
unsigned        exact_match:1;
unsigned        noregex:1;
unsigned        named:1;

ngx_http_regex_t  *regex
ngx_str_t        name
```

其中，各字段含义如下。

1）exact_match：标识是否是精确匹配。

2）noregex：标识最大前缀匹配成功后是否还需要执行正则匹配；在解析以 "^~" 开始的 location 时，其标志位 noregex 赋值为 1；当执行 location 查找匹配时，检测到该标志位为 1，直接结束查找匹配。

3）named：标识是否是命名 location。

4）regex：指向编译后的正则匹配模式。

5）name：命名 location 的名称字符串，或者匹配的 uri 字符串，或者正则表达式字符串。

同样的问题，location 配置块与 server 配置块如何存储，其层级关系如何表示呢？通常，server 配置块中还可以配置多个 location 配置块，甚至 location 配置块中还可以嵌套 location 配置块。Nginx 的处理逻辑如下：

```
clcf = ctx->loc_conf[ngx_http_core_module.ctx_index];
clcf->loc_conf = ctx->loc_conf;
pclcf = pctx->loc_conf[ngx_http_core_module.ctx_index];
if (ngx_http_add_location(cf, &pclcf->locations, clcf) != NGX_OK) {
```

```
        return NGX_CONF_ERROR;
}
```

ngx_http_core_module 模块为 HTTP 类型的第一个模块，ctx_index 为 1。pctx 指向的是父级配置上下文；pclcf 为父级配置上下文 loc_conf 数组中的第一个元素，结构体为 ngx_http_core_loc_conf_t，该结构体中属性 locations 是一个双向链表；所有 location 配置块都是通过 ngx_http_add_location 函数添加到双向链表中的。注意，这里设置 clcf->loc_conf 指向 loc 配置上下文 loc_conf 数组的首地址。server 配置块与 location 配置块层级结构如图 5-5 所示。

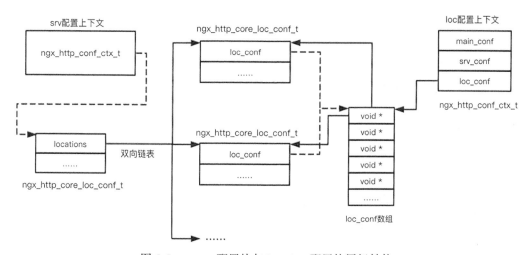

图 5-5　server 配置块与 location 配置块层级结构

这里省略了 location 配置块嵌套 location 配置块的逻辑，有兴趣的读者可以研究 location 配置块的解析处理函数 ngx_http_core_location。

最后一步，递归调用 ngx_conf_parse 函数解析 location 配置块中的指令。注意，修改 cf 指向的配置上下文为 loc 配置上下文，同时设置当前解析的配置类型为 NGX_HTTP_LOC_CONF。在修改 cf 之前，还需要保存原始 cf 到局部变量 pcf，解析完 location 配置块中指令之后，再恢复原始 cf。

```
save = *cf;
cf->ctx = ctx;
cf->cmd_type = NGX_HTTP_LOC_CONF;
rv = ngx_conf_parse(cf, NULL);
*cf = save;
```

5.5.4　配置合并

Nginx 在解析配置块时会创建并切换到新的配置上下文。参照 5.5.1 ～ 5.5.3 节，http/server/location 配置块分别创建了 http 配置上下文、srv 配置上下文以及 loc 配置上下文，且结构体都为 ngx_http_conf_ctx_t。如图 5-6 所示，http/srv/loc 配置上下文结构体都包含 3 个字段，即 main_conf、srv_conf 以及 loc_conf，分别指向 3 个数组。需要注意的是，srv 配置上下文的 main_conf 数组是从父级 http 配置上下文中继承的；loc 配置上下文的 main_conf 和 srv_conf 数组是从父级 srv 配置上下文中继承的。而最终 http 配置存储结构如图 5-6 所示，包括 3 个 loc_conf 数组、2 个 srv_conf 数组以及 1 个 main_conf 数组。问题随之而来，某些配置可以同时出现在多个配置块，比如 root 可以同时配置在 http/server/location 配置块，则 3 个 root 配置必然存在 3 个不同的配置值，分别存储在 http/srv/loc 配置上下文，此时哪一个配置值才是真实有效的？

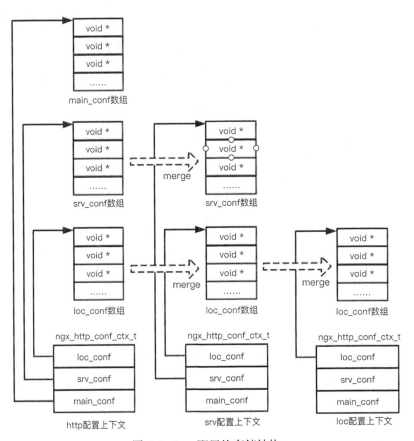

图 5-6　http 配置块存储结构

答案可以从 HTTP 模块定义中寻找——HTTP 模块除了包含上面我们提到的 create_main_conf、create_srv_conf 以及 create_loc_conf 方法外，还包括以下回调方法：

```
typedef struct {
    char        *(*merge_srv_conf)(ngx_conf_t *cf, void *prev, void *conf);
    char        *(*merge_loc_conf)(ngx_conf_t *cf, void *prev, void *conf);
} ngx_http_module_t;
```

同一个配置的多个值可能存储在多个 srv_conf/ loc_conf 数组中，回调方法 merge_srv_conf 和 merge_loc_conf 用来合并这些 srv_conf/ loc_conf 数组，最终同一个配置的多个值只会保留一个。合并方式参照图 5-6，对于同一个配置，当子级别配置上下文没有该配置时，合并当前配置上下文的值到子级别配置上下文。同样以 root 为例，当 srv 配置上下文没有配置 root 时，合并 http 配置上下文的值到 srv 配置上下文；当 loc 配置上下文没有配置 root 时，合并 srv 配置上下文的值到 loc 配置上下文。显然，最终保留的配置是 loc 配置上下文的 main_conf、srv_conf 以及 loc_conf 数组。

http 配置块的处理函数 ngx_http_block 在完成 http 块内部所有配置解析工作后，会调用函数 ngx_http_merge_servers 执行合并操作，实现逻辑如下：

```
cmcf = ctx->main_conf[ngx_http_core_module.ctx_index];
for (m = 0; cf->cycle->modules[m]; m++) {
    rv = ngx_http_merge_servers(cf, cmcf, module, mi);
}
```

我们知道，Nginx 配置的解析与存储是分散到各个模块的，因此这里需要遍历所有 HTTP 模块，执行配置合并操作。

函数 ngx_http_merge_servers 用于遍历所有 server 配置块以及 location 配置块、合并 srv_conf 与 loc_conf 数组。

```
static char *
ngx_http_merge_servers(ngx_conf_t *cf, ngx_http_core_main_conf_t *cmcf,
    ngx_http_module_t *module, ngx_uint_t ctx_index) {
    // 虚拟 server 数组
    cscfp = cmcf->servers.elts;
    // cf->ctx 指向 http 配置上下文
    ctx = (ngx_http_conf_ctx_t *) cf->ctx;
    // 遍历多个 srv 配置上下文
    for (s = 0; s < cmcf->servers.nelts; s++) {
        // 获取每个 srv 配置上下文的 srv_conf 数组
        ctx->srv_conf = cscfp[s]->ctx->srv_conf;
        // 合并 http 配置上下文的 srv_conf 数组与 srv 配置上下文的 srv_conf 数组
        if (module->merge_srv_conf) {
            rv = module->merge_srv_conf(cf, saved.srv_conf[ctx_index],
            cscfp[s]->ctx->srv_conf[ctx_index]);
        }
        // loc_conf 数组合并类似，省略
    }
}
```

5.5.5　location 配置再处理

每个虚拟 server 配置都可以配置多个 location 配置块；客户端请求到达时，需要遍历所有 location 配置，检测请求 URI 是否与 location 配置相匹配。当 location 配置数目较多时，匹配效率如何保障？遍历方式显然是不可行的。从图 5-5 可以看到，多个 location 配置块的

存储结构是双向链表，该结构需要进行再处理，优化为匹配效率更高的结构。该过程同样在函数 ngx_http_block 中完成。

```
// 遍历所有虚拟 server
for (s = 0; s < cmcf->servers.nelts; s++) {
    // 初始化该 server 内 location 配置
    if (ngx_http_init_locations(cf, cscfp[s], clcf) != NGX_OK) {
    }
    // 初始化 location 树
    if (ngx_http_init_static_location_trees(cf, clcf) != NGX_OK) {
    }
}
```

简单回顾一下，location 配置可以分为如下几类：

1）以 "=" 开始的精确匹配；

2）以 "~" 和 "~*" 开始的、区分大小写的正则匹配和不区分大小写的正则匹配；

3）以 "^~" 开始的最大前缀匹配；

4）只有 URI 的最大前缀匹配。

不同类型的匹配计算、查找优先级等都不同，Nginx 首先对这些 location 配置进行排序（基于类型以及 URI 字典排序）。

location 双向链表的排序由函数 ngx_queue_sort 实现，且该函数采用的是稳定排序算法（两个元素相等时，排序后的顺序与排序前的顺序相同）。规则由函数 ngx_http_cmp_locations 定义：

```
// 与一般比较函数一样，返回 1 表示 one 大于 two；0 表示两者相等；-1 表示 one 小于 two
static ngx_int_t ngx_http_cmp_locations(const ngx_queue_t *one, const ngx_
    queue_t *two) {
    if (first->regex && !second->regex) {
        return 1;
    }
    if (!first->regex && second->regex) {
        return -1;
    }
    if (first->regex || second->regex) {
        return 0;
    }
    rc = ngx_filename_cmp(first->name.data, second->name.data,
                    ngx_min(first->name.len, second->name.len) + 1);

    if (rc == 0 && !first->exact_match && second->exact_match) {
        return 1;
    }
    return rc;
}
```

排序完成后，所有正则匹配位于 locations 双向链表尾部。

思考一下，正则匹配只能逐个遍历，没有更优的查找匹配算法或数据结构，因此所有正则匹配的 location 配置不需要特殊处理，只是从双向链表 locations 中裁剪。另外，正则匹配结果存储在 regex_locations 数组中。

locations 双向链表中只剩下精确匹配与最大前缀匹配，该类型 location 查找只能基于字符串匹配。Nginx 将剩余的 location 存储为树型结构（三叉树），每个节点 node 都有 3 个子节点，即 left、tree 和 right。left 节点的长度小于 node 节点；right 节点的长度大于 node 节点；tree 节点与 node 节点前缀相同，且 tree 节点的 URI 长度大于 node 节点的 URI 长度。三叉树的转换过程由函数 ngx_http_init_static_location_trees 实现，这里不做过多介绍。location 三叉树结构如图 5-7 所示。

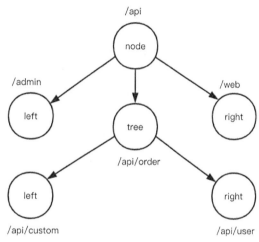

图 5-7　location 三叉树结构

5.5.6　upstream 配置解析

upstream 指令用于定义一组 server，配合 proxy_pass/ fastcgi_pass 指令可将客户端请求转发到该组 server。默认情况下，Nginx 采用加权轮询算法分配 / 转发客户端请求到上游服务组。upstream 指令定义如下：

```
{   ngx_string("upstream"),
    NGX_HTTP_MAIN_CONF|NGX_CONF_BLOCK|NGX_CONF_TAKE1,
    ngx_http_upstream,
    0,
    0,
    NULL }
```

类型 NGX_CONF_TAKE1 表示该配置只接收一个必需参数，即 upstream 的名称，并且 upstream 名称在 http 配置块的内部是唯一的。upstream 配置的解析由模块 ngx_http_upstream_module 实现，处理函数为 ngx_http_upstream。解析 upstream 配置块时同样需要创建新的配置上下文。

```
ngx_http_upstream_srv_conf_t  *uscf
// 添加新的 upstream 配置
uscf = ngx_http_upstream_add(cf, &u, ……);
// 创建 upstream 配置上下文
ctx = ngx_pcalloc(cf->pool, sizeof(ngx_http_conf_ctx_t));
http_ctx = cf->ctx;
ctx->main_conf = http_ctx->main_conf;
```

```
ctx->srv_conf = ngx_pcalloc(cf->pool, sizeof(void *) * ngx_http_max_module);
ctx->srv_conf[ngx_http_upstream_module.ctx_index] = uscf;

uscf->srv_conf = ctx->srv_conf;
ctx->loc_conf = ngx_pcalloc(cf->pool, sizeof(void *) * ngx_http_max_module);
```

函数 ngx_http_upstream_add 添加新的 upstream 配置的，逻辑复杂吗？由于 upstream 名称在 http 配置块内是唯一的，因此可先从当前 http 配置上下文中查找是否存在同名 upstream，如果存在直接返回，否则创建新的 upstream 配置。

upstream 配置上下文类型依然为 ngx_http_conf_ctx_t，包含 main_conf/srv_conf/loc_conf 数组。main_conf 数组是从 http 配置上下文中继承的。

同样的问题，http 配置块内部可以配置多个 upstream，如何维护呢？查看 ngx_http_upstream_add 函数实现可以回答该问题。

```
ngx_http_upstream_main_conf_t  *umcf;
umcf = ngx_http_conf_get_module_main_conf(cf, ngx_http_upstream_module);
uscfp = umcf->upstreams.elts;

for (i = 0; i < umcf->upstreams.nelts; i++) {
    // 查找同名 upstream
}
```

umcf 类型为结构体 ngx_http_upstream_main_conf_t，存储在 http 配置上下文的 main_conf 数组中；umcf->upstreams 也是一个数组，存储当前已经解析的所有 upstream 配置。

upstream 配置上下文创建完成后，接下来递归调用 ngx_conf_parse 函数解析 upstream 配置块中的指令。

注意 修改 cf 指向的配置上下文为 srv 配置上下文，同时设置当前解析的配置类型为 NGX_HTTP_UPS_CONF。在修改 cf 之前，还需要保存原始 cf 到局部变量 pcf，解析完成 upstream 配置块中的指令之后再恢复到原始 cf。

```
pcf = *cf;
cf->ctx = ctx;
cf->cmd_type = NGX_HTTP_UPS_CONF;
rv = ngx_conf_parse(cf, NULL);
*cf = pcf;
```

以 upstream 配置块内部 server 指令为例，定义一个上游服务器地址，语法格式为：

```
server address [parameters]
```

该语法中的可选参数较多，比如 weight 定义上游服务器权重，默认为 1；max_conns 定义与上游服务器可同时建立的最大连接数，该指令处理函数为 ngx_http_upstream_server。

5.6 本章小结

本章为读者详细介绍了 Nginx 配置文件解析过程以及配置存储结构。conf_ctx 类型定义为 void****（四级指针，一层一层嵌套引用），这是由 Nginx 配置文件的语法规则决定的。配置指令可以分为配置块与单条指令，配置块还可以嵌套。指令可以同时配置在不同的配置块中。

本章重点介绍了 main 配置、events 配置块以及 http 配置块的解析。其中，http 配置块最为复杂，其内部还可以嵌套 server 配置块、location 配置块以及 upstream 配置块。不同配置块解析时对应不同配置上下文，读者需要重点理解配置上下文的含义。感兴趣的读者可以详细画出全局 Nginx 配置存储结构图。

另外，很多配置指令没有介绍，读者可以查询 Nginx 官方网站 http://nginx.org/en/docs。

当配置文件解析并存储完成，且客户端请求到达时，查找对应配置。配置查找过程将在后面章节详细介绍。

第 6 章

Nginx 进程机制

在工作方式上，Nginx 分为单进程模式和多进程模式两种，其次进程运行又分为 daemon 模式和非 daemon 模式。daemon 模式可以和单进程模式、多进程模式组合使用。通过学习本章，读者可以对进程机制操作原理以及进程间通信有深入了解。

6.1 Nginx 进程模式

在学习 Nginx 进程模式之前，我们先了解一下 Nginx 的进程模式。Nginx 在启动过程中有 daemon+ 单进程模式、非 daemon+ 单进程模式、daemon+ 多进程模式、非 daemon+ 多进程模式几种。下面具体了解进程工作模式的原理与机制。

6.1.1 daemon 模式

在讲解 daemon 模式之前，先介绍 daemon 模式和非 daemon 模式的区别。

1. daemon 模式

Linux Daemon（守护进程）是运行在后台的一种特殊进程。以 daemon 模式启动 Nginx，启动终端会进入后台模式。终端进程派生出一个子进程后会先于子进程退出，所以它是由 init 继承的孤儿进程，父进程 ID 一般为 1。通过 pstree -p 命令可以查看进程关系，如图 6-1 所示。守护进程是非交互式程序，没有控制终端。所以任何输出，无论是标准输出设备 stdout 还是标准错误设备 stderr 的输出都需要经过特殊处理。

```
● ● ●                    ⌂ edz — root@http3:~ — ssh root@192.168.0.188 — 103×21
[root@http3 ~]# pstree -p
init(1)─┬─auditd(993)───{auditd}(994)
        ├─crond(1506)
        ├─login(1519)───bash(1530)
        ├─master(1490)─┬─cleanup(13959)
        │              ├─local(13961)
        │              ├─pickup(13860)
        │              └─qmgr(1497)
        ├─mingetty(1521)
        ├─mingetty(1523)
        ├─mingetty(1525)
        ├─mingetty(1527)
        ├─mingetty(1529)
        ├─nginx(13964)───nginx(13965)
        ├─rsyslogd(1015)─┬─{rsyslogd}(1016)
        │                ├─{rsyslogd}(1018)
        │                └─{rsyslogd}(1019)
        ├─sshd(1081)─┬─sshd(7932)───bash(7934)
        │            └─sshd(13909)───bash(13911)───pstree(13966)
        └─udevd(368)─┬─udevd(633)
                     └─udevd(642)
```

图 6-1　daemon 模式

2. 非 daemon 模式

以非 daemon 模式启动 Nginx 服务时，启动终端会一直处于等待状态。在该情况下，启动的 Master 进程的父进程是当前终端进程，如图 6-2 所示。若终端退出或执行 Ctrl+C 退出，所有 Nginx 进程都会退出。

```
● ● ●                    ⌂ edz — root@http3:~ — ssh root@192.168.0.188 — 102×20
[root@http3 ~]# pstree -p
init(1)─┬─auditd(993)───{auditd}(994)
        ├─crond(1506)
        ├─login(1519)───bash(1530)
        ├─master(1490)─┬─pickup(13860)
        │              └─qmgr(1497)
        ├─mingetty(1521)
        ├─mingetty(1523)
        ├─mingetty(1525)
        ├─mingetty(1527)
        ├─mingetty(1529)
        ├─rsyslogd(1015)─┬─{rsyslogd}(1016)
        │                ├─{rsyslogd}(1018)
        │                └─{rsyslogd}(1019)
        ├─sshd(1081)─┬─sshd(7932)───bash(7934)───nginx(13930)───nginx(13931)
        │            └─sshd(13909)───bash(13911)───pstree(13946)
        └─udevd(368)─┬─udevd(633)
                     └─udevd(642)
[root@http3 ~]#
```

图 6-2　非 daemon 模式

在配置 daemon 模式时，可以通过 nginx.conf 配置中的 daemon 指令设置。配置格式如下：

```
daemon      on | off;
```

daemon 指令中的 on 代表启动 daemon 模式，off 代表启动非 daemon 模式。

6.1.2 单进程模式和多进程模式

在 Nginx 中，我们可以通过 nginx.conf 配置中 master_process 指令配置进程模式。配置格式如下：

```
master_process on | off;
```

master_process 配置中的 on 代表开启多进程模式，off 代表开启单进程模式。当 master_process 配置为 off，可以看到只有一个进程在对外提供服务，如图 6-3 所示。

图 6-3　单进程模式

相反，当 master_process 设置为 on 时，通过 ps aux |grep nginx 命令会发现 Master 和 Worker 进程，如图 6-4 所示。在多进程模式下，可以通过 worker_processes 指令指定 Worker 进程数量，也可以利用 worker_cpu_affinity 指令指定进程 CPU 分配方式，以充分利用多核 CPU。

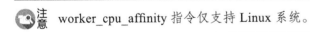
注意　worker_cpu_affinity 指令仅支持 Linux 系统。

```
[root@http3 ~]# ps -ef |grep nginx
root      13930  7934  0 19:06 pts/1     00:00:00 nginx: master process /usr/local/nginx-1.16.0/sbin/ngin
x
nobody    13931 13930  0 19:06 pts/1     00:00:00 nginx: worker process
root      13934 13911  0 19:06 pts/0     00:00:00 grep nginx
[root@http3 ~]#
```

图 6-4　多进程模式

6.1.3 进程模式源码解析

在解析进程模式源码前，我们可以先了解一下图 6-5 所示的流程图，再对进程模式展开分析。书中涉及的源码文件分别在 src/core/nginx.c、src/os/unix/ngx_daemon.c、src/os/unix/

ngx_process_cycle.c、src/os/unix/ngx_process.c 中。这几个源码文件中的源代码贯穿整个进程模式的流程实现。

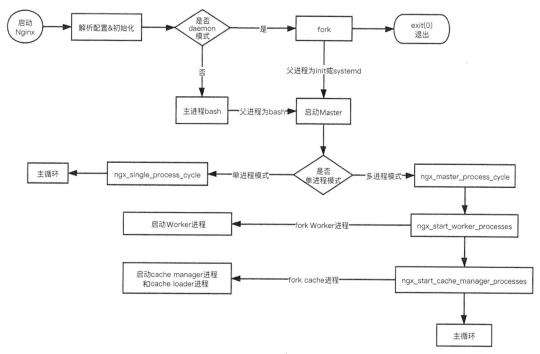

图 6-5 进程模式流程

在没有配置 daemon 和 master_process 指令的情况下，Nginx 会执行默认配置。daemon 和 master_process 指令属于全局块配置。全局块配置初始化配置参数时会调用 ngx_core_module_init_conf 函数，例如 daemon、master 等。初始化源码如下：

```
static char *
ngx_core_module_init_conf(ngx_cycle_t *cycle, void *conf)
{
    ngx_core_conf_t  *ccf = conf;

    ngx_conf_init_value(ccf->daemon, 1); // daemon 模式，默认为守护进程模式
    ngx_conf_init_value(ccf->master, 1); // 进程模式，默认为多进程模式
    ngx_conf_init_msec_value(ccf->timer_resolution, 0);
    ngx_conf_init_msec_value(ccf->shutdown_timeout, 0);

// Worker 进程数量默认为 1 个
    ngx_conf_init_value(ccf->worker_processes, 1);
    ngx_conf_init_value(ccf->debug_points, 0);
    ...
    return NGX_CONF_OK;
}
```

如果 nginx.conf 配置文件没有指定 daemon 和 master_process 指令，默认情况下 Nginx 的 daemon 模式是守护进程方式，进程模式默认为多进程模式。如果 nginx.conf 配置文件没有指定 worker_processes 指令，默认包含一个 Worker 进程。

如果 ccf->daemon 变量为 1，且不存在 ngx_inherited 变量，则回调 ngx_daemon 函数会派生一个 Master 进程。main 方法内的代码如下：

```
if (!ngx_inherited && ccf->daemon) {
    if (ngx_daemon(cycle->log) != NGX_OK) {   // 派生 Master 进程
        return 1;
    }
    ngx_daemonized = 1;
}
```

根据上述代码，我们得知 ngx_daemon 可用于派生 Master 进程。我们继续来看一下 ngx_daemon 函数的实现。

```
ngx_int_t
ngx_daemon(ngx_log_t *log)
{
    int   fd;

    switch (fork()) {  // 派生子进程，该子进程为 Master 进程
    case -1:
        ngx_log_error(NGX_LOG_EMERG, log, ngx_errno, "fork() failed");
        return NGX_ERROR;

    case 0:
        break;

    default:
        exit(0);        // 派生成功后退出终端进程
    }
    ...
    return NGX_OK;
}
```

接下来看一下进程工作模式启动代码，启动代码在 main 方法内。以下代码用于判断是多进程模式执行，还是单进程模式执行。

```
if (ngx_process == NGX_PROCESS_SINGLE) {
    ngx_single_process_cycle(cycle); // 单进程模式处理
} else {
    ngx_master_process_cycle(cycle); // 多进程模式处理
}
```

在上述代码中，ngx_process 变量是根据配置中的 ccf->master 变量所得，ccf->master 变量可以通过 nginx.conf 配置文件中的 master_process 指令配置。

当 ngx_process 等于 NGX_PROCESS_SINGLE 宏（即等于 0）时，调用 ngx_single_process_cycle 函数进行单进程模式处理。当 ngx_process 不等于 0 时，则调用 ngx_master_process_cycle 函数进行多进程模式处理。

6.2　Master 进程

从 6.1 节得知，Master 进程处理流程分为两种：一种是单进程模式处理，会调用 ngx_single_process_cycle 函数；另一种是多进程模式处理，会调用 ngx_master_process_cycle 函数。

本节着重讲解多进程模式处理流程，具体操作流程如图 6-6 所示。

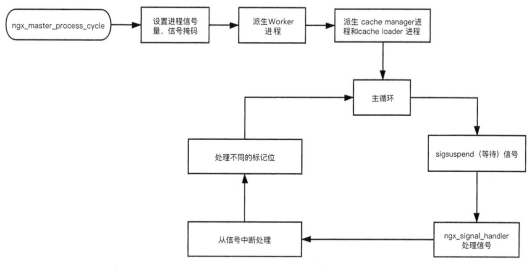

图 6-6　多进程模式处理流程

根据图 6-6 可知，具体的多进程模式处理流程由 ngx_master_process_cycle 函数实现，实现代码如下。

```
void ngx_master_process_cycle(ngx_cycle_t *cycle)
{
    ...
    sigset_t            set;
    ...
    //设置进程信号
    sigemptyset(&set);
    sigaddset(&set, SIGCHLD);
    sigaddset(&set, SIGALRM);
    sigaddset(&set, SIGIO);
    sigaddset(&set, SIGINT);
    sigaddset(&set, ngx_signal_value(NGX_RECONFIGURE_SIGNAL));
    sigaddset(&set, ngx_signal_value(NGX_REOPEN_SIGNAL));
```

```
        sigaddset(&set, ngx_signal_value(NGX_NOACCEPT_SIGNAL));
        sigaddset(&set, ngx_signal_value(NGX_TERMINATE_SIGNAL));
        sigaddset(&set, ngx_signal_value(NGX_SHUTDOWN_SIGNAL));
        sigaddset(&set, ngx_signal_value(NGX_CHANGEBIN_SIGNAL));

        if (sigprocmask(SIG_BLOCK, &set, NULL) == -1) {      // 初始化信号掩码
            ngx_log_error(NGX_LOG_ALERT, cycle->log, ngx_errno,
                        "sigprocmask() failed");
        }
        // 清空信号集合, 作为后续 sigsuspend 函数的入参, 允许任何信号传递
        sigemptyset(&set);
        ...
        ngx_start_worker_processes(cycle, ccf->worker_processes,
                            NGX_PROCESS_RESPAWN);  // 派生 Worker 进程
        // 派生 cache manager 进程与 cache loader 进程
        ngx_start_cache_manager_processes(cycle, 0);
        ...
        for ( ;; ) {
            ...
            sigsuspend(&set);                       // 进程挂起等待, 等待信号
            ...
        }
    }
```

从上述源码可知，多进程模式处理流程可以简单分为 4 步。

1）设置进程信号、初始化信号掩码屏蔽相关信号。信号可以用于对进程的管理。

2）调用 ngx_start_worker_processes 函数派生 Worker 进程。

3）调用 ngx_start_cache_manager_processes 函数派生 cache manager 进程与 cache loader 进程。cache 进程用于 Nginx 中的缓存管理。

4）进入主循环，通过 sigsuspend 系统函数挂起进程等待信号，待接收到信号后进入 ngx_signal_handler 进行信号处理。图 6-7 所示为接收到信号后根据各种状态位执行不同的操作。

图 6-7 接收到信号后的不同操作

6.3　Worker 进程

Worker 进程在多进程模式中读取请求、解析请求、处理请求、产生数据后，再返给客户端，最后才断开连接。一个完整的请求完全由 Worker 进程来处理，而且只在一个 Worker 进程中处理。

从 6.2 节可知，多进程模式处理流程中会调用 ngx_start_worker_processes 函数派生 Worker 进程。在 ngx_start_worker_processes 函数中，参数很关键。不过在了解参数前先来看一下 ngx_start_worker_processes 函数的原型：

```
static void
ngx_start_worker_processes(ngx_cycle_t *cycle, ngx_int_t n, ngx_int_t type);
```

根据上面的代码，ngx_start_worker_processes 函数的 cycle 参数变量对应结构体 ngx_cycle_s。ngx_cycle_s 结构体是一个比较核心的结构体，具体内容如下。

```
typedef struct ngx_cycle_s ngx_cycle_t;          // 声明 ngx_cycle_t 结构体别名
struct ngx_cycle_s {
    void                    ****conf_ctx;         // 保持所有模块的配置结构体
    ngx_pool_t                 *pool;             // 内存池
    // 日志信息
    ngx_log_t                  *log;
    ngx_log_t                   new_log;
    ngx_uint_t                  log_use_stderr;

    ngx_connection_t          **files;            // 文件句柄
    ngx_connection_t           *free_connections; // 可用连接池
    ngx_uint_t                  free_connection_n; // 可用连接池连接总数
    // 模块信息
    ngx_module_t              **modules;
    ngx_uint_t                  modules_n;
    ngx_uint_t                  modules_used;

    ngx_queue_t                 reusable_connections_queue;// 再利用连接队列
    ngx_uint_t                  reusable_connections_n;    // 再利用连接数

    ngx_array_t                 listening;        // 被监听端口
    ngx_array_t                 paths;            // 操作目录

    ngx_list_t                  open_files;       // 打开的文件
    ngx_list_t                  shared_memory;    // 共享内存

    ngx_uint_t                  connection_n;     // 当前进程中所有连接对象的总数

    ngx_uint_t                  files_n;          // 打开文件个数

    ngx_connection_t           *connections;      // 指向当前进程中的所有连接对象
    ngx_event_t                *read_events;       // 读事件
```

```
ngx_event_t                    *write_events;    // 写事件

ngx_cycle_t                    *old_cycle;       // old cycle 指针

ngx_str_t                      conf_file;        // 配置文件
ngx_str_t                      conf_param;       // 配置参数
ngx_str_t                      conf_prefix;      // 配置前缀
ngx_str_t                      prefix;           // 前缀
ngx_str_t                      lock_file;        // 用于进程间同步的文件锁
ngx_str_t                      hostname;         // 主机名
};
```

从 ngx_cycle_s 结构体得知，cycle 变量中保存了一些配置文件、连接、内存池等关键信息。

参数中，变量 n 代表要启动的 Worker 进程的数量，对应 intptr_t 类型。该数量通过 ccf->worker_processes 变量传递。type 参数是进程属性标志，具体分为如下 5 种。

❏ NGX_PROCESS_NORESPAWN：表示子进程退出时，父进程不会再次重启。

❏ NGX_PROCESS_JUST_SPAWN：表示子进程为刚创建的进程，用于与老的子进程进行区分。

❏ NGX_PROCESS_RESPAWN：表示子进程异常退出时，父进程需要重启。

❏ NGX_PROCESS_JUST_RESPAWN：表示子进程为刚创建的进程，用于与老的子进程进行区分，以及子进程退出后执行重启操作。

❏ NGX_PROCESS_DETACHED：表示当前派生出来的进程与原来的父进程之间没有任何关系。

了解 ngx_start_worker_processes 函数各个参数之后，我们来看一下 ngx_start_worker_processes 函数的完整实现。

```
static void
ngx_start_worker_processes(ngx_cycle_t *cycle, ngx_int_t n, ngx_int_t type)
{
    ngx_int_t        i;
    ngx_channel_t    ch;

    ngx_log_error(NGX_LOG_NOTICE, cycle->log, 0, "start worker processes");
    // notice 级别日志

    ngx_memzero(&ch, sizeof(ngx_channel_t));
    // 创建一个 Worker 进程，用来向其他已有的 Worker 进程通知命令，
    // NGX_CMD_OPEN_CHANNEL 表示当前新建了一个进程
    ch.command = NGX_CMD_OPEN_CHANNEL;
    // 创建 n 个 Worker 进程
    for (i = 0; i < n; i++) {
        // 派生创建 Worker 进程
        ngx_spawn_process(cycle, ngx_worker_process_cycle,
                          (void *) (intptr_t) i, "worker process", type);
        // 保存上面创建的 Worker 进程号信息，供广播使用
```

```
            ch.pid = ngx_processes[ngx_process_slot].pid;
            ch.slot = ngx_process_slot;// 保存创建的 Worker 进程号下标

            // 保存创建的 Worker 的 fd, 子进程和父进程之间使用的是 socketpair 系统调用函数
            // 建立起来的全双工的 socket。channel[0] 为父进程的 socket, channel[1] 为子进程的
            // socket
            ch.fd = ngx_processes[ngx_process_slot].channel[0];
            // 广播数据
            ngx_pass_open_channel(cycle, &ch);
        }
    }
```

ngx_start_worker_processes 函数根据变量 *n* 循环创建 Worker 进程, 然后在循环中调用 ngx_spawn_process 函数派生创建 Worker 进程。参数 ngx_process_slot 存储的是新建进程所存放的数组位置, 这是需要广播的原因。每个子进程被创建后, 其内存数据都是复制的父进程数据。但是, 每个进程都存储一份 ngx_processes 数组, 数组中先创建的子进程没有后创建的子进程的数据。Master 进程创建子进程之后, 会在每个进程的 ngx_processes 数组的 channel [0] 中写入当前广播的事件, 也就是这里的 ch 参数。通过这种方式, 每个子进程接收到广播的事件之后, 都会尝试更新其保存的 ngx_processes 数据信息。

根据以上代码, 我们得知可调用 ngx_spawn_process 函数派生创建 Worker 进程。接下来学习 ngx_spawn_process 函数实现。

```
ngx_pid_t
ngx_spawn_process(ngx_cycle_t *cycle, ngx_spawn_proc_pt proc, void *data,
    char *name, ngx_int_t respawn)
{
    u_long      on;
    ngx_pid_t   pid;
    ngx_int_t   s;

    if (respawn >= 0) {
        s = respawn;

    } else {
        for (s = 0; s < ngx_last_process; s++) {
            if (ngx_processes[s].pid == -1) {
                break;
            }
        }
        // 创建进程最大数量为 1024 个
        if (s == NGX_MAX_PROCESSES) {
            ngx_log_error(NGX_LOG_ALERT, cycle->log, 0,
                          "no more than %d processes can be spawned",
                          NGX_MAX_PROCESSES);
            return NGX_INVALID_PID;
        }
    }
```

```
// 标志表示当前派生出来的 Worker 进程与原来的父进程没有任何关系，比如进行 Nginx 升级时
if (respawn != NGX_PROCESS_DETACHED) {

    // 这里相当于 Master 进程调用 socketpair 函数为新的 Worker 进程创建一对全双工的 socket
    if (socketpair(AF_UNIX, SOCK_STREAM, 0, ngx_processes[s].channel) == -1)
    {
        ngx_log_error(NGX_LOG_ALERT, cycle->log, ngx_errno,
                      "socketpair() failed while spawning \"%s\"", name);
        return NGX_INVALID_PID;
    }
    ...
    // 设置 Master 进程的 channel[0] 为非阻塞方式，channel[0] 代表写端口
    if (ngx_nonblocking(ngx_processes[s].channel[0]) == -1) {
        ngx_log_error(NGX_LOG_ALERT, cycle->log, ngx_errno,
                      ngx_nonblocking_n " failed while spawning \"%s\"",
                      name);
        ngx_close_channel(ngx_processes[s].channel, cycle->log);
        return NGX_INVALID_PID;
    }
    // 设置 Master 进程的 channel[1] 为非阻塞方式，channel[1] 代表读端口
    if (ngx_nonblocking(ngx_processes[s].channel[1]) == -1) {
        ngx_log_error(NGX_LOG_ALERT, cycle->log, ngx_errno,
                      ngx_nonblocking_n " failed while spawning \"%s\"",
                      name);
        ngx_close_channel(ngx_processes[s].channel, cycle->log);
        return NGX_INVALID_PID;
    }

    on = 1;  // 设置异步模式

    // 设置 channel[0] 的信号驱动异步 I/O 标志，FIOASYNC 表示是否异步 I/O 信号
    if (ioctl(ngx_processes[s].channel[0], FIOASYNC, &on) == -1) {
        ngx_log_error(NGX_LOG_ALERT, cycle->log, ngx_errno,
                      "ioctl(FIOASYNC) failed while spawning \"%s\"", name);
        ngx_close_channel(ngx_processes[s].channel, cycle->log);
        return NGX_INVALID_PID;
    }
    // F_SETOWN 用于指定接收 SIGIO 和 SIGURG 信号的 socket 属主（进程 ID 或进程组 ID）
    if (fcntl(ngx_processes[s].channel[0], F_SETOWN, ngx_pid) == -1)      {
        ngx_log_error(NGX_LOG_ALERT, cycle->log, ngx_errno,
                      "fcntl(F_SETOWN) failed while spawning \"%s\"", name);
        ngx_close_channel(ngx_processes[s].channel, cycle->log);
        return NGX_INVALID_PID;
    }
    /*
     * FD_CLOEXEC 用来设置文件的 close-on-exec 状态标准。在 exec 函数调用后，如果
     * close-on-exec 标志为零，则不关闭此文件；如果非零，则在 exec 函数调用后关闭
     * 此文件。close-on-exec 状态默认为 0，需要通过 FD_CLOEXEC 设置。这里的意思是
     * 当 Master 父进程执行了 exec() 函数后，关闭 socket 句柄
```

```
*/
    if (fcntl(ngx_processes[s].channel[0], F_SETFD, FD_CLOEXEC) == -1) {
        ngx_log_error(NGX_LOG_ALERT, cycle->log, ngx_errno,
                      "fcntl(FD_CLOEXEC) failed while spawning \"%s\"",
                      name);
        ngx_close_channel(ngx_processes[s].channel, cycle->log);
        return NGX_INVALID_PID;
    }
    // 当 Worker 子进程执行 exec 函数后，关闭 socket
    if (fcntl(ngx_processes[s].channel[1], F_SETFD, FD_CLOEXEC) == -1) {
        ngx_log_error(NGX_LOG_ALERT, cycle->log, ngx_errno,
                      "fcntl(FD_CLOEXEC) failed while spawning \"%s\"",
                      name);
        ngx_close_channel(ngx_processes[s].channel, cycle->log);
        return NGX_INVALID_PID;
    }
    // 设置当前子进程的 socket, Master 进程用于监听
    ngx_channel = ngx_processes[s].channel[1];

} else {
    // 如果为 NGX_PROCESS_DETACHED 模式，则表示当前进程是新建的一个 Master 进程，因而将
    // 其管道值都置为 -1
    ngx_processes[s].channel[0] = -1;
    ngx_processes[s].channel[1] = -1;
}

ngx_process_slot = s;


pid = fork();  // 派生创建 Worker 进程

switch (pid) {

case -1:  // 派生出错
    ngx_log_error(NGX_LOG_ALERT, cycle->log, ngx_errno,
                  "fork() failed while spawning \"%s\"", name);
    ngx_close_channel(ngx_processes[s].channel, cycle->log);
    return NGX_INVALID_PID;

case 0:  // 子进程执行
    ngx_parent = ngx_pid;
    ngx_pid = ngx_getpid();
    proc(cycle, data);
    break;

default:
    break;
}
// 父进程会走到这里，当前的 PID 是派生之后得到的新创建的子进程的 PID
ngx_processes[s].pid = pid;
```

```
    ngx_processes[s].exited = 0;

    // 如果 respawn 大于 0，则说明是在重启子进程
    if (respawn >= 0) {
        return pid;
    }
    // 保留当前进程的各个属性，存储到 ngx_processes 数组中
    ngx_processes[s].proc = proc;
    ngx_processes[s].data = data;
    ngx_processes[s].name = name;
    ngx_processes[s].exiting = 0;
    ...
    return pid;
}
```

ngx_spawn_process 函数用于派生创建 Worker 进程，创建的进程的最大数量是 1024。
ngx_spawn_process 函数中的 proc 参数代表创建子进程的回调函数。data 参数代表 proc 回调
函数的入参。name 参数代表 Worker 进程的名称。

介绍完 ngx_spawn_process 函数后，我们继续来看一下 ngx_pass_open_channel 函数。
该函数可用于在进程间进行广播。

```
static void
ngx_pass_open_channel(ngx_cycle_t *cycle, ngx_channel_t *ch)
{
    ngx_int_t  i;
    // 在 ngx_spawn_process ( ) 中赋值，代表最后的进程
    for (i = 0; i < ngx_last_process; i++) {
        // 跳过刚创建的 Worker 子进程、不存在的子进程以及其父进程 socket 关闭的子进程
        if (i == ngx_process_slot
            || ngx_processes[i].pid == -1
            || ngx_processes[i].channel[0] == -1)
        {
            continue;
        }
        ...

        // 通过 IPC 方式给每个子进程的父进程发送刚创建的 Worker 进程的信息
        ngx_write_channel(ngx_processes[i].channel[0],
                          ch, sizeof(ngx_channel_t), cycle->log);
    }
}
```

在 ngx_pass_open_channel 函数中过滤 Worker 子进程、不存在的子进程以及父进程
socket 关闭的子进程，然后调用 ngx_write_channel 函数发送的 Worker 进程信息。接下来，
我们继续看一下 ngx_write_channel 函数的实现。

```
ngx_int_t
ngx_write_channel(ngx_socket_t s, ngx_channel_t *ch, size_t size,
```

```
        ngx_log_t *log)
{
    ssize_t              n;
    ngx_err_t            err;
    struct iovec         iov[1];
    struct msghdr        msg;
    ...
    iov[0].iov_base = (char *) ch;   // 发送数据
    iov[0].iov_len = size;

    msg.msg_name = NULL;
    msg.msg_namelen = 0;
    msg.msg_iov = iov;
    msg.msg_iovlen = 1;

    n = sendmsg(s, &msg, 0);          // 发送数据，sendmsg 用于进程间通信
    ...
    return NGX_OK;
}
```

6.4　进程间通信机制

6.2 节和 6.3 节介绍了如何创建 Master 进程和 Worker 进程。在实际应用中，大家都知道 Master 进程负责管理 Worker 进程。本节将介绍进程间如何通信。

6.4.1　信号定义

Linux 系统与 Nginx 是通过信号进行通信的，通过信号控制 Nginx 重启、关闭、加载配置文件等。Nginx 定义一个 ngx_signal_t 结构体，用于描述接收信号时的行为。其结构如下。

```
typedef struct {
    int      signo;        // 需要处理的信号
    char     *signame;     // 信号对应的名称
    char     *name;        // 信号对应的 Nginx 命令
    // 收到 signo 信号后回调函数
    void     (*handler)(int signo, siginfo_t *siginfo, void *ucontext);
} ngx_signal_t;
```

根据以上代码可知，ngx_signal_t 结构体可用于处理信号。Nginx 根据 ngx_signal_t 结构体定义了一个数组，以便定义进程将要处理的所有信号。通过这样的设计，不同的信号可以回调不同的函数。

```
ngx_signal_t  signals[] = {
    { ngx_signal_value(NGX_RECONFIGURE_SIGNAL),
      "SIG" ngx_value(NGX_RECONFIGURE_SIGNAL),
      "reload",
      ngx_signal_handler },  // 信号量 SIGHUP
```

```
{ ngx_signal_value(NGX_REOPEN_SIGNAL),
  "SIG" ngx_value(NGX_REOPEN_SIGNAL),
  "reopen",
  ngx_signal_handler },   // 信号量 SIGUSR1
{ ngx_signal_value(NGX_NOACCEPT_SIGNAL),
  "SIG" ngx_value(NGX_NOACCEPT_SIGNAL),
  "",
  ngx_signal_handler },   // 信号量 SIGWINCH
{ ngx_signal_value(NGX_TERMINATE_SIGNAL),
  "SIG" ngx_value(NGX_TERMINATE_SIGNAL),
  "stop",
  ngx_signal_handler },   // 信号量 SIGTERM
{ ngx_signal_value(NGX_SHUTDOWN_SIGNAL),
  "SIG" ngx_value(NGX_SHUTDOWN_SIGNAL),
  "quit",
  ngx_signal_handler },   // 信号量 SIGQUIT
{ ngx_signal_value(NGX_CHANGEBIN_SIGNAL),
  "SIG" ngx_value(NGX_CHANGEBIN_SIGNAL),
  "",
  ngx_signal_handler },   // 信号量 SIGUSR2
{ SIGALRM, "SIGALRM", "", ngx_signal_handler },
{ SIGINT, "SIGINT", "", ngx_signal_handler },
{ SIGIO, "SIGIO", "", ngx_signal_handler },
{ SIGCHLD, "SIGCHLD", "", ngx_signal_handler },
{ SIGSYS, "SIGSYS, SIG_IGN", "", NULL },
{ SIGPIPE, "SIGPIPE, SIG_IGN", "", NULL },
{ 0, NULL, "", NULL }
};
```

在数组中，ngx_signal_value 和 ngx_value 是定义的转换宏，分别存储在 src/core/ngx_array.h 和 src/core/ngx_config.h 头文件中。主进程信号量及其应用如表 6-1 所示。

表 6-1　主进程信号量及其应用

信号量	SHELL 命令	回调方法	说　明
SIGHUP	nginx-s reload	ngx_signal_handler	重新加载新的配置文件
SIGUSR1	nginx-s reopen	ngx_signal_handler	重新打开文件，一般配合 mv 操作，用于日志切割
SIGWINCH	–	ngx_signal_handler	平滑升级时，一般通过这个信号让旧的 Worker 进程平滑退出
SIGTERM	nginx-s stop	ngx_signal_handler	强制退出
SIGQUIT	nginx-s quit	ngx_signal_handler	平滑退出
SIGUSR2	–	ngx_signal_handler	平滑升级时，通过该信号启动新的 Master 进程
SIGALRM	–	ngx_signal_handler	定时器信号
SIGINT	–	ngx_signal_handler	强制退出
SIGIO	–	ngx_signal_handler	信号驱动 I/O
SIGCHLD	–	ngx_signal_handler	子进程退出
SIGSYS	–	SIG_IGN	系统调用异常
SIGPIPE	–	SIG_IGN	坏的管道

6.4.2　信号注册

知晓 ngx_signal_t 结构体数组后，我们继续学习 signals 数组的信号注册过程。信号注册过程中会调用 ngx_init_signals 函数。ngx_init_signals 函数包含在 main 函数中，这样在初始化过程中可以提前注册信号，如图 6-8 所示。

```
● ● ●                        ⬆ edz — root@http3:~ — ssh root@192.168.0.188 — 121×21
(gdb) p signals
$1 = {{signo = 1, signame = 0x4dca78 "SIGHUP", name = 0x4dca7f "reload",
    handler = 0x44d2fc <ngx_signal_handler>}, {signo = 10, signame = 0x4dca86 "SIGUSR1",
    name = 0x4dca8e "reopen", handler = 0x44d2fc <ngx_signal_handler>}, {signo = 28,
    signame = 0x4dca95 "SIGWINCH", name = 0x4dca9e "", handler = 0x44d2fc <ngx_signal_handler>}, {
    signo = 15, signame = 0x4dca9f "SIGTERM", name = 0x4dca7 "stop",
    handler = 0x44d2fc <ngx_signal_handler>}, {signo = 3, signame = 0x4dcaac "SIGQUIT",
    name = 0x4dcab4 "quit", handler = 0x44d2fc <ngx_signal_handler>}, {signo = 12,
    signame = 0x4dcab9 "SIGUSR2", name = 0x4dca9e "", handler = 0x44d2fc <ngx_signal_handler>}, {
    signo = 14, signame = 0x4dcac1 "SIGALRM", name = 0x4dca9e "",
    handler = 0x44d2fc <ngx_signal_handler>}, {signo = 2, signame = 0x4dcac9 "SIGINT",
    name = 0x4dca9e "", handler = 0x44d2fc <ngx_signal_handler>}, {signo = 29,
    signame = 0x4dcad0 "SIGIO", name = 0x4dca9e "", handler = 0x44d2fc <ngx_signal_handler>}, {
    signo = 17, signame = 0x4dcad6 "SIGCHLD", name = 0x4dca9e "",
    handler = 0x44d2fc <ngx_signal_handler>}, {signo = 31, signame = 0x4dcade "SIGSYS, SIG_IGN",
    name = 0x4dca9e "", handler = 0}, {signo = 13, signame = 0x4dcaee "SIGPIPE, SIG_IGN",
    name = 0x4dca9e "", handler = 0}, {signo = 0, signame = 0x0, name = 0x4dca9e "", handler = 0}}
(gdb) bt
#0  ngx_init_signals (log=0x72f0f8) at src/os/unix/ngx_process.c:290
#1  0x000000000040b964 in main (argc=1, argv=0x7fffffffe518) at src/core/nginx.c:343
(gdb)
```

图 6-8　信号注册信息

接下来，我们继续来看一下 ngx_init_signals 函数源码。

```c
ngx_int_t ngx_init_signals(ngx_log_t *log)
{
    ngx_signal_t      *sig;
    struct sigaction   sa;
    // 循环初始化 signals 数组
    for (sig = signals; sig->signo != 0; sig++) {
        ngx_memzero(&sa, sizeof(struct sigaction));

        if (sig->handler) {          // 设置信号处理函数
            sa.sa_sigaction = sig->handler;
            sa.sa_flags = SA_SIGINFO;
        } else {
            sa.sa_handler = SIG_IGN;
        }

        sigemptyset(&sa.sa_mask);  // 清空 sa.sa_mask
        // 设置 sig->signo 信号的执行动作, 此处 sigaction 为系统 API
        if (sigaction(sig->signo, &sa, NULL) == -1) {
            ...
            return NGX_ERROR;
            ...
        }
    }
}
```

```
    return NGX_OK;
}
```

通过以上源码得知，Nginx 通过 sigaction 函数注册信号。sigaction 函数注册信号又是由 signals 数组循环遍历注册得到的，这样便于统一处理 signals 数组中的信号注册。

6.4.3　信号处理

注册信号后，每个信号对应一个回调函数，如表 6-1 所示。其中，多数信号对应的回调函数是 ngx_signal_handler。下面看一下 ngx_signal_handler 函数的实现。

```
static void
ngx_signal_handler(int signo, siginfo_t *siginfo, void *ucontext)
{
    char            *action;
    ngx_int_t        ignore;
    ngx_err_t        err;
    ngx_signal_t    *sig;

    ignore = 0;

    err = ngx_errno;

    for (sig = signals; sig->signo != 0; sig++) {
        if (sig->signo == signo) {   // 判断是否支持该信号，若支持则 break 跳出
            break;
        }
    }

    ngx_time_sigsafe_update();

    action = "";

    switch (ngx_process) {

    case NGX_PROCESS_MASTER: // Master 进程
    case NGX_PROCESS_SINGLE:
        switch (signo) {

        case ngx_signal_value(NGX_SHUTDOWN_SIGNAL): // SIGQUIT
            ngx_quit = 1;              // 接收到 SIGQUIT 信号并设置全局变量
            action = ", shutting down";
            break;

        case ngx_signal_value(NGX_TERMINATE_SIGNAL): // SIGTERM、SIGINT
        case SIGINT:
            ngx_terminate = 1;        // 接收到 SIGTERM、SIGINT 信号并设置全局变量
            action = ", exiting";
            break;
```

```
case ngx_signal_value(NGX_NOACCEPT_SIGNAL): // SIGWINCH

    if (ngx_daemonized) {
        // Master 进程接收到 SIGWINCH 变量并设置全局变量
        ngx_noaccept = 1;
        action = ", stop accepting connections";
    }
    break;

case ngx_signal_value(NGX_RECONFIGURE_SIGNAL): // SIGHUP
    ngx_reconfigure = 1; // Master 进程接收到 SIGHUP 变量并设置全局变量
    action = ", reconfiguring";
    break;

case ngx_signal_value(NGX_REOPEN_SIGNAL): // SIGUSR1
    ngx_reopen = 1;        // Master 进程接收到 SIGUSR1 变量并设置全局变量
    action = ", reopening logs";
    break;

case ngx_signal_value(NGX_CHANGEBIN_SIGNAL): // SIGUSR2
    if (ngx_getppid() == ngx_parent || ngx_new_binary > 0) {

        /*
         * 如果新二进制文件的父级没有更改，即旧二进制文件的进程仍在运行，
         * 则忽略该信号；如果新二进制文件的进程已经在运行，则忽略旧二进制
         * 文件进程中的信号
         */

        action = ", ignoring";
        ignore = 1;        // Master 进程接收到 SIGUSR2 变量并设置全局变量
        break;
    }

    ngx_change_binary = 1;
    action = ", changing binary";
    break;

case SIGALRM:
    ngx_sigalrm = 1;       // Master 进程接收到 SIGALRM 变量并设置全局变量
    break;

case SIGIO:
    ngx_sigio = 1;         // Master 进程接收到 SIGIO 变量并设置全局变量
    break;

case SIGCHLD:
    ngx_reap = 1;          // Master 进程接收到 SIGCHLD 变量并设置全局变量
    break;
}
```

```
        break;

    case NGX_PROCESS_WORKER:                                    // Worker 进程
    case NGX_PROCESS_HELPER:
        switch (signo) {

        case ngx_signal_value(NGX_NOACCEPT_SIGNAL):     // SIGWINCH
            if (!ngx_daemonized) {
                break;
            }
            // Worker 进程接收到 SIGWINCH 变量并设置全局变量
            ngx_debug_quit = 1;

            /* fall through */
        case ngx_signal_value(NGX_SHUTDOWN_SIGNAL):     // SIGQUIT
            ngx_quit = 1;        // Worker 进程接收到 SIGQUIT 变量并设置全局变量
            action = ", shutting down";
            break;

        case ngx_signal_value(NGX_TERMINATE_SIGNAL):    // SIGTERM
        case SIGINT:
            ngx_terminate = 1;// Worker 进程接收到 SIGTERM 变量并设置全局变量
            action = ", exiting";
            break;

        case ngx_signal_value(NGX_REOPEN_SIGNAL):       // SIGUSR1
            ngx_reopen = 1;     // Worker 进程接收到 SIGUSR1 变量并设置全局变量
            action = ", reopening logs";
            break;
            // 该部分信号量不进行特殊处理
        case ngx_signal_value(NGX_RECONFIGURE_SIGNAL): // SIGHUP
        case ngx_signal_value(NGX_CHANGEBIN_SIGNAL):    // SIGUSR2
        case SIGIO:
            action = ", ignoring";
            break;
        }

        break;
    }
    ...
    if (signo == SIGCHLD) {                                      // 做子进程回收
        ngx_process_get_status();
    }

    ngx_set_errno(err);
}
```

信号处理函数根据接收到的信号量对相应的全局变量进行赋值，如 ngx_quit、ngx_terminate、ngx_noaccept、ngx_reconfigure、ngx_reopen 赋值为 1。不同的全局变量会采取不同的操作，对应关系如表 6-2 所示。

表 6-2　信号量、全局变量及进程的对应关系

信号量	全局变量	进程	说　明
SIGHUP	ngx_reconfigure	Master	重新加载新的配置文件
SIGUSR1	ngx_reopen	Master	重新打开文件，一般配合 Linux 系统 mv 命令操作，用于日志切割
SIGWINCH	ngx_noaccept	Master	平滑升级时，一般通过这个信号让旧的 Worker 进程平滑退出
SIGTERM	ngx_terminate	Master、Worker	强制退出
SIGQUIT	ngx_quit	Master、Worker	平滑退出
SIGUSR2	ngx_change_binary	Master	平滑升级时，通过该信号启动新的 Master 进程
SIGALRM	ngx_sigalrm	Master	定时器信号
SIGINT	ngx_terminate	Master、Worker	强制退出
SIGIO	ngx_sigio	Master	信号驱动 I/O
SIGCHLD	ngx_reap	Master	子进程退出

从表 6-2 可知，Worker 进程对应 3 个变量，但这不代表 Worker 进程只支持 3 种信号量。其实，Worker 进程支持 5 种信号量，除表中给出的变量外，还支持 SIGWINCH 和 SIGUSR1。SIGWINCH 在 Worker 进程中对 ngx_debug_quit 全局变量进行赋值，这个操作可能会触发调试异常而终止。

ngx_signal_handler 函数除了会回调 SIGCHLD 信号外，还会调用 ngx_process_get_status 函数做子进程回收。该函数内部使用 waitpid 系统调用函数获取子进程的退出状态，并回收子进程，以避免出现僵尸进程。ngx_process_get_status 函数原型如下：

```
static void ngx_process_get_status(void)
{
    ...
    for ( ;; ) {
        //WNOHANG 告知尚有未终止的子进程在运行，不要阻塞
        pid = waitpid(-1, &status, WNOHANG);

        if (pid == 0) {    //说明没有子进程终止
            return;
        }

        if (pid == -1) {    //中断调用
            err = ngx_errno;

            if (err == NGX_EINTR) {
                continue;
            }

            if (err == NGX_ECHILD && one) {
                return;
            }
```

```
        /*
         * Solaris 系统总是为每个退出的进程调用信号处理程序，
         * 尽管可能已经为此进程调用了 waitpid()。
         * 当多个进程同时退出时，FreeBSD 可能错误地调用已退出进程的信号处理程序，
         * 尽管可能已经为此进程调用了 waitpid()
         */
        if (err == NGX_ECHILD) {
            ngx_log_error(NGX_LOG_INFO, ngx_cycle->log, err,
                            "waitpid() failed");
            return;
        }
        ...
        return;
    }


    one = 1;
    process = "unknown process";

    for (i = 0; i < ngx_last_process; i++) {
        if (ngx_processes[i].pid == pid) {
            ngx_processes[i].status = status;
            ngx_processes[i].exited = 1;// 更新退出进程，表示被父进程回收
            process = ngx_processes[i].name;
            break;
        }
    }
    ...
    if (WEXITSTATUS(status) == 2 && ngx_processes[i].respawn) {
        ...
        ngx_processes[i].respawn = 0;
    }

    ngx_unlock_mutexes(pid);
    }
}
```

如果子进程终止状态信息 WEIXTSTATUS(status) 等于 2，说明子进程是在初始化过程中出错并退出。如果子进程在进程信息表中的标志位 respawn 为 1，说明要求子进程终止后再重新拉起。但是，子进程退出是初始化过程出错导致的，是无法重新拉起的，因为已将 respawn 变量清为 0。

6.4.4　Master 进程处理机制

根据 6.4.3 节回调函数的介绍，可知回调函数 ngx_signal_handler 会针对接收到的不同的信号量对全局变量进行赋值，但是最终的处理逻辑是根据不同的进程对该进程中主循环内的信号进行处理。以下代码是主循环的信号处理逻辑。

```
void
ngx_master_process_cycle(ngx_cycle_t *cycle)
{
    ...
    for ( ;; ) {
        /**
         * delay 变量用来表示等待子进程退出的时间，由于接收到 SIGINT 信号后，
         * 需要先发送信号给子进程，而子进程的退出需要一定的时间，如果超时，
         * 子进程退出，父进程就直接退出；否则发送 SIGKILL 信号给子进程强制退
         * 出，然后 Master 进程再退出
         */
        if (delay) {
            if (ngx_sigalrm) {
                sigio = 0;
                delay *= 2;
                ngx_sigalrm = 0;
            }

            ngx_log_debug1(NGX_LOG_DEBUG_EVENT, cycle->log, 0,
                           "termination cycle: %M", delay);

            itv.it_interval.tv_sec = 0;
            itv.it_interval.tv_usec = 0;
            itv.it_value.tv_sec = delay / 1000;
            itv.it_value.tv_usec = (delay % 1000 ) * 1000;

            if (setitimer(ITIMER_REAL, &itv, NULL) == -1) {
                ngx_log_error(NGX_LOG_ALERT, cycle->log, ngx_errno,
                              "setitimer() failed");
            }
        }

        ngx_log_debug0(NGX_LOG_DEBUG_EVENT, cycle->log, 0, "sigsuspend");

        sigsuspend(&set);    /*
                              * 进程挂起，等待信号。通过 ngx_init_signals
                              * 执行 ngx_signal_handler 中的 SIGALRM 信号，
                              * 待信号处理函数返回值后，继续该函数后面的操作
                              */
        ngx_time_update();


        /* 如果没有存活的子进程，并且收到了 ngx_terminate 或者 ngx_quit 信号，
         * 则 Master 进程退出
         /
        if (!live && (ngx_terminate || ngx_quit)) {
            // 如果有子进程意外结束，则需要监控所有的子进程
            ngx_master_process_exit(cycle);
        }
```

```
    if (ngx_terminate) { // SIGTERM、SIGINT 信号处理
        if (delay == 0) { // 设置延迟
            delay = 50;
        }

        if (sigio) {
            sigio--;
            continue;
        }

        sigio = ccf->worker_processes + 2 /* cache processes */;

        if (delay > 1000) { // 如果超时，就停止该进程
            ngx_signal_worker_processes(cycle, SIGKILL);
        } else {
            // 发送 SIGTERM 退出信号
            ngx_signal_worker_processes(cycle,
            ngx_signal_value(NGX_TERMINATE_SIGNAL));
        }

        continue;
    }

    if (ngx_quit) {// 接收 SIGQUIT 退出信号
        ngx_signal_worker_processes(cycle,
        ngx_signal_value(NGX_SHUTDOWN_SIGNAL));
        // 向 Worker 进程发送 SIGQUIT 退出信号

    ls = cycle->listening.elts;
    for (n = 0; n < cycle->listening.nelts; n++) { // 关闭监听数组
        if (ngx_close_socket(ls[n].fd) == -1) {
            ngx_log_error(NGX_LOG_EMERG, cycle->log, ngx_socket_errno,
            ngx_close_socket_n " %V failed",
            &ls[n].addr_text);
        }
    }
    cycle->listening.nelts = 0;

    continue;
    }

if (ngx_reconfigure) { // 接收 SIGHUP 信号，重新加载新的配置文件
    ngx_reconfigure = 0;
    // 判断热代码替换后的新二进制文件是否还在运行中，也就是判断其是否退出当前的 Master 进
    // 程，如果还在运行中，则不需要重新初始化配置
    if (ngx_new_binary) {
        // 重启 Worker 进程
        ngx_start_worker_processes(cycle, ccf->worker_processes,
                                   NGX_PROCESS_RESPAWN);
        // 重启 cache 进程
```

```
            ngx_start_cache_manager_processes(cycle, 0);
            ngx_noaccepting = 0;
            continue;
        }

        ngx_log_error(NGX_LOG_NOTICE, cycle->log, 0, "reconfiguring");

        cycle = ngx_init_cycle(cycle);  // 重新初始化配置
        if (cycle == NULL) {
            cycle = (ngx_cycle_t *) ngx_cycle;
            continue;
        }

        ngx_cycle = cycle;
        ccf = (ngx_core_conf_t *) ngx_get_conf(cycle->conf_ctx,
                                               ngx_core_module);
        // 重启 Worker 进程
        ngx_start_worker_processes(cycle, ccf->worker_processes,
                                   NGX_PROCESS_JUST_RESPAWN);
        // 重启 cache 进程
        ngx_start_cache_manager_processes(cycle, 1);

        /* 允许新进程启动 */
        ngx_msleep(100);

        live = 1;
        ngx_signal_worker_processes(cycle,
                                    ngx_signal_value(NGX_SHUTDOWN_SIGNAL));
        // 发送退出信号
    }

    if (ngx_restart) {   // 重启
        ngx_restart = 0;
        ngx_start_worker_processes(cycle, ccf->worker_processes,
                                   NGX_PROCESS_RESPAWN);
        ngx_start_cache_manager_processes(cycle, 0);
        live = 1;
    }

    if (ngx_reopen) { // 接收 SIGUSR1 信号, 重新打开文件
        ngx_reopen = 0;
        ngx_log_error(NGX_LOG_NOTICE, cycle->log, 0, "reopening logs");
        ngx_reopen_files(cycle, ccf->user);
        ngx_signal_worker_processes(cycle,
                                    ngx_signal_value(NGX_REOPEN_SIGNAL));
    }
    /**
     * 检查 ngx_change_binary 标志位, 如果 ngx_change_binary 为 1, 则
     * 表示需要平滑升级 Nginx 服务。这时将调用 ngx_exec_new_binary 方法
     * 用新的子进程启动新版本的 Nginx 程序, 同时将 ngx_change_binary 标志
```

```
     * 位置为 0
     */
    if (ngx_change_binary) {
        ngx_change_binary = 0;
        ngx_log_error(NGX_LOG_NOTICE, cycle->log, 0, "changing binary");
        // 获取新的 Nginx 服务 PID
        ngx_new_binary = ngx_exec_new_binary(cycle, ngx_argv);
    }

    if (ngx_noaccept) { // 不进行 accept 函数调用
        ngx_noaccept = 0;
        ngx_noaccepting = 1;
        ngx_signal_worker_processes(cycle,
                                    ngx_signal_value(NGX_SHUTDOWN_SIGNAL));
        // 发送退出信号
        }
    }
}
```

从上述代码可以看到，ngx_master_process_cycle 函数负责受理各种信号量，管理 Worker 进程、cache 进程，以及给 Worker 进程发送信号量。

6.4.5 Worker 进程处理机制

根据 6.4.4 节可知，Master 进程有自己的信号处理机制。其实，Worker 进程也有自己的信号处理机制。Worker 进程是通过 ngx_worker_process_cycle 函数中的主循环对信号进行处理。ngx_worker_process_cycle 函数通过 ngx_spawn_process 函数传入 proc 参数回调，函数原型如下：

```
static void
ngx_worker_process_cycle(ngx_cycle_t *cycle, void *data)
{
    ngx_int_t worker = (intptr_t) data;
    // Master 进程中的 ngx_process 为 NGX_PROCESS_MASTER
    ngx_process = NGX_PROCESS_WORKER;
    ngx_worker = worker;
    // 初始化进程
    ngx_worker_process_init(cycle, worker);

    ngx_setproctitle("worker process");

    for ( ;; ) {

        if (ngx_exiting) {
            if (ngx_event_no_timers_left() == NGX_OK) {
                ngx_log_error(NGX_LOG_NOTICE, cycle->log, 0, "exiting");
                ngx_worker_process_exit(cycle);
            }
```

```
        }

        ngx_log_debug0(NGX_LOG_DEBUG_EVENT, cycle->log, 0, "worker cycle");
        //处理时间计时
        ngx_process_events_and_timers(cycle);

        if (ngx_terminate) { //接收强制退出信号
            ngx_log_error(NGX_LOG_NOTICE, cycle->log, 0, "exiting");
            //清理后进程退出，调用所有模块的钩子 exit_process
            ngx_worker_process_exit(cycle);
        }

        if (ngx_quit) {     //接收平滑退出信号
            ngx_quit = 0;
            ngx_log_error(NGX_LOG_NOTICE, cycle->log, 0,
                           "gracefully shutting down");
            ngx_setproctitle("worker process is shutting down");

            if (!ngx_exiting) { //如果进程没有退出状态
                ngx_exiting = 1;
                ngx_set_shutdown_timer(cycle);
                //关闭监听 socket，设置退出状态
                ngx_close_listening_sockets(cycle);
                ngx_close_idle_connections(cycle);
            }
        }

        if (ngx_reopen) { //接收 SIGUSER1 信号，重新打开 log
            ngx_reopen = 0;
            ngx_log_error(NGX_LOG_NOTICE, cycle->log, 0, "reopening logs");
            ngx_reopen_files(cycle, -1);
        }
    }
}
```

ngx_worker_process_cycle 函数的处理流程比较简单，主要对退出信号、重新打开文件信号做处理。

6.4.6 Master 进程与 Worker 进程通信

在讲解 Master 进程和 Worker 进程通信之前，我们先来了解一下 Nginx 对进程对象的抽象数据结构，如下所示。

```
// ngx_processess 数组中当前有效或曾经有效的进程
ngx_int_t          ngx_last_process;
//最大进程数量
#define NGX_MAX_PROCESSES 1024
//所有子进程组成的数组，最大进程数不能超过 1024
ngx_process_t      ngx_processes[NGX_MAX_PROCESSES];
```

```
typedef struct {
    ngx_pid_t              pid;        // 进程 pid
    int                    status;     // 进程状态, 通过 waitpid 调用函数获取
    ngx_socket_t           channel[2];
    // 子进程循环方法, 例如 Worker 进程的 ngx_worker_process_cycle
    ngx_spawn_proc_pt      proc;
    // 派生子进程后, 执行 proc(cycle,data)
    void                   *data;

    char                   *name;      // 进程名称
    // respawn 参数为 1, 表示子进程受 Master 进程管理, 子进程死掉可以复活
    unsigned               respawn:1;
    // just_spawn 参数为 1, 表示刚刚派生的子进程在重新加载配置文件时会用到
    unsigned               just_spawn:1;
    // detached 参数为 1, 表示游离的新的子进程用在升级 binary 时会派生一个新的 Master 进程,
    // 这时新 Master 进程是 detached, 不受原来的 Master 进程管理
    unsigned               detached:1;
    // exiting 参数为 1, 表示子进程正在主动退出。一般收到 SIGQUIT 或 SIGTERM 信号后, exiting
    // 变量值为 1, 表示区别于子进程的异常被动退出
    unsigned               exiting:1;
    // exited 参数为 1, 表示进程已经退出, 并通过 waitpid 系统调用函数回收
    unsigned               exited:1;
} ngx_process_t;
```

在 Nginx 中, 进程间通信的方式有很多种, socket channel 是其中之一。目前, 这种方式主要应用在 Master 进程广播消息到子进程的场景中, 这里的消息包括如下 5 种:

```
#define NGX_CMD_OPEN_CHANNEL 1      // 新建或发布一个通信管道
#define NGX_CMD_CLOSE_CHANNEL 2     // 关闭一个通信管道
#define NGX_CMD_QUIT 3              // 平滑退出
#define NGX_CMD_TERMINATE 4        // 强制退出
#define NGX_CMD_REOPEN 5           // 重新打开文件
```

Master 进程在创建子进程的时候, 在 fork 函数调用之前会在 ngx_processes 数组中选择空闲的 ngx_process_t。这里空闲的 ngx_process_t 下标为 s, s 不超过 1023。通过 socketpair 函数创建一个匿名 socket, 相对应的 fd 存放在 ngx_processes 数组的 channel 中, 并且把 s 赋值给全局变量 ngx_process_slot, 把 channel [1] 赋值给全局变量 ngx_channel。

```
ngx_pid_t
ngx_spawn_process(ngx_cycle_t *cycle, ngx_spawn_proc_pt proc, void *data,char
    *name, ngx_int_t respawn) {

    ...// 寻找空闲的 ngx_process_t, 下标为 s

    // 创建匿名 socket channel
    if (socketpair(AF_UNIX, SOCK_STREAM, 0, ngx_processes[s].channel) == -1) {
    ngx_log_error(NGX_LOG_ALERT, cycle->log, ngx_errno,
        "socketpair() failed while spawning \"%s\"", name);
    return NGX_INVALID_PID;
```

```
        }
        ...
        ngx_channel = ngx_processes[s].channel[1];
        ...
        ngx_process_slot = s;
        pid = fork(); // 派生调用，子进程继承 socket channel
        ...
    }
```

通过 gdb 调试 ngx_processes 数组，如图 6-9 所示。

```
(gdb) bt
#0  ngx_spawn_process (cycle=0x72f0e0, proc=0x4504be <ngx_worker_process_cycle>, data=0x0,
    name=0x4dd37b "worker process", respawn=-3) at src/os/unix/ngx_process.c:124
#1  0x000000000044f3d6 in ngx_start_worker_processes (cycle=0x72f0e0, n=1, type=-3)
    at src/os/unix/ngx_process_cycle.c:359
#2  0x000000000044e9e3 in ngx_master_process_cycle (cycle=0x72f0e0)
    at src/os/unix/ngx_process_cycle.c:131
#3  0x0000000000040baa1 in main (argc=1, argv=0x7fffffffe518) at src/core/nginx.c:382
(gdb) p ngx_processes
$15 = {{pid = 0, status = 0, channel = {7, 11}, proc = 0, data = 0x0, name = 0x0, respawn = 0,
    just_spawn = 0, detached = 0, exiting = 0, exited = 0}, {pid = 0, status = 0, channel = {0, 0},
    proc = 0, data = 0x0, name = 0x0, respawn = 0, just_spawn = 0, detached = 0, exiting = 0,
    exited = 0} <repeats 1023 times>}
(gdb) p ngx_processes[0]
$16 = {pid = 0, status = 0, channel = {7, 11}, proc = 0, data = 0x0, name = 0x0, respawn = 0,
  just_spawn = 0, detached = 0, exiting = 0, exited = 0}
(gdb)
```

图 6-9　调试 ngx_processes 数组

在函数 ngx_spawn_process 派生进程之后，子进程继承了这对 socket，因为它们共享了相同的系统级文件。这时，Master 进程写入 channel[0]，Worker 进程就可以通过 channel[1] 读取数据。Master 进程写入 channel[1]，Worker 进程就可以通过 channel[0] 读取数据。Worker 进程与 Master 进程通信也是如此，这样在派生 N 个子进程后，实际会建立 N 个 socket channel，如图 6-10 所示。

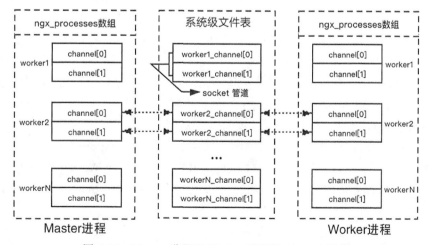

图 6-10　Master 进程和 Worker 进程的 channel 通信

在 Nginx 中，对于 socket channel，channel［0］总是作为数据发送端，channel［1］总是作为数据接收端。而 Master 进程和 Worker 进程的通信是单向的，因此在后续子进程初始化时关闭了 channel［0］，只保留 channel［1］，即 ngx_channel；同时将 ngx_channel 的读事件添加到整个 Nginx 高效的事件框架中，最终实现 Master 进程向子进程同步消息。

Master 进程派生子进程是有顺序的，最后一个派生进程的数据和 Master 进程一样。因为 Master 进程知道所有 Worker 进程的 channel［0］，所以可以和 Worker 进程通信。但是，第一个 Worker 进程无法主动和其他的 Woker 进程通信。如图 6-11 所示，第二个 Worker 进程仅知道第一个 Worker 进程的 channel［0］，因此仅仅可以和第一个 Worker 进程进行通信。

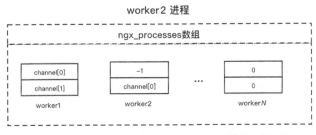

图 6-11　Worker 进程 ngx_processes 数组示意图

那么，Nginx 是怎么解决这个问题的呢？简单来说，Nginx 使用了进程间传递文件描述符的技术。关于进程间传递文件描述符，这里涉及两个关键的系统调用函数，分别是 socketpair 和 sendmsg。

Master 进程在每次派生新的 Worker 进程时，都会通过 ngx_pass_open_channel 函数将新创建进程的 pid，以及写变量 socket channel 中的 channel［0］变量值传递给之前创建的所有 Worker 进程。上面提到的 NGX_CMD_OPEN_CHANNEL 就是用来做这件事的。Worker 进程收到这个消息后会解析消息 pid 和 fd，赋值到 ngx_processes 变量相应的 slot 下的 ngx_process_t 结构体中。

这里 channel［1］变量值并　没有被传递给子进程，因为 channel［1］变量值是接收端。每一个 socket channel 的 channe［1］变量值唯一对应一个子进程，Worker 1 进程持有 Worker 2 进程的 channel［1］，并没有任何意义。因此子进程在初始化时会将之前 Worker 进程创建的 channel［1］全部关闭，只保留自己的 channel［1］。如图 6-12 所示，每一个 Worker 进程持有自己 channel 的 channel［1］，及其他 Worker 进程对应 channel 的 channel［0］。而 Master 进程则持有所有 Worker 进程对应 channel 的 channel［0］和 channel［1］。

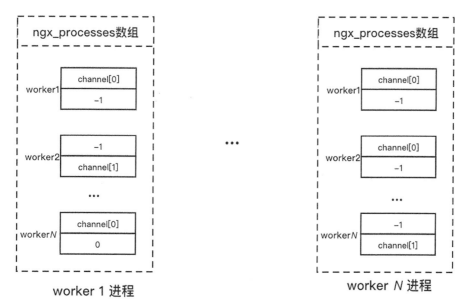

图 6-12　Worker 进程的 channel 示意图

6.5　本章小结

通过本章，我们了解到单进程模式和多进程模式的实现原理，以及 daemon 模式和非 daemon 模式的区别。除此之外，我们还了解到 Master 进程与 Worker 进程的创建流程以及新创建的 Worker 进程如何同步进程信息。本章对 Nginx 进程机制做了完整介绍，也为读者后续深入学习 Nginx 做了铺垫。

HTTP 模块

Linux 中有一个设计思想——一切皆文件，即把进程、线程、I/O、目录、管道、套接字等都视作文件；读写操作都可以用一套标准的函数进行处理，如 fopen、fread、fwrite 等；屏蔽了硬件设备的差异性，确保了操作的一致性。开发人员只需要一套 API 就可以访问绝大多数的系统资源。

Nginx 中流行着类似的一句话——一切皆模块，以形容 Nginx 的高度模块化设计，这也是 Nginx 的架构设计基础。用户完全可以自定义一个功能模块添加到 Nginx 中，以此来扩充 Nginx 的能力。当然，用户并不需要从 0 开发自己的模块，因为 Nginx 底层提供了大量的基础核心模块、数据结构和规范，用户在开发模块时只要专注自己需要的功能的逻辑即可。在 Nginx 的众多模块中，HTTP 模块无疑是"独角兽"。众所周知，由于在性能方面的突出表现，Nginx 已经被越来越多的单位和个人所使用，其核心场景就是被当作 Web 服务器来使用，而 HTTP 模块是其核心依赖。因此，了解 HTTP 模块的优秀设计，一方面可以学习优秀的架构设计思想与理念，包括开发技巧、规范以及一些问题的解决方案；另一方面可以帮助我们更好地理解 Nginx 的工作原理。读者在此基础上开发自定义模块将大有裨益。

本章首先从宏观方面介绍 HTTP 模块工作流程，其次介绍 HTTP 模块初始化以及会话建立的详细过程，并在此基础上以一个 HTTP 请求响应的完整过程介绍 HTTP 模块是如何工作的，包括请求的解析（请求行、请求头、请求体）、请求的处理（11 个阶段的划分及处理过程）、请求的响应（过滤处理、发送 HTTP 响应、结束 HTTP 响应）。整个过程配以 Event 模块、异步非阻塞的方式提供服务。

为了达到更好的学习效果，读者可以带着以下几个关键问题去深入探索学习。

1）Nginx 的 Worker 进程启动后，便阻塞在 epoll_wait 函数（ngx_epoll_process_events）等待 HTTP 请求的到来。那么，当一个 HTTP 请求到来之时，Nginx 要如何响应呢？

2）HTTP 请求的 header 以及 body 都是不定长的，比如上传文件的大小可能是几 GB，那么如何在内存有限的前提下高效地处理上传、下载操作呢？

3）如何将自定义模块中的处理方法注入 HTTP 请求处理的 11 个阶段？如何只针对某个请求 URL 生效？

4）HTTP 请求中的 body 并不是每个模块都会关心的，HTTP 模块该如何平衡处理？

5）HTTP 响应如何有针对性地做逻辑判断过滤处理，各类过滤模块的数据结构如何组织，如何确保最终的 header 和 body 符合协议要求？

6）在什么时机可以结束请求并关闭连接？ header 或 body 过大，一次发送不完该如何处理？

下面让我们带着这些问题去探索 HTTP 模块吧！

7.1　整体流程

通常，Nginx 以多进程模式来提供 HTTP 服务，其中 Master 进程只有一个，职责是管理 Nginx 及其他 Worker 进程，而 Worker 进程负责实际业务逻辑的处理。从第 2 章的介绍我们知道，Worker 进程中有一个 ngx_worker_process_cycle 函数。该函数内部通过无限循环不断地接收并处理客户端的请求。多个 Worker 进程之间并行接收处理请求。

直观上看，HTTP 模块处理一个请求的大致流程为：HTTP 服务器先与客户端经过三次握手建立 TCP 连接，接着接收请求对应的请求行、请求头并对其进行解析，根据 nginx.conf 中的配置找到对应的 HTTP 模块（多个 HTTP 模块相互协作处理请求可能会涉及对 HTTP 请求体的处理），然后产生响应头和响应体并返回客户端，最后完成请求的处理及资源释放，重新初始化定时器及其他事件。

为了便于读者对照 Nginx 源代码阅读本章内容，我们绘制了 HTTP 模块相关的流程图。考虑到印刷清晰度问题，这里将整个大图拆分为 3 部分，通过 3 个小节的内容来呈现。本章后续所有内容都将围绕此流程图展开。

7.1.1　HTTP 模块初始化

Nginx 在启动时主要执行两部分代码逻辑，首先是生命周期的初始化，也就是 ngx_init_cycle 方法的实现，其中最重要的就是配置信息的解析（ngx_conf_parse），解析到对应的块时将依次调用每个模块对应的 cmd->set 方法。以 http 配置块为例，Nginx 会调用 HTTP 核心模块中的 ngx_http_block 方法。关于该方法中配置信息的解析，读者可以参考第 3 章，这里关注的是对监听套接字的处理。可以看到，ngx_http_add_listening 方法的核心是将连接处理函数 handler 设置为 ngx_http_init_connection。下一步会看到这部分初始化操作的作用，接着进入 Master 进程的生命周期，其中最重要的就是启动 Worker 进程，一方面初始化 Worker 进程，另一方面借助强大的 epoll 处理网络事件。在 Worker 进程初始化过程中，ngx_event_ process_init 方法会给每一个监听 socket 分配一个连接，并设置连接上可读事件的回调方法为 ngx_event_accept。当客户端请求到来，也就是发生了可读事件时，ngx_event_accept 将会调用 accept 函数来接收客户端的请求，并调用监听套接字中的 handler 方法，即第一步设置的 ngx_http_init_connection。后续由该方法完成连接上的 HTTP 请求处理过程如图 7-1 所示。

7.1.2　HTTP 请求解析

要解析 HTTP 请求，我们必须清楚 HTTP 请求包含的各个部分，以及每个部分的协议格式。通常来说，一个 HTTP 请求包括请求行、请求头、请求体、响应行、响应头、响应体 6 个部分。这里我们以 www.test.com/admin 请求为例介绍一个 HTTP 请求的基本格式。

1）请求行基本格式：

```
GET /admin HTTP/1.1
```

2）请求头基本格式：

```
Host: test.com
Connection: keep-alive
User-Agent: Mozilla/5.0 (Macintosh; Intel Mac OS X 10_13_1) AppleWebKit/537.36
    (KHTML, like Gecko) Chrome/76.0.3809.132 Safari/537.36
Accept-Encoding: gzip, deflate, br
```

3）响应体基本格式：

```
// 这里省略
```

4）响应行基本格式：

```
HTTP/1.1 200 OK
```

5）响应头基本格式：

```
Date: Sat, 21 Dec 2019 10:05:00 GMT
Content-Type: text/html; charset=UTF-8
Connection: keep-alive
expires: Sat, 21 Dec 2019 10:04:59 GMT
```

6）响应体基本格式：

```
// 这里省略
```

了解了 HTTP 请求的基本格式，我们来看看 HTTP 模块是如何解析该请求的。对于 HTTP 模块来说，请求处理是从 ngx_http_init_connection 方法开始的。该方法中设置连接的读事件处理函数为 ngx_http_wait_request_handler，也就是建立连接后并不是直接初始化请求，而是在连接对应的套接字真正有数据到来时才进行分配。换句话说，只有当用户发来请求内容时才真正分配内存资源，从而减少了内存资源的浪费。

当用户请求数据到来时，我们知道一定是 HTTP 请求行，因此需要设置读事件的处理

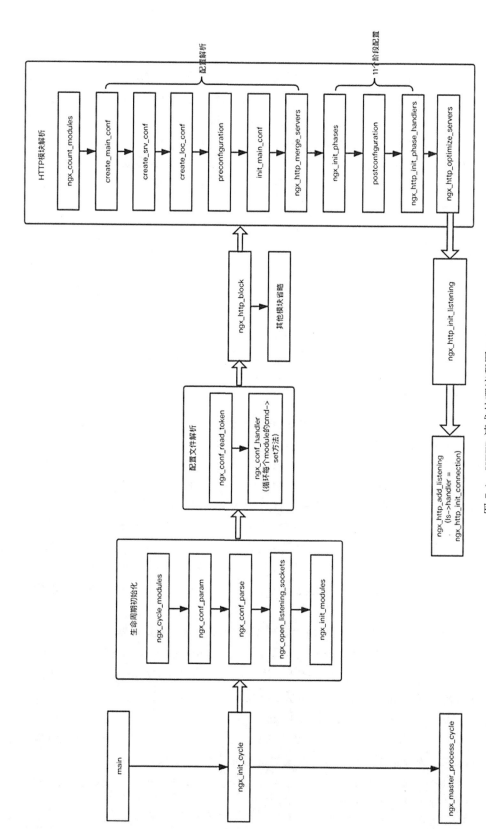

图 7-1 HTTP 请求处理流程图 1

函数为 ngx_http_process_request_line，但为什么不直接调用该方法呢？对于 HTTP 请求行来说，URL 长度具有不确定性，内核套接字缓存区不一定能接收下完整的请求行，因此将读事件的处理函数设置为 ngx_http_process_request_line。后续 epoll 事件会反复调用该方法进行接收处理，直到完整解析请求行。Nginx 使用 ngx_http_read_request_header 方法来读取请求数据（可以看到后面读取请求头时用的也是该方法），然后调用 ngx_http_parse_request_line 方法来对请求行进行解析，其核心流程使用状态机的方式来读取解析，最后将解析出的请求方法、URI、版本等信息存储到 ngx_http_request_t 结构体中。

解析完请求行后，接下来解析请求头。同样，请求头的长度也具有不确定性，可能需要多次事件调度才能完成解析，因此将连接中读事件的处理方法设置为 ngx_http_process_request_header（可以看到，读取请求头依然用的是 ngx_http_read_request_header 方法），然后调用 ngx_http_parse_header_line 方法对请求头进行解析，每解析一个请求头就将其放入 ngx_http_request_t 结构体的 headers_in 中，并以链表的形式保存。到此，Nginx 已经获取请求行与请求头的全部信息，然后调用 ngx_http_process_request_header 方法对请求头做简单验证后，就可正式进入请求的处理阶段。以上描述的整个处理过程如图 7-2 所示。

7.1.3　HTTP 请求处理与响应

当 Nginx 解析到两个回车换行符时，表示请求头处理结束。在请求头处理结束后，我们会调用 ngx_http_process_request 方法进一步处理请求。在该方法中，我们首先会设置当前连接的读 / 写事件的处理函数为 ngx_http_request_handler。可以看到，ngx_http_request_handler 内部其实就是根据请求类型（如读操作或者写操作）来调用请求结构体中的相应事件方法，由于进入请求处理阶段后不需要读取请求体，因此请求中的读事件处理方法被设置为 ngx_http_block_reading，也就是不再读取数据。而写事件处理方法设置为 ngx_http_core_run_phases，以便执行 HTTP 模块中请求处理的 11 个阶段的逻辑。这里我们只需要知道，Nginx 将一个请求处理划分为 11 个阶段，ngx_http_core_run_phases 方法通过执行这些阶段来产生响应数据，并将响应设置到 ngx_http_request_t 的 headers_out 中。该方法的内部细节将在 7.4 节详细展开。

处理完请求后，我们需要将响应发送给对应的客户端。发送的响应包括响应行、响应头和响应体三部分。通常，Nginx 调用 ngx_http_send_header 方法来发送响应行和响应头，调用 ngx_http_output_filter 方法来发送响应体。这里，响应头和响应体的过滤并不是只由一个函数来处理，而是由很多过滤模块组成的一个链表结构来处理。上述两个方法会依次遍历所有的响应头和响应体链表，最后调用 ngx_http_write_filter 方法输出。当然，响应头和响应体也可能一次发送不完，此时需要借助 ngx_http_finalize_request 来异步处理响应发送并结束整个请求。整个请求处理和响应发送的过程如图 7-3 所示。

图 7-3 是整个 HTTP 请求处理的核心流程，读者可以对照 Nginx 源码理解整个过程，本章后面几节将对上述宏观过程展开详细描述。

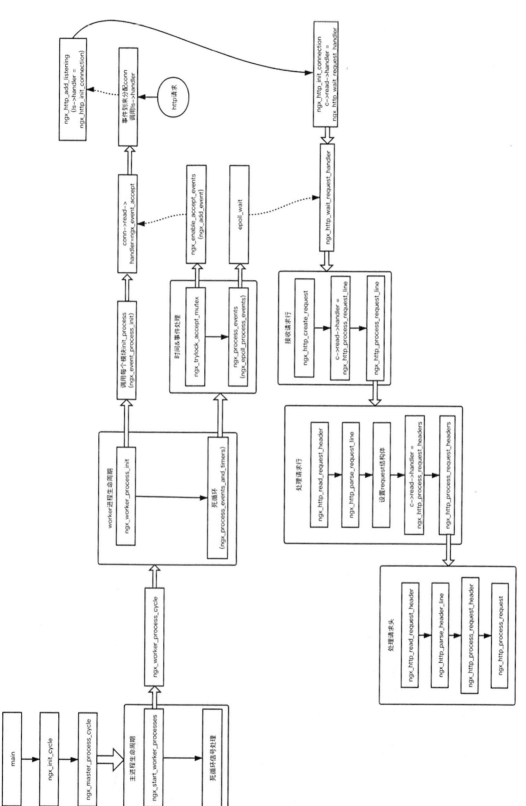

图 7-2 HTTP 请求处理流程图 2

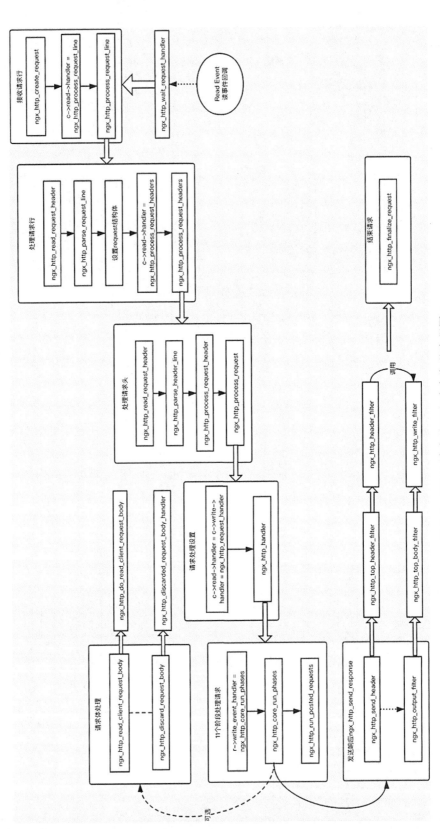

图 7-3 HTTP 请求处理和响应发送流程图 3

7.2　HTTP 服务初始化

本节将 HTTP 服务初始化划分为 3 个步骤，分别是模块的初始化、事件的初始化及
HTTP 会话建立（这也是 Nginx 提供 Web 服务的第一步，只有会话成功建立后才能进一步接
收 HTTP 请求）。

7.2.1　模块初始化

Nginx 是高度模块化的，所有功能都会封装在模块中。各个模块的初始化则是根据配置
文件进行的，不管是 core 模块还是自定义模块，都由 /src/core/ngx_module.c 文件进行管理。

ngx_module_s 结构体用于管理每一个模块的信息。Nginx 在 init_cycle 阶段会把所有模
块放置在全局变量 cycle 的 cycle->modules 模块数组中。在需要的时候，我们可以通过这个
数组获取每个模块的具体信息。下面简单看一下 ngx_module_s 结构体的组成。

```
/**
 * Nginx 模块数据结构
 */
struct ngx_module_s {
    ngx_uint_t              ctx_index;      /* 同一类型模块的顺序编号 */
    ngx_uint_t              index;          /* 模块的唯一标识编号 */
    char                    *name;          /* 模块名称 */
    void                    *ctx;           /* 模块上下文 */
    ngx_command_t           *commands;      /* 模块支持的命令集 */
    ngx_uint_t              type;           /* 模块类型 */
    /* 初始化主进程时调用 */
    ngx_int_t               (*init_master)(ngx_log_t *log);
    /* 初始化模块时调用 */
    ngx_int_t               (*init_module)(ngx_cycle_t *cycle);
    /* 初始化工作进程时调用 */
    ngx_int_t               (*init_process)(ngx_cycle_t *cycle);
    /* 退出工作进程时调用 */
    void                    (*exit_process)(ngx_cycle_t *cycle);
    /* 退出主进程时调用 */
    void                    (*exit_master)(ngx_cycle_t *cycle);
    ......
};
```

这里重点介绍 ngx_module_s 结构体中关键字段的含义及作用，包括 index、commands、
ctx 及 type。

1）index：主要用于识别不同的模块。

cycle->conf_ctx 是一个数组，存储了各个模块的配置文件结构的指针地址。我们需要
根据每个模块的索引下标（也就是 index）确定对应模块的配置信息。

例如，核心模块放在 ngx_core_conf_t 的数据结构中，ngx_core_conf_t 指针通过 index
索引值放在 cycle->conf_ctx 数组中，则获取核心模块的配置信息的代码如下：

```
ccf = (ngx_core_conf_t *) ngx_get_conf(cycle->conf_ctx, ngx_core_module);
```

2）commands：主要用于配置模块所支持的命令集，由具体的模块处理定义好的配置信息。

3）ctx：代表模块上下文，主要用于放置一个模块自定义的结构。

4）type：模块类型，如核心模块、Event 模块或者 HTTP 模块。

所有的模块构建基本都是先创建保存配置信息的结构体，然后解析配置文件，最后初始化配置。只不过有的模块简单，有的模块复杂，而 HTTP 模块无疑是目前为止最复杂的模块。下面我们重点看一下 HTTP 模块的代码实现，包括 commands 配置、ctx 配置及 module 整体定义。

```
/**
 * HTTP 模块命令集
 * HTTP 模块也是一个大模块，最外层为 http {...}
 * ngx_http_block 方法是回调函数
 * HTTP 核心模块
 */
static ngx_command_t  ngx_http_commands[] = {

    { ngx_string("http"),
      NGX_MAIN_CONF|NGX_CONF_BLOCK|NGX_CONF_NOARGS,
      ngx_http_block,
      0,
      0,
      NULL },
      ngx_null_command
};


/**
 *HTTP 模块上下文定义
 */
static ngx_core_module_t  ngx_http_module_ctx = {
    ngx_string("http"),
    NULL,
    NULL
};

/**
 * HTTP 核心模块结构
 * 模块类型：NGX_CORE_MODULE
 * 通过调用 ngx_http_block 方法，解析 {} 中的 HTTP 模块配置
 */
ngx_module_t  ngx_http_module = {
    NGX_MODULE_V1,
    &ngx_http_module_ctx,               /* module context */
    ngx_http_commands,                  /* module directives */
    NGX_CORE_MODULE,                    /* module type */
    NULL,                               /* init master */
    NULL,                               /* init module */
    NULL,                               /* init process */
```

```
    NULL,                                   /* init thread */
    NULL,                                   /* exit thread */
    NULL,                                   /* exit process */
    NULL,                                   /* exit master */
    NGX_MODULE_V1_PADDING
};
```

从上面的结构可以看到，HTTP 模块的类型是 NGX_CORE_MODULE，在核心模块初始化的时候调用 ngx_http_commands 命令集中的回调函数，逐个解析核心模块的配置信息。这里的回调函数即我们之前多次提到的 ngx_http_block。

1. index 值初始化

通过 nginx.c 的 main 函数中的 ngx_preinit_modules 方法，我们可以看到 Nginx 对各个模块的 index 值的初始化操作，核心代码如下：

```
// 其中，ngx_modules 是在自动编译的时候生成的，位于 objs/ngx_modules.c 文件中
for (i = 0; ngx_modules[i]; i++) {
    ngx_modules[i]->index = i;
    ngx_modules[i]->name = ngx_module_names[i];
}
```

模块的个数是通过 ngx_modules 的数组得到的，而 ngx_modules 是一个引用外部的变量，位于 objs/ngx_modules.c 中。我们可以根据需要在编译前调整模块，具体操作时，既可以通过 configure 命令进行配置，也可以通过修改 auto/modules 文件进行配置。

2. 为模块分配内存

ngx_init_cycle 在初始化 cycle 的时候，核心是在 cycle->modules 上分配一块用于存放 ngx_module_s 数据结构的列表内存，并且将原来的 ngx_modules 复制到 cycle->modules 上，核心代码如下：

```
ngx_memcpy(cycle->modules, ngx_modules, ngx_modules_n * sizeof(ngx_module_t *));
```

3. 模块初始化自定义操作

1）ngx_module_s 结构体中定义了 init_module 函数参数，以便模块初始化时回调该函数。ngx_init_modules 在执行过程中会遍历每一个模块，并对每个模块初始化。对于 HTTP 模块来说，init_modules 方法设置为 NULL，也就是不需要进行特殊处理。

2）在编写自定义模块时，我们可以定义 init_module 方法来做一些初始化工作。init_module 方法的执行时机如下：

```
// 各个模块初始化 ngx_modules.c
for (i = 0; cycle->modules[i]; i++) {
    if (cycle->modules[i]->init_module) {
        if (cycle->modules[i]->init_module(cycle) != NGX_OK) {
            return NGX_ERROR;
```

```
            }
        }
    }
```

4. Worker 进程初始化对模块的处理

虽然我们看到 HTTP 模块并没有配置 init_process 回调函数，但还是要关心模块的进程初始化方法。ngx_event_core_module 模块中的 init_process 方法（也就是 ngx_event_process_init）设置连接的读事件的回调函数为 ngx_event_accept，这是 HTTP 模块能高效运转的前提。

在 nginx_process_cycle.c 文件中，我们可以看到 ngx_worker_process_init 方法。该方法中包含每个模块的进程初始化方法的调用，代码描述如下。

```
/* 对模块进程初始化
 * 只要模块包含了 init_process 回调函数就会进行进程初始化方法的调用
 */
for (i = 0; cycle->modules[i]; i++) {
    if (cycle->modules[i]->init_process) {
        if (cycle->modules[i]->init_process(cycle) == NGX_ERROR) {
            exit(2);
        }
    }
}
```

7.2.2　事件初始化

Nginx 能高效处理 HTTP 请求的关键就在于其依赖强大的事件机制，那么事件初始化和回调函数绑定是在哪个环节实现的呢？ HTTP 模块的初始化工作基本在 src/http/nginx_http.c 的 ngx_http_block 函数中完成。事件初始化的核心代码如下：

```
static char * ngx_http_block(ngx_conf_t *cf, ngx_command_t *cmd, void *conf)
{
    // 解析 main 配置
    // 解析 server 配置
    // 解析 location 配置
    // 初始化 HTTP 处理流程所需的 handler 函数
    // 初始化所有监听端口
    if (ngx_http_optimize_servers(cf, cmcf, cmcf->ports) != NGX_OK) {
        return NGX_CONF_ERROR;
    }
}
```

函数 ngx_http_block 主要解析 HTTP 模块内部的 main、server 与 location 的配置，同时初始化 HTTP 处理流程所需的 handler 函数以及所有监听端口。其中，函数 ngx_http_optimize_servers 会对所有配置的 IP 端口进一步解析，并将解析结果存储在 conf->cycle->listening 字段。conf->cycle->listening 是一个数组，后续操作会遍历此数组，以便创建 socket 并监听。

conf->cycle->listening 数组元素类型为 ngx_listening_t，创建 ngx_listening_t 对象时，同时会设置 handler 函数为 ngx_http_init_connection。当接收到客户端的连接请求时，Nginx 会调用此 handler 函数。

那么，何时启动监听呢？在全局搜索关键字 cycle->listening，可以看到 main 方法会调用 ngx_init_cycle。该方法完成了服务器初始化的大部分工作，包括启动监听（ngx_open_listening_sockets）：

```
ngx_int_t ngx_open_listening_sockets(ngx_cycle_t *cycle)
{
    for (i = 0; i < cycle->listening.nelts; i++) {
        s = ngx_socket(ls[i].sockaddr->sa_family, ls[i].type, 0);
        bind(s, ls[i].sockaddr, ls[i].socklen);
        if (listen(s, ls[i].backlog) == -1) {
        }
    }
}
```

假设 Nginx 使用 epoll 处理所有 socket 事件，那么何时将监听事件添加到 epoll 呢？同样可以在全局搜索关键字 cycle->listening，从而找到答案。ngx_event_core_module 模块是事件处理核心模块，初始化此模块时会执行 ngx_event_process_init 函数，从而将监听事件添加到 epoll，核心实现代码如下：

```
static ngx_int_t ngx_event_process_init(ngx_cycle_t *cycle)
{
    ls = cycle->listening.elts;
    for (i = 0; i < cycle->listening.nelts; i++) {
        /* 返回可用连接对象，这里 listening socket 也会占用一个 connection 对象 */
        c = ngx_get_connection(ls[i].fd, cycle->log);
        // 设置读事件处理函数 handler
        rev->handler = (c->type == SOCK_STREAM) ? ngx_event_accept
                                                : ngx_event_recvmsg;
        ngx_add_event(rev, NGX_READ_EVENT, 0);
    }
}
```

📖 **注意** 以上代码均为 ngx_event_process_init 方法的关键实现片段，屏蔽了部分细节逻辑的处理，便于抓大放小，厘清主干信息。

通过上述代码可以看到，Nginx 通过循环遍历 cycle 中的 listening 对象，为每个 socket 设置好事件处理函数 handler 并放入 epoll 对象。这里的事件类型设置为 read 事件。那么，Nginx 要如何将当前的 fd 放入 epoll 对象呢？

可以看到，ngx_add_event 的第一个参数是 event 类型的结构体，该结构体中的 data 元素被赋值为当前的 connection 连接，这样在 ngx_add_event 方法内部就可以获取完整的连接信息，把连接中的 fd 加入 epoll 对象也就是很自然的事情了。连接信息赋值部分在方法 ngx_get_connection 中的关键代码如下：

```
rev->data = c;
wev->data = c;
```

至此，Nginx 完成了将 listening socket 注册到 epoll 事件驱动中。读事件的处理函数为 ngx_event_accept。当客户端发来请求时，Nginx 会调用该回调函数进行处理。

7.2.3　HTTP 会话建立

通过 7.2.2 节的学习，我们知道当客户端发起请求时，事件模型会回调 ngx_event_accept 方法。那么，后续连接到底是怎么建立起来的呢？下面我们重点分析一下 ngx_event_accept 的核心代码逻辑。

我们知道，ngx_event_get_conf 方法可以获取事件的所有配置项。根据传入的事件，我们可以获取 data 属性，而 data 属性的内容就是事件所对应的连接信息，因此我们可以从连接信息中监听 socket 信息。

```
// 获取事件配置项
ecf = ngx_event_get_conf(ngx_cycle->conf_ctx, ngx_event_core_module);
// 获取当前事件所对应的 connection 以及 listening 对象
lc = ev->data;
ls = lc->listening;
```

接着进入 do while 循环，也是核心逻辑，关键操作是接收客户端发起的连接建立请求事件，这里的失败及异常处理逻辑省略。当接收函数返回成功，表示新的 TCP 连接建立成功。Nginx 调用 ngx_get_connection 方法将 socket 对象封装成 connection 对象。

```
s = accept(lc->fd, &sa.sockaddr, &socklen);
/* 获取新的 connection 对象 */
c = ngx_get_connection(s, ev->log);
```

接下来对 connection 对象进行初始化，具体代码如下：

```
c->type = SOCK_STREAM;
/* Nginx 会对每个连接创建对应的内存池 */
c->pool = ngx_create_pool(ls->pool_size, ev->log);
/* 初始化 connection 对象的接收与发送事件 */
c->recv = ngx_recv;
c->send = ngx_send;
rev = c->read;
wev = c->write;
/*
 * 此回调函数用于处理新的连接, handler 函数由 HTTP 框架设置为 ngx_http_init_connection,
 * 这个函数的主要功能是将当前 socket 注册到事件驱动中
 */
ls->handler(c);
```

　　TCP 连接建立成功后,最关键的步骤是对新建立的连接执行回调方法。上述代码调用的是 listening 对象的 handler 方法。从之前的配置文件解析环节,我们知道 ngx_http_block 中的 ngx_http_init_listening 方法会将 handler 方法设置为 ngx_http_init_connection,也就是连接建立后会调用 ngx_http_init_connection 进行连接初始化。这个方法的核心就是把 socket 注册到 epoll 事件处理模型中。

　　下面详细看一下 ngx_http_init_connection 方法的核心实现。

　　1)读事件的回调处理函数设置为 ngx_http_wait_request_handler;

　　2)写事件的回调函数设置为 ngx_http_empty_handler;

　　3)将事件添加到定时器和 epoll 事件处理模型中,等待事件到来。

```
/* 在内存池中申请 HTTP connection 对象 */
hc = ngx_pcalloc(c->pool, sizeof(ngx_http_connection_t));
c->data = hc;// save
/* find the server configuration for the address:port */
port = c->listening->servers;
/* 设置读 / 写事件 handler 回调函数 */
rev = c->read;
rev->handler = ngx_http_wait_request_handler; /* 读事件回调函数 */
c->write->handler = ngx_http_empty_handler; /* 写事件回调函数,
                        /* 没有收到客户端请求前不会主动发送数据 */
/*
 * 将事件添加到定时器和 epoll 事件处理模型中
 * 回调函数都是 ngx_http_wait_request_handler
 */
ngx_add_timer(rev, c->listening->post_accept_timeout);
ngx_reusable_connection(c, 1);
if (ngx_handle_read_event(rev, 0) != NGX_OK) {
    ngx_http_close_connection(c);
    return;
}
}
```

　　HTTP 框架不会在连接建立后直接开始初始化请求,而是先把连接读事件的 handler 方法设置为 ngx_http_wait_request_handler。这就意味着只有当用户在 TCP 连接上真正将数据发送到服务器后,HTTP 模块才会去初始化请求。这个细节的设计体现了 Nginx 对于高性能的考虑。如果客户端建立连接后一直没有数据发送,Nginx 是不会为它分配内存的,这样就减少了内存损耗以及请求占用内存资源的时间。

　　我们后面可能还会多次用到 ngx_http_empty_handler 方法,其实现如下:

```
void ngx_http_empty_handler(ngx_event_t *wev) {
    ngx_log_debug0(NGX_LOG_DEBUG_HTTP, wev->log, 0, "http empty handler");
    return;
}
```

　　当事件处理过程中不需要处理写事件时,我们可以将写事件的 handler 设置为 ngx_

http_empty_handler 方法，这样写事件到来时就不会触发任何操作。

至此，一次 HTTP 会话建立流程就完成了。其核心是初始化 connection 对象以及将通信 socket 加入事件驱动中。当 TCP 连接第一次出现可读事件时，调用 ngx_http_wait_request_handler 方法对请求进行初始化。当完成请求初始化后，该方法将会负责接收并处理完整的 HTTP 请求行。

7.3 HTTP 请求解析

HTTP 请求解析处理流程如图 7-4 所示。

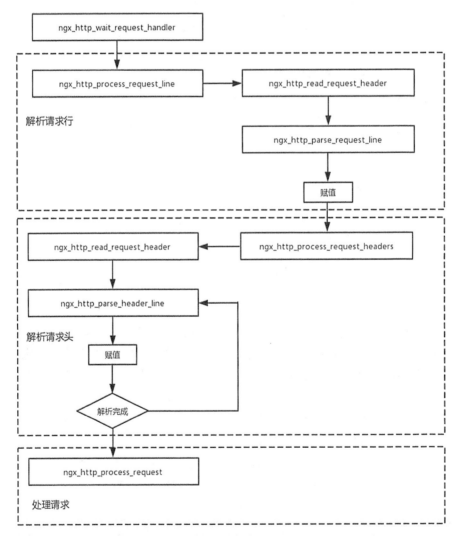

图 7-4 HTTP 请求解析处理流程

> 注意　解析完请求行与请求头后，Nginx 就开始处理 HTTP 请求，而不是等解析完请求体再处理。处理请求体入口函数为 ngx_http_process_request。

7.3.1　基础结构体

结构体 ngx_connection_t 中存储了 socket 连接的相关信息。Nginx 预先创建若干个 ngx_connection_t 结构体，并将其存储在全局变量 ngx_cycle->free_connections 中。我们将该全局变量称为连接池。当新生成 socket 时，Nginx 会尝试从连接池中获取空闲 connection 连接，如果获取失败，则直接关闭此 socket。

指令 worker_connections 用于配置连接池的最大连接数目，配置在 events 配置块中，由 ngx_event_core_module 解析。

```
events {
    use epoll;
    worker_connections  60000;
}
```

当 Nginx 作为 HTTP 服务器时（从用户的角度，在 HTTP 1.1 协议下，浏览器默认使用两个并发连接），最大客户端数目 maxClient=worker_processes × worker_connections / 2。当 Nginx 作为反向代理服务器时，最大客户端数目 maxClient=worker_processes × worker_connections / 4。其中，worker_processes 为用户配置的 Worker 进程数目。

结构体 ngx_connection_t 定义如下：

```
struct ngx_connection_s {
    // 在空闲连接池中，data 指向下一个连接，形成链表；取出来使用时，data 指向
    // ngx_http_request_s 请求结构体
    void                    *data;
    // 读/写事件结构体
    ngx_event_t             *read;
    ngx_event_t             *write;
    ngx_socket_t             fd;            // socket fd
    ngx_recv_pt              recv;          // socket 接收数据函数指针
    ngx_send_pt              send;          // socket 发送数据函数指针
    ngx_buf_t               *buffer;        // 输入缓冲区
    struct sockaddr         *sockaddr;      // 客户端地址
    socklen_t                socklen;
    ngx_listening_t         *listening;     // 监听的 ngx_listening_t 对象
    struct sockaddr         *local_sockaddr;// 本地地址
    socklen_t                local_socklen;
    ......
}
```

这里需要重点关注几个字段。

❑ data：指针为 void 类型，当连接池空闲时，data 指向下一个空闲连接，以此形成链

表；当连接被分配之后，data 指向对应的请求结构体 ngx_http_request_s。

❏ read 和 write：读 / 写事件结构体，类型为 ngx_event_t。在事件结构体中，我们需要重点关注 handler 字段。

❏ recv 和 send：指向 socket 接收和发送数据的函数。

结构体 ngx_http_request_t 存储着整个 HTTP 请求处理流程需要的所有信息，字段非常多，这里只简要说明。

```
struct ngx_http_request_s {
    // 连接
    ngx_connection_t                *connection;
    // 读 / 写事件处理函数 handler
    ngx_http_event_handler_pt       read_event_handler;
    ngx_http_event_handler_pt       write_event_handler;
    // 请求头缓冲区
    ngx_buf_t                       *header_in;
    // 解析后的请求头
    ngx_http_headers_in_t           headers_in;
    // 请求体结构体
    ngx_http_request_body_t         *request_body;
    // 请求行
    ngx_str_t                       request_line;
    // 解析后的若干请求行
    ngx_uint_t                      method;
    ngx_uint_t                      http_version;
    ngx_str_t                       uri;
    ngx_str_t                       args;
    ...
}
```

结构体 ngx_http_request_t 中的核心字段说明如下。

❏ connection：指向底层对应的 ngx_connection_t 连接对象。

❏ read_event_handler 和 write_event_handler：指向 HTTP 请求读 / 写事件处理函数。

❏ headers_in：存储解析后的请求头。

❏ request_body：请求体结构体。

❏ request_line：接收到的请求行。

❏ method 和 http_version：解析后的若干请求行。

请求行与请求体的解析相对简单，这里重点讲述请求头的解析。解析后的请求头信息都存储在 ngx_http_headers_in_t 结构体中。

ngx_http_request.c 文件中包含所有的 HTTP 头部，其存储在 ngx_http_headers_in 数组中。数组的每个元素是一个 ngx_http_header_t 结构体，主要包含 3 个字段：HTTP 头部名称、存储在 ngx_http_headers_in_t 的偏移量以及解析头部的函数。ngx_http_header_t 结构体代码片段如下：

```
ngx_http_header_t  ngx_http_headers_in[] = {
    { ngx_string("Host"), offsetof(ngx_http_headers_in_t, host),
              ngx_http_process_host },
    { ngx_string("Connection"), offsetof(ngx_http_headers_in_t, connection),
              ngx_http_process_connection },
    ......
}
typedef struct {
    ngx_str_t                        name;
    ngx_uint_t                       offset;
    ngx_http_header_handler_pt       handler;
} ngx_http_header_t;
```

解析请求头时，只需从 ngx_http_headers_in 数组中查找请求头 ngx_http_header_t 对象，调用处理函数 handler，并将响应数据存储到 r->headers_in 的对应字段中。以解析 connection 头部为例，ngx_http_process_connection 实现如下：

```
static ngx_int_t ngx_http_process_connection(ngx_http_request_t *r, ngx_table_
    elt_t *h, ngx_uint_t offset)
{
    if (ngx_strcasestrn(h->value.data, "close", 5 - 1)) {
        r->headers_in.connection_type = NGX_HTTP_CONNECTION_CLOSE;

    } else if (ngx_strcasestrn(h->value.data, "keep-alive", 10 - 1)) {
        r->headers_in.connection_type = NGX_HTTP_CONNECTION_KEEP_ALIVE;
    }
    return NGX_OK;
}
```

> **注意**　第二个输入参数类型为 ngx_table_elt_t，存储了当前请求头的键值对信息。

ngx_table_elt_t 结构体的定义如下：

```
typedef struct {
    ngx_uint_t       hash;           // 请求头 key 的 hash 值
    ngx_str_t        key;
    ngx_str_t        value;
    u_char          *lowcase_key;    // 请求头 key 转为小写字符串（HTTP 解析
                                     // 请求头时，key 不区分大小写）
} ngx_table_elt_t;
```

再思考一个问题，从 ngx_http_headers_in 数组中查找请求头对应的 ngx_http_header_t 对象时，每个元素都需要进行字符串比较，效率低下。因此，Nginx 将 ngx_http_headers_in 数组转换为哈希表。哈希表的键即请求头的 key，方法 ngx_http_init_headers_in_hash 实现了数组到哈希表的转换，转换后的哈希表存储在 cmcf->headers_in_hash 字段。

HTTP 模块基础结构体关系示意图如 7-5 所示。

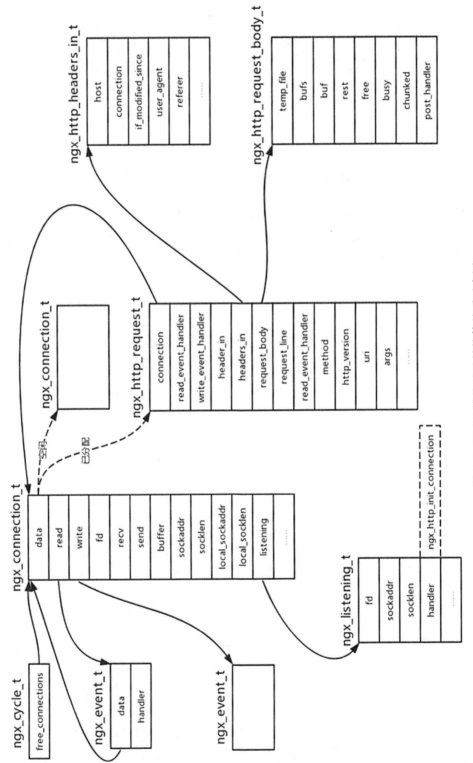

图 7-5 HTTP 模块基础结构关系示意图

7.3.2　接收请求流程

通过 7.2 节的介绍，我们总结出以下几个关键流程。

1）Nginx 启动时会为每一个监听 socket 分配一个连接，且设置连接中的读事件的回调函数为 ngx_event_accept。我们可以对照图 7-6 来查阅 Nginx 源代码。

2）在 Worker 进程的事件循环中，某个进程抢到 accept 锁才会将该读事件挂载到 epoll 事件处理模型中。

3）当用户在浏览器输入请求 URL 后，请求经过域名解析及负载均衡到达某台 Nginx 服务器。Nginx 的事件处理模型接收到读事件请求后，会把请求交给监听事件的 Worker 进程，并调用读事件处理函数 ngx_event_accept。

4）ngx_event_accept 接收到请求后，从连接队列得到一个新连接，并将 fd 注册绑定到 epoll 事件模型中。

5）调用 ngx_http_init_connection 函数初始化该连接结构的其他部分，这里最重要的就是初始化读 / 写事件的回调函数。写事件回调函数为 ngx_http_empty_handler，读事件回调函数为 ngx_http_wait_request_handler。

6）此时，如果 TCP 连接上已经有数据到来，则直接调用 ngx_http_wait_request_handler 函数来处理请求，否则设置一个定时器，等待数据的到来或者超时事件的发生，不管是哪种情况，请求都将接入 ngx_http_wait_request_handler 回调函数。

接下来详细分析 ngx_http_wait_request_handler 函数如何与后面的请求行、请求头处理相关联。ngx_http_wait_request_handler 函数原型如下：

```
static void ngx_http_wait_request_handler(ngx_event_t *ev);
```

该函数的主要工作就是初始化请求，它只有一个 ngx_event_t * 类型的参数。从之前的描述知道，ngx_event_t 结构体中的 data 字段存储的是当前的连接信息。我们从连接信息中可以获取整个连接的完整信息。下面看一下该函数的实现。

1）超时处理。

该函数首先会判断请求事件是否是超时事件，如果是则直接关闭连接并返回；如果不是则表示当前事件之前接收的连接上有请求需要处理，代码实现如下：

```
if (rev->timedout) {
    /* 如果 TCP 连接建立后，client_header_timeout 秒内一直没有收到客户端的数据包，则关闭连接 */
    ngx_log_error(NGX_LOG_INFO, c->log, NGX_ETIMEDOUT, "client timed out");
    ngx_http_close_connection(c);
    return;
}
```

2）接收数据。

接收数据只有一行核心代码，也就是调用连接中的 recv 方法，代码如下：

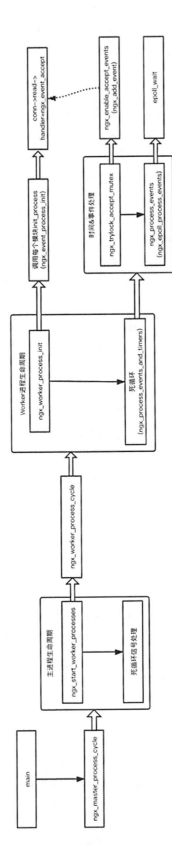

图 7-6　事件初始化的流程

```
n = c->recv(c, b->last, size);
```

代码核心是创建并初始化一段缓冲区，并调用 ngx_unix_recv 函数从 TCP 流将数据读取到缓冲区中。调用 recv 方法，如果 n 返回 NGX_AGAIN，表示还没有数据到来。

3）构造 ngx_http_request_t 结构体。

ngx_http_wait_request_handler 函数会在连接的内存池中为该请求创建一个 ngx_http_request_t 结构体。该结构体用来保存请求所有的信息。可以看到，这个结构体的地址随后会存放到表示 TCP 连接的 ngx_connection_t 结构体的 data 成员中，核心代码调用如下：

```
c->data = ngx_http_create_request(c);
```

4）将读事件回调函数设置为处理请求行。

设置读事件的核心代码如下：

```
rev->handler = ngx_http_process_request_line;
```

这里是将连接的读事件处理函数设置为 ngx_http_process_request_line。该函数用来解析请求行。初始化请求操作只需要执行一次，之后的读事件意味着接收到请求内容，所以一定要对读事件的回调函数进行调整。这里将回调函数设置为 ngx_http_process_request_line，以便接收并解析出完整的 HTTP 请求行。还有一个关键因素，请求行的长度具有不确定性，因此内核套接字缓冲区不一定能存储全部的 HTTP 请求行。

5）执行处理请求行函数。

做完所有初始化工作之后，ngx_http_wait_request_handler 函数会调用读事件处理函数来真正解析客户端发过来的数据，也就是会调用 ngx_http_process_request_line 函数来解析数据。具体在 ngx_http_process_request_line 中的操作是循环调用 recv 函数，从缓冲区中提取数据。注意，ngx_http_process_request_line 函数可能会被调用多次。

调用处理请求行函数的代码如下：

```
ngx_http_process_request_line(rev);
```

总体来说，ngx_http_wait_request_handler 回调函数只会执行一次，用来做请求的初始化，并且在第一次读取客户端发送的数据后，如果再收到客户端的请求数据，不会再调用该函数，而是直接执行 ngx_http_process_request_line 函数。

7.3.3　解析请求行

HTTP 协议中的请求行比较简单，这里我们列一个示例数据方便读者理解后续流程。示例请求行数据如下：

```
GET /admin HTTP/1.1
```

HTTP 协议看起来非常简单，尤其是请求行，但解析请求行并不是那么容易。核心原因是 URL 长度是不确定的。此外,解析过程中涉及 TCP 流的接收和解析,因此解析请求行相对复杂些。接下来看一下 Nginx 是如何解决该问题的,这种高效处理问题的方式值得我们深入学习。

通常情况下,请求行并不会很长。一般场景下,第一次收到的客户端数据可能是完整的请求行,所以 ngx_http_wait_request_handler 函数末尾直接调用 ngx_http_process_request_line 进行处理,但无法保证 recv 方法一定能接收到完整的请求行,因此将写事件回调函数设置为 ngx_http_process_request_line。在该函数内部就可以确定是否已经接收到完整的请求行。

下面学习 ngx_http_process_request_line 函数如何处理请求行。

1)连接信息获取,处理超时事件。

这里我们列出核心代码实现,便于分段理解该函数的处理逻辑。代码片段如下:

```
static void ngx_http_process_request_line(ngx_event_t *rev){
    c = rev->data; // 当前事件对应的连接
    r = c->data; // 当前连接对应的请求
    if (rev->timedout) {
        c->timedout = 1;
        ngx_http_close_request(r, NGX_HTTP_REQUEST_TIME_OUT);
        return;
    }
```

这部分我们已经非常熟悉,即获取连接信息,处理超时事件(仍然是由 nginx.conf 配置文件中的 client_header_timeout 参数指定),如果超时则直接关闭请求 ngx_http_close_request。

2)for 循环处理请求行内容。

代码关键逻辑如下,其中在关键步骤处增加了相应注释。

```
    rc = NGX_AGAIN;
    for ( ;; ) {
        if (rc == NGX_AGAIN) {
            /* 把内核套接字缓冲区的数据复制到 header_in 中 */
            n = ngx_http_read_request_header(r);
            // NGX_AGAIN 表示需要继续接收数据,NGX_ERROR 表示客户端关闭连接或连接错误
            if (n == NGX_AGAIN || n == NGX_ERROR) {
                break;
            }
        }
    // 若 header_in 中有未解析的数据,用状态机解析数据
    // 对读取的请求行进行解析,只有当解析完请求行时才会返回 NGX_OK
    // 当没有解析完请求行但是也没有出错时,返回 NGX_AGAIN;否则返回其他
    rc = ngx_http_parse_request_line(r, r->header_in);
```

可以看出,for 循环内部会从网络中接收 HTTP 报文(对应 ngx_http_read_request_header 函数)。当成功接收报文后,则调用 ngx_http_parse_request_line 进行请求行的解析。这里请求行处理函数 ngx_http_parse_request_line 的返回值有以下几种情况。

①如果 rc 返回 NGX_OK，表示请求行被正确解析，这时先记录好请求行的起始地址以及长度，并将请求 URI 的 path 和参数部分保存在请求结构的 uri 字段中，请求方法起始位置和长度保存在 method_name 字段中，HTTP 版本起始位置和长度保存在 http_protocol 字段中。然后从 uri 字段中解析出参数以及请求资源的拓展名，分别保存在 args 和 exten 字段中。

这里需要注意当请求行解析成功后，还会调用 ngx_http_process_request_uri 函数判断 URI 中是否包含 host，如果是则进一步调用 ngx_http_validate_host 函数判断 host 是否合法，如果合法则根据提取出来的 host 调用 ngx_http_set_virtual_server 函数设置请求描述结构体对应的虚拟主机信息。

接下来解析请求头，先将读事件的回调函数设置为 ngx_http_process_request_headers，然后调用该函数，这同样是因为请求头长度具有不确定性，需要多次循环读取请求头。

```
rev->handler = ngx_http_process_request_headers;
ngx_http_process_request_headers(rev);
```

②如果 rc 返回 NGX_AGAIN，我们需要判断是因为已读数据不足，还是因为缓冲区空间不足。如果是已读数据不足，则直接进行下一次循环继续读取数据；如果是缓冲区大小不足，则调用 ngx_http_alloc_large_header_buffer 函数来分配另一块大缓冲区。如果大缓冲区仍然不能容纳整个请求行，Nginx 会返回 414 错误给客户端，否则分配更大的缓冲区并复制之前的数据，继续调用 ngx_http_read_request_header 函数读取数据后进入请求行自动机处理，直到请求行解析结束。

③如果 rc 返回其他值，则结束请求并向客户端返回错误信息。

```
ngx_http_finalize_request(r, NGX_HTTP_BAD_REQUEST);
```

3）使用 ngx_http_run_posted_requests(c) 处理子请求。

```
ngx_http_run_posted_requests(c);
```

至此，解析请求行的主体代码逻辑已经介绍完毕，但其中涉及的两个重要函数（ngx_http_read_request_header 和 ngx_http_parse_request_line）并没有展开介绍。下面对这两个函数进行重点介绍。

对于 ngx_http_read_request_header 函数，不管是请求行解析还是请求头解析都会被多次调用。由于代码量较少，这里将把该函数内代码完整贴出来（去除调试及日志信息）。

```
static ssize_t ngx_http_read_request_header(ngx_http_request_t *r)
{
    ssize_t                   n;
    ngx_event_t               *rev;
    ngx_connection_t          *c;
    ngx_http_core_srv_conf_t  *cscf;
    c = r->connection;
    rev = c->read;
```

```
n = r->header_in->last - r->header_in->pos;
/* 表示 header_in 中有数据, 不需要从 socket 中获取数据 */
if (n > 0) {
    return n;
}
// 获取报文数据
if (rev->ready) {
    n = c->recv(c, r->header_in->last,
                r->header_in->end - r->header_in->last);
} else {
    n = NGX_AGAIN;
}
if (n == NGX_AGAIN) {
    if (!rev->timer_set) {
        cscf = ngx_http_get_module_srv_conf(r, ngx_http_core_module);
        ngx_add_timer(rev, cscf->client_header_timeout);
    }
    // 加入 epoll 事件处理模型
    if (ngx_handle_read_event(rev, 0) != NGX_OK) {
        ngx_http_close_request(r, NGX_HTTP_INTERNAL_SERVER_ERROR);
        return NGX_ERROR;
    }
    return NGX_AGAIN;
}
if (n == 0 || n == NGX_ERROR) {
    c->error = 1;
    c->log->action = "reading client request headers";
    ngx_http_finalize_request(r, NGX_HTTP_BAD_REQUEST);
    return NGX_ERROR;
}
r->header_in->last += n;
return n;
}
```

不管是读取请求行还是请求头，由于可能需要多次进入 ngx_http_read_request_header 函数，因此该函数首先会检查请求的 header_in 指向的缓冲区是否有数据，如果有则直接返回；否则从 TCP 连接中读取数据并保存在请求的 header_in 指向的缓存区中，而且只要缓冲区空间足够，会一次尽可能多地读数据；如果客户端暂时没有发任何数据过来，则直接返回 NGX_AGAIN。在返回 NGX_AGAIN 之前，该函数还需要做两件事情。

1）设置一个定时器，超时时间默认是 60s。我们可以通过配置文件中的 client_header_timeout 进行设置。如果定时事件到达之前没有任何可读事件，Nginx 将会关闭此请求。

2）调用 ngx_handle_read_event 函数处理读事件，如果该连接还没有在 epoll 事件处理模型中挂载读事件，则将其挂载。

如果 ngx_http_read_request_header 函数读取到数据，会调用 ngx_http_parse_request_line 函数来解析。这个函数看起来很长，实际上是一个有限状态机。按请求行的规范通过状态机进行处理，Nginx 可以得到请求行中的请求方法、请求 URI 及 HTTP 版本。如果缓冲区数据不够，函数会返回 NGX_AGAIN；如果解析请求行过程中没有任何错误，则返回 NGX_OK。当然，如果解析过程中遇到不符合、不满足协议规范的数据，则返回相应错误信息。

```
/* 解析 HTTP 请求行
 * 参数 r：待处理的 HTTP 请求
 * 参数 b：存放请求行内容的缓冲区
 * return：成功解析完整的请求行时，返回 NGX_OK；成功解析部分请求行时，返回 NGX_AGAIN；否则返回其他
 */
ngx_int_t
ngx_http_parse_request_line(ngx_http_request_t *r, ngx_buf_t *b)
{
    u_char   c, ch, *p, *m;
    enum {
        sw_start = 0,              // 初始状态
        sw_method,                // 解析请求方法
        sw_spaces_before_uri,     // 解析 URI 前的多余空格
        sw_schema,                // 解析 schema(http/https)
        sw_schema_slash,          // 解析 <schema>：得到 schema 的第一个 /，
                                  // 然后进入 SW_schema_slash_slash 状态机
        sw_schema_slash_slash,    // sw_schema_slash_slash 状态机得到 schema 的第二个 /，
                                  // 然后进入 SW_host 状态机
        sw_host_start,            // 主机（域名 /IP）开始
        sw_host,                  // 解析主机（域名 /IP）
        sw_host_end,              // 主机（域名 /IP）结束
        sw_host_ip_literal,       // 主机（域名 /IP）不合法
        sw_port,                  // 解析 <schema>://<host>：后紧跟的端口
        sw_host_http_09,          // http0.9 版本的协议的处理，不包含协议版本
        sw_after_slash_in_uri,    // 解析 URL 路径中 / 后的内容
        sw_check_uri,             // 检查 uri 是否符合要求
        sw_check_uri_http_09,     // http0.9 版本检查 uri 是否符合要求
        sw_uri,                   // 解析 uri 结束
        sw_http_09,               // 解析 URL 后紧跟空格后的内容
        sw_http_H,                // 解析协议版本的第二个字符 T
        sw_http_HT,               // 解析协议版本的第三个字符 T
        sw_http_HTT,              // 解析协议版本的第四个字符 P
        sw_http_HTTP,             // 解析协议版本的第五个字符 /
        sw_first_major_digit,     // 解析协议版本的主版本号的第一个数字
        sw_major_digit,           // 解析协议版本的主版本号的第一个数字后的数字
        sw_first_minor_digit,     // 解析协议版本的次版本号的第一个数字
        sw_minor_digit,           // 解析协议版本的次版本号的第一个数字后的数字
        sw_spaces_after_digit,    // 解析协议版本号的空格
        sw_almost_done,           // 解析结束的 \n
    } state;
```

这里的处理并不复杂，但要注意对 HTTP 不同版本的协议的处理：

```
//http 0.9      请求行格式：[请求方法][空格..空格][URL]（空格..空格)(回车符)[换行符]
```

```
// http >= 1.0  请求行格式：[ 请求方法 ][ 空格 .. 空格 ][URL][ 空格 .. 空格 ][ 协议版本 ][ 回车
   符 ][ 换行符 ]
```

我们以请求方法为例来看一下状态机的工作方式，其他部分比较类似，读者可以自行阅读源码研究。

```
// 获取请求 r 的当前状态 state
state = r->state;
for (p = b->pos; p < b->last; p++) {
        ch = *p;
        switch (state) {
        /* HTTP methods: GET, HEAD, POST */
        case sw_start:// 起始状态
            r->request_start = p;
            if (ch == CR || ch == LF) {
                break;
            }
            if ((ch < 'A' || ch > 'Z') && ch != '_' && ch != '-') {
                return NGX_HTTP_PARSE_INVALID_METHOD;
            }
            // 设置 state 为 sw_method, 表示解析请求方法
            state = sw_method;
            break;
        case sw_method:
            if (ch == ' ') {
                // 设置 r->method_end 为 p-1, 记录请求方法的结束位置
                r->method_end = p - 1;
                // 此时, r->request_start 指向的是请求方法的第一个字符
                m = r->request_start;
                switch (p - m) {
                case 3:
                    if (ngx_str3_cmp(m, 'G', 'E', 'T', ' ')) {
                        // 如果请求方法子字符串为 GET
                        r->method = NGX_HTTP_GET;
                        break;
                    }
                    if (ngx_str3_cmp(m, 'P', 'U', 'T', ' ')) {
                        // 如果请求方法子字符串为 PUT
                        r->method = NGX_HTTP_PUT;
                        break;
                    }
                    break;
          …… // 其他代码省略
```

可以看到，在整个解析 HTTP 请求的过程中始终用的是同一块缓存区，只是通过 pos 和 last 成员来指定操作内存，而不是反复复制内存。因为内存复制相对来说是一个性能消耗大的操作，Nginx 通过减少内存复制和回溯大大降低了内存开销。这带来的问题是必须保证后续操作不能修改这段内存空间，如果一定要改，则必须分配一块所需大小的内存并保存其起

始地址。

至此，对 HTTP 请求行的处理就已经完成。我们看到这里连接中的读事件回调方法已经设置为 ngx_http_process_request_headers。接下来将解析 HTTP 请求头。

7.3.4 解析请求头

解析完请求行后，就要开始解析 HTTP 请求头了，也就是要用到 7.3.3 节末尾提到的 ngx_http_process_request_headers 方法。该方法与 ngx_http_process_request_line 方法非常相似，这里先从宏观角度梳理一下解析请求行和请求头的关键流程，如图 7-7 所示。

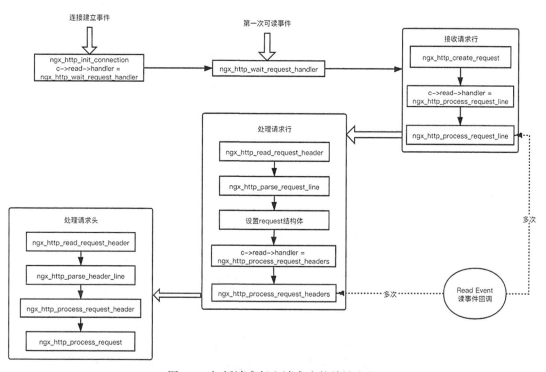

图 7-7 解析请求行和请求头的关键流程

下面介绍 ngx_http_process_request_headers 函数如何处理请求头。可以看到，该处理流程大致也包含三步。

1）获取连接信息，处理超时事件。

ngx_http_process_request_headers 方法对连接的获取、超时时间的处理与 ngx_http_process_request_line 方法非常类似，代码片段如下：

```
static void ngx_http_process_request_headers(ngx_event_t *rev)
{
    c = rev->data;
    r = c->data;
```

```
if (rev->timedout) {
    c->timedout = 1;
    ngx_http_close_request(r, NGX_HTTP_REQUEST_TIME_OUT);
    return;
}
cmcf = ngx_http_get_module_main_conf(r, ngx_http_core_module);
```

这部分代码是定时器和超时事件的处理，与解析 HTTP 请求行是完全一样的，这里不再赘述。

2）for 循环处理请求头内容。

使用 for 循环对请求头的处理流程的代码如下：

```
rc = NGX_AGAIN;
for ( ;; ) {
    if (rc == NGX_AGAIN) {
        if (r->header_in->pos == r->header_in->end) {
            // 说明缓冲区已耗尽，尝试分配更大的缓冲区来存放请求头
            // 特别注意，r->header_in 缓冲区既用来存放请求行，又用来存放请求头
            rv = ngx_http_alloc_large_header_buffer(r, 0);
        }
        // HTTP 请求头的读取方法与请求行的读取方法完全一致
        n = ngx_http_read_request_header(r);
        if (n == NGX_AGAIN || n == NGX_ERROR) {
            break;
        }
    }
}
/* the host header could change the server configuration context */
cscf = ngx_http_get_module_srv_conf(r, ngx_http_core_module);
// 对读取的请求头进行解析，如果解析完请求头的一行，返回 NGX_OK；
// 如果解析完所有请求头，返回 NGX_HTTP_PARSE_HEADER_DONE；
// 如果出错，返回 NGX_HTTP_PARSE_INVALID_HEADER；其他情况返回 NGX_AGAIN，
// 表示需要读取新的请求头内容
rc = ngx_http_parse_header_line(r, r->header_in,
                       cscf->underscores_in_headers);
```

可以发现，解析请求头的逻辑和处理请求行类似，总的流程都是循环调用 ngx_http_read_request_header 函数读取数据，然后调用一个解析函数从读取的数据中解析请求头，直到解析完所有请求头或者发生错误为止。这里请求头处理函数 ngx_http_parse_header_line 的返回值 rc 有 4 种情况，详见表 7-1。

表 7-1 ngx_http_parse_header_line 返回值说明

返回值	解释说明
NGX_OK	当前 header line 解析成功（一个 HTTP 请求中可以有多个 header line）
NGX_HTTP_PARSE_HEADER_DONE	所有 HTTP header 都已经成功解析完毕
NGX_AGAIN	当前 header 没有接收完毕，需要再次接收
NGX_HTTP_PARSE_INVALID_HEADER	解析失败

下面根据表 7-1 详细分析经过状态机解析处理后的 4 种情况。由于后两种情况比较简单，我们先看一下后两种情况的处理逻辑。

①如果 rc 返回 NGX_AGAIN 或者 NGX_HTTP_PARSE_INVALID_HEADER，代码片段如下：

```
if (rc == NGX_AGAIN) {
    /* a header line parsing is still not complete */
    continue;
}
/* rc == NGX_HTTP_PARSE_INVALID_HEADER */
ngx_log_error(NGX_LOG_INFO, c->log, 0,
              "client sent invalid header line");
ngx_http_finalize_request(r, NGX_HTTP_BAD_REQUEST);
break;
```

可以看到，如果返回 NGX_AGAIN，则再次循环接收数据；如果返回 NGX_HTTP_PARSE_INVALID_HEADER，则直接结束 HTTP 请求。

②如果 rc 返回 NGX_OK，则将当前请求头存放在 headers_in 结构体中，代码片段如下：

```
/* a header line has been parsed successfully */
// 从单向链表 r->headers_in.headers 申请一个元素的内存空间 h
h = ngx_list_push(&r->headers_in.headers);
if (h == NULL) {
    ngx_http_close_request(r, NGX_HTTP_INTERNAL_SERVER_ERROR);
    break;
}
// 记录解析的请求头当前行的字段名和对应的值，注意这里不会进行内存复制
h->hash = r->header_hash;
h->key.len = r->header_name_end - r->header_name_start;
h->key.data = r->header_name_start;
h->key.data[h->key.len] = '\0';
h->value.len = r->header_end - r->header_start;
h->value.data = r->header_start;
h->value.data[h->value.len] = '\0
```

这里，r->headers_in.headers 是一个 ngx_list_t 结构体，向其添加元素的顺序是先通过 ngx_list_push 函数返回一个元素（实际上，在 ngx_list_push 中完成了申请内存的工作），再对返回的元素进行赋值。

可以看到，headers_in 用来保存所有请求头，它的类型为 ngx_http_headers_in_t。ngx_http_headers_in_t 结构体的 headers 字段为一个链表结构，用于保存所有请求头。每个节点的类型为 ngx_table_elt_t，保存了请求头的 name 和 value 值对。ngx_http_headers_in_t 结构体有很多类型为 ngx_table_elt_t* 的指针成员，而且从它们的命名可以看出是我们经常用到的一些请求头名字。Nginx 在 ngx_http_headers_in_t 结构体中保存了一份对这些常用的请求

头的引用，方便后续使用。ngx_http_headers_in_t 结构体的定义如下：

```
typedef struct {
    ngx_list_t                      headers;
    ngx_table_elt_t                 *host;
    ngx_table_elt_t                 *connection;
    ngx_table_elt_t                 *user_agent;
    ngx_table_elt_t                 *referer;
    ngx_table_elt_t                 *content_length;
    ngx_table_elt_t                 *content_type;
    ngx_array_t                     cookies;
    ngx_str_t                       server;
    ......
} ngx_http_headers_in_t;
```

源码中还有如下代码，从哈希表中找到 ngx_http_header_t，如果其配置了 handler 头则调用函数处理。但是，这里的 ngx_http_header_t 到底是什么呢？ handler 在哪里配置呢？

```
hh = ngx_hash_find(&cmcf->headers_in_hash, h->hash,h->lowcase_key, h->key.len);
if (hh && hh->handler(r, h, hh->offset) != NGX_OK) {
    break;
}
```

我们可以全局搜索 cmcf->headers_in_hash，发现在 ngx_http_block 中用 ngx_http_headers_in 数组创建了一个哈希表，并将其保存在 ngx_http_core_main_conf_t 的 headers_in_hash 中。从源码中可以看到，ngx_http_headers_in 数组配置了 30 余个常用的请求头，每个请求头都设置了一个处理函数，当解析出一个请求头时，会检查该请求头是否配置了处理函数，如果是则调用。我们以 host 头的处理函数 ngx_http_process_host 为例做简单介绍。ngx_http_headers_in 配置信息如下：

```
ngx_http_header_t   ngx_http_headers_in[] = {
{ ngx_string("Host"), offsetof(ngx_http_headers_in_t, host),
              ngx_http_process_host },
```

ngx_http_process_host 函数会对 host 头的值做一些合法性检查，从中解析出域名并保存在 headers_in.server 字段。事实上，我们在解析请求行阶段就处理过这个字段，headers_in.server 可能已经被赋值为从请求行中解析出来的域名。根据 HTTP 协议的规范，如果请求行中的 URI 带有域名，则域名以它为准。所以，这里需检查一下 headers_in.server 是否为空，如果不为空则不需要赋值。

③如果 rc 返回 NGX_HTTP_PARSE_HEADER_DONE。

该返回值表示所有的请求头都已经成功解析。请求头读取完后，Nginx 将调用 ngx_http_process_request_header 函数来查找 server 配置。当然，调用该函数的前提是请求行解析阶段并没有设置 server 字段值，并对一些请求头做了检查，比如客户端发送请求的 Method 为 TRACE，则直接返回请求错误信息。

接下来，Nginx 设置请求 NGX_HTTP_PROCESS_REQUEST_STATE 宏，同时调用 ngx_http_process_request 方法进入请求处理阶段。关于设置状态的作用，我们将在解析请求体部分解释说明。

3）使用 ngx_http_run_posted_requests(c) 处理子请求。

```
ngx_http_run_posted_requests(c);
```

至此，解析请求头的主体代码逻辑已经介绍完毕，涉及 ngx_http_parse_header_line 的部分并没有展开介绍。下面简单介绍请求头有限状态机的处理部分，处理方法与请求行非常类似。

```
/* 解析 HTTP 请求头
 * 参数 r: 待处理的 HTTP 请求 r
 * 参数 b: 存放请求头的缓冲区 buf
 * 返回: 如果解析完请求头的一行，返回 NGX_OK; 如果解析完整个请求头，返回 NGX_HTTP_PARSE_
 * HEADER_DONE; 如果解析出错，返回 NGX_HTTP_PARSE_INVALID_HEADER; 其他情况返回 NGX_AGAIN,
 * 表示需要读取新的请求头内容
 */
ngx_int_t ngx_http_parse_header_line(ngx_http_request_t *r, ngx_buf_t *b,
    ngx_uint_t allow_underscores)
{
    u_char       c, ch, *p;
    ngx_uint_t   hash, i;
    enum {
        sw_start = 0,              // 初始状态
        sw_name,                   // 解析请求头字段名
        sw_space_before_value,     // 解析请求头字段值前的空格
        sw_value,                  // 解析请求头字段值
        sw_space_after_value,      // 解析请求头字段值后紧跟空格后的空格
        sw_ignore_line,            // 忽略请求头前的无用行
        sw_almost_done,            // 解析标记请求头的行尾的换行符
        sw_header_almost_done,     // 解析标记请求头结束的换行符
    } state;
```

这里我们以设置请求头的 value 值为例来说明，可以看到状态机还是非常简单的，只要按照 HTTP 请求头的协议格式进行解析就好。另外需要注意，在整个解析过程中不涉及字段内存的复制，均是通过指针指向实现。

```
// 当前状态为解析请求头字段值
switch (ch) {
case ' ':
    // 如果当前字符为空格，说明遇到了字段值后紧跟的空格
    // 记录请求头的当前行的结束位置
    r->header_end = p;
    state = sw_space_after_value;
    break;
case CR:
    r->header_end = p;
    state = sw_almost_done;// 表示解析标记请求头的行尾的换行符
```

```
        break;
    case LF:
        r->header_end = p;
        goto done;// 表示解析完请求头的一行
    case '\0':
        return NGX_HTTP_PARSE_INVALID_HEADER;
    }
    break;
```

本节介绍了 Nginx 如何读取客户端发送来的请求头的数据，以及如何解析这些数据。本质上讲，请求行的数据和请求头的数据读取流程基本一致。通常来说，我们知道一个 HTTP 请求包括 3 部分，即请求行、请求头与请求体。看完本节不知道读者是否会疑惑，为什么请求头处理完后，代码中的下一步操作就是调用请求处理函数 ngx_http_process_request，而不是接着读取请求体呢？读者可以带着问题阅读 7.4 节的相关内容。

7.4 HTTP 请求处理

本节首先介绍为什么以及如何进行阶段划分，然后展开介绍每个阶段对 HTTP 请求的处理，最后根据不同的请求，读取或者丢弃 HTTP 请求体。

7.4.1 多阶段划分

Nginx 将 HTTP 请求处理流程分为 11 个阶段，绝大多数 HTTP 模块都会将自己的 handler 函数添加到某个阶段（将 handler 函数添加到全局唯一的数组 phases 中）。Nginx 处理 HTTP 请求时会逐个调用每个阶段的 handler 函数。需要注意的是，其中有 3 个阶段不能添加自定义 handler 函数。HTTP 模块中 11 个阶段定义如下：

```
typedef enum {
    NGX_HTTP_POST_READ_PHASE = 0,
    NGX_HTTP_SERVER_REWRITE_PHASE, // server 块中配置了 rewrite 指令，重写 URL
    NGX_HTTP_FIND_CONFIG_PHASE,    // 查找匹配的 location 配置，不能自定义 handler 函数
    NGX_HTTP_REWRITE_PHASE,        // location 块中配置了 rewrite 指令，重写 URL
    NGX_HTTP_POST_REWRITE_PHASE,   // 检查是否发生了 URL 重写，如果有，
                                   // 重新回到 FIND_CONFIG 阶段；不能自定义 handler 函数
    NGX_HTTP_PREACCESS_PHASE,      // 访问控制，比如限流模块会注册 handler 函数到此阶段
    NGX_HTTP_ACCESS_PHASE,         // 访问权限控制，比如基于 IP 黑白名单的权限控制、
                                   // 基于用户名密码的权限控制等
    NGX_HTTP_POST_ACCESS_PHASE,    // 根据访问权限控制阶段做相应处理，不能自定义 handler 函数；
    NGX_HTTP_PRECONTENT_PHASE,     // 内容预处理阶段，配置了 try_files 指令或者 mirror 指令，
                                   // 才会有此阶段
    NGX_HTTP_CONTENT_PHASE,        // 内容产生阶段，返回响应给客户端
    NGX_HTTP_LOG_PHASE             // 日志记录
} ngx_http_phases;
```

下面对每一个阶段的职责和作用做简单介绍。

- NGX_HTTP_POST_READ_PHASE：ngx_http_realip_module 模块会注册 handler 函数到该阶段（Nginx 作为代理服务器时，该阶段有用，后端以此获取客户端原始 IP），而该模块默认不会开启，需要通过 --with-http_realip_module 启动。
- NGX_HTTP_SERVER_REWRITE_PHASE：server 块中配置了 rewrite 指令时，该阶段会重写 URL。
- NGX_HTTP_FIND_CONFIG_PHASE：查找匹配的 location 配置，该阶段不能自定义 handler 函数。
- NGX_HTTP_REWRITE_PHASE：location 配置块中配置了 rewrite 指令，该阶段会重写 URL。
- NGX_HTTP_POST_REWRITE_PHASE：该阶段会检查是否发生了 URL 重写，如果是则重新回到 FIND_CONFIG 阶段，否则直接进入下一个阶段。该阶段不能自定义 handler 函数。
- NGX_HTTP_PREACCESS_PHASE：访问控制，比如限流模块。ngx_http_limit_req_module 会注册 handler 函数到该阶段。
- NGX_HTTP_ACCESS_PHASE：访问权限控制，比如基于 IP 黑白名单的权限控制、基于用户名密码的权限控制等。
- NGX_HTTP_POST_ACCESS_PHASE：该阶段会根据访问权限控制做相应处理，不能自定义 handler 函数。
- NGX_HTTP_PRECONTENT_PHASE：内容预处理阶段，配置了 try_files 指令或者 mirror 指令，才会有此阶段。
- NGX_HTTP_CONTENT_PHASE：内容产生阶段，返回响应给客户端。gx_http_fastcgi_module 模块应用于该阶段。
- NGX_HTTP_LOG_PHASE：记录日志阶段。

Nginx 使用结构体 ngx_module_s 表示一个模块，其中字段 ctx 是一个指向模块上下文结构体的指针（上下文结构体的字段都是一些函数指针）。Nginx 的 HTTP 模块上下文结构体中的字段 postconfiguration 负责注册本模块的 handler 函数到某个处理阶段。11 个阶段在解析完成 HTTP 配置块指令后初始化。整理流程可以在 ngx_http_block 方法中看到，代码片段如下：

```
static char * ngx_http_block(ngx_conf_t *cf, ngx_command_t *cmd, void *conf)
{
    // 解析 http 配置块
    // 初始化 11 个阶段的 phases 数组，注意多个模块可能注册到同一个阶段，因此 phases 是一个二维数组
    if (ngx_http_init_phases(cf, cmcf) != NGX_OK) {
        return NGX_CONF_ERROR;
    }
    // 遍历所有 HTTP 模块，注册 handler 函数
    for (m = 0; ngx_modules[m]; m++) {
```

```
            if (ngx_modules[m]->type != NGX_HTTP_MODULE) {
                continue;
            }
            module = ngx_modules[m]->ctx;
            if (module->postconfiguration) {
                if (module->postconfiguration(cf) != NGX_OK) {
                    return NGX_CONF_ERROR;
                }
            }
        }
        // 将二维数组转换为一维数组，从而遍历执行数组中所有的 handler 函数
        if (ngx_http_init_phase_handlers(cf, cmcf) != NGX_OK) {
            return NGX_CONF_ERROR;
        }
    }
```

从上述代码中，我们可以得到几个关键结论。

❑ 多个模块可能注册 handler 函数到同一个阶段，因此 phases 是一个二维数组。

❑ for 循环遍历所有 HTTP 模块，并调用 postconfiguration 函数注册 handler 函数到相应阶段。

❑ ngx_http_init_phase_handlers 函数会将二维数组 phases 转换为一维数组，后续遍历执行该数组中所有 handler 函数。

这里以限流模块 ngx_http_limit_req_module 为例来分析 handler 函数的注册过程。postconfiguration 方法简单实现如下：

```
static ngx_int_t ngx_http_limit_req_init(ngx_conf_t *cf)
{
    h = ngx_array_push(&cmcf->phases[NGX_HTTP_PREACCESS_PHASE].handlers);

    *h = ngx_http_limit_req_handler;
    // ngx_http_limit_req_module 模块的限流方法；Nginx 处理 HTTP 请求时，
    // 都会调用此方法判断应该继续执行还是拒绝请求
    return NGX_OK;
}
```

gdb 调试断点到 ngx_http_block 方法执行所有 HTTP 模块注册 handler 之后，打印 phases 数组。

```
p cmcf->phases[*].handlers
p *(ngx_http_handler_pt*)cmcf->phases[*].handlers.elts
```

11 个阶段注册的 handler 函数如图 7-8 所示。

1. 为何划分 11 阶段

首先，将请求的执行逻辑进行细分，并在各阶段按照处理时机定义清晰的执行语义，以便于开发者分辨自己需要开发的模块应该定义在什么阶段。

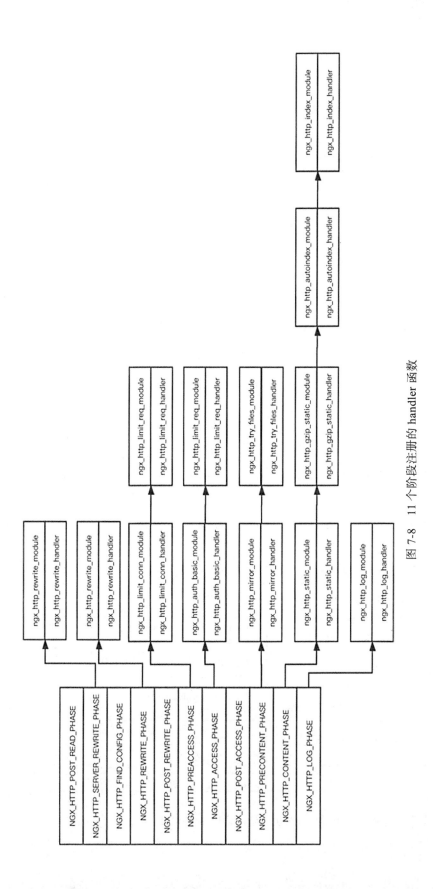

图 7-8　11 个阶段注册的 handler 函数

其次，Nginx 的模块化设计使得每一个 HTTP 模块可以专注于完成一个独立、简单的功能，而一个请求的完整处理过程可以由无数个 HTTP 模块共同合作完成。这种设计简单、可测试性强、可扩展性高。然而，当多个 HTTP 模块流水式地处理同一个请求时，单一的处理顺序是无法满足灵活性需求的。每一个正在处理的 HTTP 模块很难灵活、有效地指定下一个 HTTP 处理模块，因此划分为多个阶段后，每个处理阶段都可以由任意多个 HTTP 模块流水式地处理请求。

最后，多阶段划分可提高并发度。Nginx 允许开发者在处理流程的任意阶段注册模块。在启动阶段，Nginx 会把各个阶段注册的所有模块处理函数按顺序组织成一条执行链。多阶段处理流程就好像一条流水线。一个 Worker 进程可以并发处理处于不同阶段的多个请求。

2. 11 个阶段的定义与职责

Nginx 对 HTTP 模块的 11 个阶段的定义如表 7-2 所示。

表 7-2 HTTP 模块的 11 个阶段的定义

阶段	职责描述
NGX_HTTP_POST_READ_PHASE	接收完请求头之后的第一个阶段，它位于 URI 重写之前，实际上很少有模块会注册在该阶段。默认情况下，该阶段被跳过
NGX_HTTP_SERVER_REWRITE_PHASE	server 级别的 URI 重写阶段，也就是该阶段的执行处于 server 块内、location 块配置外。前面的章节已经说过在读取请求头时，Nginx 会根据 host 及端口找到对应的虚拟主机配置
NGX_HTTP_FIND_CONFIG_PHASE	寻找 location 配置阶段，该阶段使用重写之后的 URI 来查找对应的 location。值得注意的是，该阶段可能会被执行多次，因为可能有 location 级别的重写指令
NGX_HTTP_REWRITE_PHASE	location 级别的 URI 重写阶段，该阶段执行 location 基本的重写指令，也可能会执行多次
NGX_HTTP_POST_REWRITE_PHASE	location 级别重写的后一阶段，用来检查上一阶段是否有 URI 重写，并根据结果跳转到合适的阶段
NGX_HTTP_PREACCESS_PHASE	该阶段在权限控制阶段之前，一般用于访问控制，比如限制访问频率、连接数等
NGX_HTTP_ACCESS_PHASE	访问权限控制阶段，比如基于 IP 黑白名单的权限控制、基于用户名密码的权限控制等
NGX_HTTP_POST_ACCESS_PHASE	访问权限控制的后一阶段，该阶段根据权限控制阶段的执行结果进行相应处理
NGX_HTTP_PRECONTENT_PHASE	内容预处理阶段，配置了 try_files 指令或者 mirror 指令，才会有此阶段
NGX_HTTP_CONTENT_PHASE	内容生成阶段，该阶段产生响应，并发送到客户端
NGX_HTTP_LOG_PHASE	日志记录阶段，该阶段记录访问日志

7.4.3 节将详细阐述每个阶段的实现，这里不再赘述。

7.4.2　11 个阶段初始化

上面提到 HTTP 模块的 11 个处理阶段中 handler 函数存储在 phases 数组，但由于多个模块可能注册 handler 函数到同一个阶段而使 phases 是一个二维数组，因此需要将其转换为一维数组，并存储在 cmcf->phase_engine 字段中。phase_engine 的类型为 ngx_http_phase_engine_t，定义如下：

```
typedef struct {
    ngx_http_phase_handler_t   *handlers;    // 一维数组，存储所有 handler
    /* 记录 NGX_HTTP_SERVER_REWRITE_PHASE 阶段 handler 的索引值 */
    ngx_uint_t                  server_rewrite_index;
    /* 记录 NGX_HTTP_REWRITE_PHASE 阶段 handler 的索引值 */
    ngx_uint_t                  location_rewrite_index;
} ngx_http_phase_engine_t;
 typedef struct ngx_http_phase_handler_s  ngx_http_phase_handler_t;

struct ngx_http_phase_handler_s {
    ngx_http_phase_handler_pt  checker;     // 执行 handler 之前的校验函数
    ngx_http_handler_pt        handler;
    /* 下一个待执行 handler 的索引 (通过 next 指针实现 handler 跳转执行) */
    ngx_uint_t                 next;
};
```

下面详细介绍结构体 ngx_http_phase_engine_t 和 ngx_http_phase_handler_s 中每一个字段的含义与作用。

❑ handler 字段：存储所有 handler 的一维数组。

❑ server_rewrite_index 字段：记录 NGX_HTTP_SERVER_REWRITE_PHASE 阶段 handler 的索引值。

❑ location_rewrite_index 字段：记录 NGX_HTTP_REWRITE_PHASE 阶段 handler 的索引值。

❑ ngx_http_phase_handler_t 结构体中的 checker 字段：执行 handler 之前的校验函数；next 字段为下一个待执行 handler 的索引 (通过 next 实现 handler 跳转执行)。

❑ 数组转换功能由函数 ngx_http_init_phase_handlers 实现。

❑ checker 函数变量只能由 Nginx 框架实现，用户不能修改。

❑ handler 函数可以由用户设置，handler 回调函数只能在 checker 函数中调用。

❑ next 字段指定下一个阶段序号。

Nginx 虽然指定了 11 阶段，但是它允许跳跃执行。

gdb 打印转换后的数组如图 7-9 所示。

图 7-9 中第一列是 checker 字段，第二列是 handler 字段，箭头表示 next 跳转；返回的箭头表示 NGX_HTTP_POST_REWRITE_PHASE 阶段之后可能返回到 NGX_HTTP_FIND_CONFIG_PHASE，原因在于只要 NGX_HTTP_REWRITE_PHASE 阶段产生了 URL 重写，

就需要重新查找匹配的 location。gdb 中打印 phase_engine 中 handlers 的命令如下：

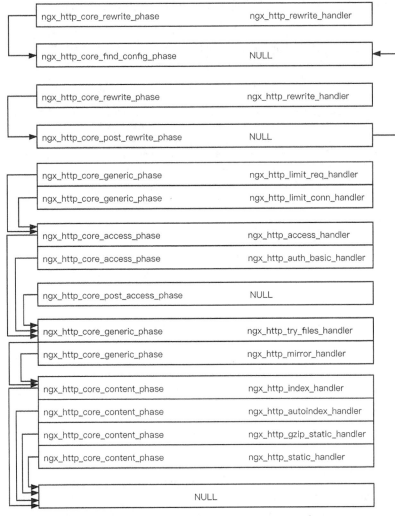

图 7-9　gdb 打印转换后的数组

```
p *((ngx_http_phase_handler_t*)cmcf->phase_engine.handlers)
```

那么，Nginx 如何将 HTTP 模块注入 11 个阶段呢？这里有两种方法。

（1）设置 postconfiguration 回调函数

向全局 ngx_http_core_main_conf_t 结构体的 phase[NGX_HTTP_xx_PHASE] 动态数组中添加 ngx_http_handler_pt 处理方法。以将 access 模块注入 NGX_HTTP_ACCESS_PHASE 阶段为例，源码如下（src/http/modules/ngx_http_access_module.c）：

```
static ngx_int_t ngx_http_access_init(ngx_conf_t *cf)
```

```
{
    ngx_http_handler_pt        *h;
    ngx_http_core_main_conf_t  *cmcf;
    cmcf = ngx_http_conf_get_module_main_conf(cf, ngx_http_core_module);
    //数组中添加 handler，并返回 handler 函数
    h = ngx_array_push(&cmcf->phases[NGX_HTTP_ACCESS_PHASE].handlers);
    if (h == NULL) {
        return NGX_ERROR;
    }
    //真正的 handler 处理函数
    *h = ngx_http_access_handler;

    return NGX_OK;
}
```

（2）设置 ngx_http_core_loc_conf_t 结构体中 handler 回调函数

在 Nginx 中，大部分 HTTP 模块会注入 NGX_HTTP_CONTENT_PHASE 阶段。为了方便，Nginx 在 ngx_http_core_loc_conf_t 中增加了一个回调函数，这种设置回调函数的方式是 NGX_HTTP_CONTENT_PHASE 阶段所独有的。

7.4.3　处理 HTTP 请求

当读取完 HTTP 请求后，Nginx 将进入 ngx_http_process_request 函数正式开始处理 HTTP 请求。下面介绍处理 HTTP 请求的核心流程：

```
Void ngx_http_process_request(ngx_http_request_t *r)
{
    ngx_connection_t  *c;
    c = r->connection;//从请求中获取连接信息
    /* 已经开始处理请求，说明没有发生超时事件，所以要删除定时器 */
    if (c->read->timer_set) {
        ngx_del_timer(c->read);
    }
    //重新设置读/写事件
    c->read->handler = ngx_http_request_handler;
    c->write->handler = ngx_http_request_handler;
    r->read_event_handler = ngx_http_block_reading;
    //调用 Nginx 中所有 HTTP 模块处理当前请求
    ngx_http_handler(r);
}
```

上述代码中的关键点总结如下。

1）由于已经读取完毕 HTTP 请求行以及 HTTP 头数据，此时不再存在接收 HTTP 请求头超时的问题，因此需要将读事件的定时器删除。

2）由于不需要继续读取 HTTP 请求行和请求头，因此重新设置当前连接的读 / 写事件回调函数为 ngx_http_request_handler。

3）为什么设置回调函数为 ngx_http_request_handler？既然已经成功接收到 HTTP 请求行以及请求头，后续再有读事件可能就是接收请求体 body，如果接收 body，只需要 ngx_http_request_handler 处理即可，不需要再调用之前的回调函数。

4）将 ngx_http_request_t 结构体的 read_event_handler 回调函数设置为 ngx_http_block_reading。该函数实际上并不做任何事情。也就是说，在当前 HTTP 请求没有结束之前，即使再有读事件被触发，也不做任何处理，相当于读事件被阻塞了。

接下来的关键步骤是调用 ngx_http_handler 函数。我们详细介绍 ngx_http_handler 函数的流程，核心代码片段如下：

```
void ngx_http_handler(ngx_http_request_t *r)
{
    ngx_http_core_main_conf_t  *cmcf;
    if (!r->internal) {
        //表示当前请求来自客户端，而非内部请求
        r->phase_handler = 0;
        ......
    } else {
        //表示内部请求，例如生成子请求
        cmcf = ngx_http_get_module_main_conf(r, ngx_http_core_module);
        r->phase_handler = cmcf->phase_engine.server_rewrite_index;
    }
    //设置写事件处理函数
    r->write_event_handler = ngx_http_core_run_phases;
    ngx_http_core_run_phases(r); //处理请求
```

简单说明一下上述代码的执行过程。

1）phase_handler 保存着将要执行的 handler 数组中的索引，因此通过修改索引值，可以实现 HTTP 模块处理阶段的跳转，默认从 phase_handler 等于 0 开始执行，也就是从 NGX_HTTP_POST_READ_PHASE 阶段开始。

2）检查 ngx_http_request_t 结构体的 internal 标志位，具体分为以下两种情况。

❑ internal 值为 0，表示不需要重定向，设置 ngx_http_request_t.phase_handler 为 0（表示从 ngx_http_phase_engine_t 指定数组的第一个回调函数开始执行）。

❑ internal 值为 1，表示需要重定向，设置 ngx_http_request_t.phase_handler 为 phase_engine.server_rewrite_index。server_rewrite_index 索引保存的是 handler 数组中 NGX_HTTP_REWRITE_PHASE 处理阶段的第一个 handler 回调函数，意味着无论当前在哪个阶段，都将重新回到 NGX_HTTP_REWRITE_PHASE 阶段执行。这是 Nginx 代码中实现请求重定向的基础。

3）将 ngx_http_request_t.write_event_handler 设置为 ngx_http_core_run_phases。

最后，调用 ngx_http_core_run_phases 函数。

可以看出，HTTP 模块不同阶段处理流程的核心函数是 ngx_http_core_run_phases。其

源代码片段如下：

```
cmcf = ngx_http_get_module_main_conf(r, ngx_http_core_module);
ph = cmcf->phase_engine.handlers;
while (ph[r->phase_handler].checker) {
    //调用 checker 函数，然后再执行 handler 函数
    rc = ph[r->phase_handler].checker(r, &ph[r->phase_handler]);
    if (rc == NGX_OK) {
        return;
    }
}
```

其核心流程如下：

①根据当前 phase_handler 索引，调用 checker（如果存在的话）函数；

②返回值为非 NGX_OK，意味着将继续向下执行 phase_engine 的各处理函数；

③返回值为 NGX_OK，意味着控制权交还给 Nginx 的 Event 模块，待被 I/O 事件唤醒后触发调用。

从上面的描述不难看出，11 个阶段中每个阶段对应的 checker 函数是 Nginx 执行 handler 的关键。11 个阶段对应的 checker 函数如表 7-3 所示。

表 7-3 11 个阶段对应的 checker 函数

HTTP 阶段	checker 函数
NGX_HTTP_POST_READ_PHASE	ngx_http_core_generic_phase
NGX_HTTP_SERVER_REWRITE_PHASE	ngx_http_core_rewrite_phase
NGX_HTTP_FIND_CONFIG_PHASE	ngx_http_core_find_config_phase
NGX_HTTP_REWRITE_PHASE	ngx_http_core_rewrite_phase
NGX_HTTP_POST_REWRITE_PHASE	ngx_http_core_post_rewrite_phase
NGX_HTTP_PREACCESS_PHASE	ngx_http_core_generic_phase
NGX_HTTP_ACCESS_PHASE	ngx_http_core_access_phase
NGX_HTTP_POST_ACCESS_PHASE	ngx_http_core_post_access_phase
NGX_HTTP_PRECONTENT_PHASE	ngx_http_core_generic_phase
NGX_HTTP_CONTENT_PHASE	ngx_http_core_content_phase
NGX_HTTP_LOG_PHASE	ngx_http_core_generic_phase

接下来详细讨论 11 个阶段中每个阶段的具体实现逻辑，以便于读者进一步理解 Nginx 的阶段划分和高可扩展性。

1. POST_READ 阶段

任何需要在接收完请求 HTTP 头之后添加处理的模块都可以放到该阶段。realip 模块在该阶段用于获取客户端的真实 IP 地址。

本阶段的 checker 函数是 ngx_http_core_generic_phase，该函数也是 NGX_HTTP_POST_READ_PHA、NGX_HTTP_PREACCESS_PHASE、NGX_HTTP_PRECONTENT_

PHASE、NGX_HTTP_LOG_PHASE 这 4 个阶段的 checker 函数。根据调用 handler 函数的返回值，我们发现有以下处理方式。

- ❑ 返回 NGX_OK：执行下一个 HTTP 阶段的 handler 函数，跳过本阶段的下一个 handler 函数。
- ❑ 返回 NGX_DECLINED：按照注册顺序执行本阶段的下一个 handler 函数。
- ❑ 返回 NGX_AGAIN：当前阶段的 handler 函数尚未处理结束，将控制权返给 Event 模块，待下一次事件触发后被调用。
- ❑ 返回 NGX_DONE：同 NGX_AGAIN。
- ❑ 返回 NGX_ERROR：调用 ngx_http_finalize_request 结束请求。

ngx_http_core_generic_phaser 的代码实现如下，核心是根据不同的 rc 返回值决定调用的 checker 方法。

```
ngx_int_t ngx_http_core_generic_phase(ngx_http_request_t *r, ngx_http_phase_
    handler_t *ph)
{
    ngx_int_t   rc;
    rc = ph->handler(r);
    // phase 处理完毕，将 r->phase_handler 指向下一个 phase 数组中的第一个 handler 函数
if (rc == NGX_OK) {
        r->phase_handler = ph->next;
        return NGX_AGAIN;
    }
    // handler 函数因某种原因没有执行，继续执行本阶段的其他 handler 函数
    if (rc == NGX_DECLINED) {
        r->phase_handler++;
        return NGX_AGAIN;
    }
    // 请求处理完毕
    if (rc == NGX_AGAIN || rc == NGX_DONE) {
        return NGX_OK;
    }
    // 发生错误，则结束请求
    ngx_http_finalize_request(r, rc);
    return NGX_OK;
}
```

通过在源代码中搜索 NGX_HTTP_POST_READ_PHASE，我们可以发现当前只有 ngx_http_realip_module 模块注册在当前阶段，且模块的 postconfiguration 参数配置为 ngx_http_realip_init。我们简单分析一下 ngx_http_realip_init，代码片段如下：

```
static ngx_int_t ngx_http_realip_init(ngx_conf_t *cf)
{
    ngx_http_handler_pt        *h;
    ngx_http_core_main_conf_t  *cmcf;
    cmcf = ngx_http_conf_get_module_main_conf(cf, ngx_http_core_module);
```

```
// 将当前模块注册到 NGX_HTTP_POST_READ_PHASE 阶段
h = ngx_array_push(&cmcf->phases[NGX_HTTP_POST_READ_PHASE].handlers);
if (h == NULL) {
    return NGX_ERROR;
}
*h = ngx_http_realip_handler;
// 将当前模块注册到 NGX_HTTP_PREACCESS_PHASE 阶段
h = ngx_array_push(&cmcf->phases[NGX_HTTP_PREACCESS_PHASE].handlers);
if (h == NULL) {
    return NGX_ERROR;
}
*h = ngx_http_realip_handler;
return NGX_OK;
}
```

可以发现，realip 模块同时注册到 NGX_HTTP_POST_READ_PHASE 和 NGX_HTTP_PREACCESS_PHASE 阶段，所以一个模块是可以注册到多个阶段的。

该阶段中可添加自定义 HTTP 模块。

2. SERVER_REWRITE 阶段

该阶段是 server 级别的 URI 重写阶段。在使用 URI 匹配 location 配置之前，可修改 URI 以便于重定向。

本阶段的 checker 函数为 ngx_http_core_rewrite_phase，该函数也是 NGX_HTTP_SERVER_REWRITE_PHASE 和 NGX_HTTP_REWRITE_PHASE 阶段的 checker 函数。根据 handler 函数的返回值，我们有以下几种处理方法。

1）返回 NGX_DECLINED：递增 phase_handler 变量到下一个回调方法，并且返回 NGX_AGAIN。因为返回的不是 NGX_OK，HTTP 模块不会把控制权返回给事件框架，而是马上执行下一个 handler。

2）返回 NGX_DONE：意味着 handler 无法在一次调度中继续处理，此时返回 NGX_OK，等待被事件框架唤醒再执行。

3）其他情况：调用 ngx_http_finalize_request 结束请求。

可以看到，ngx_http_core_rewrite_phase 方法与 ngx_http_core_generic_phase 方法区别还是很大的。这个阶段不会出现返回值，使得请求直接跳到下一个阶段执行。因为许多 HTTP 模块在 NGX_HTTP_SERVER_REWRITE_PHASE 和 NGX_HTTP_REWRITE_PHASE 阶段会同时处理 URL 重写，这两个阶段的 HTTP 模块地位是完全平等的。

通过在源代码中搜索 NGX_HTTP_SERVER_REWRITE_PHASE，我们可以发现当前只有 ngx_http_rewrite_module 模块注册在当前阶段，且模块的 postconfiguration 参数配置为 ngx_http_rewrite_init。我们简单分析下该函数，代码片段如下：

```
static ngx_int_t ngx_http_rewrite_init(ngx_conf_t *cf)
{
```

```
ngx_http_handler_pt          *h;
ngx_http_core_main_conf_t    *cmcf;
cmcf = ngx_http_conf_get_module_main_conf(cf, ngx_http_core_module);
// 将当前模块注册到 NGX_HTTP_SERVER_REWRITE_PHASE 阶段
h = ngx_array_push(&cmcf->phases[NGX_HTTP_SERVER_REWRITE_PHASE].handlers);
if (h == NULL) {
    return NGX_ERROR;
}
*h = ngx_http_rewrite_handler;// 设置函数指针
// 将当前模块注册到 NGX_HTTP_REWRITE_PHASE 阶段
h = ngx_array_push(&cmcf->phases[NGX_HTTP_REWRITE_PHASE].handlers);
if (h == NULL) {
    return NGX_ERROR;
}
*h = ngx_http_rewrite_handler;
return NGX_OK;
}
```

可以发现，rewrite 模块同时注册到 NGX_HTTP_SERVER_REWRITE_PHASE 和 NGX_HTTP_REWRITE_PHASE 阶段，处理函数均为 ngx_http_rewrite_handler。

该阶段中可添加自定义 HTTP 模块。

3. FIND_CONFIG 阶段

顾名思义，FIND_CONFIG 阶段就是寻找配置阶段，具体就是根据 URI 查找 location 配置。

本阶段的 checker 函数为 ngx_http_core_find_config_phase，该方法实际上是根据 SERVER_REWRITE 阶段重写后的 URI 找到匹配的 location 配置块。我们具体看一下 ngx_http_core_find_config_phase 函数的实现：

```
ngx_int_t ngx_http_core_find_config_phase(ngx_http_request_t *r,
    ngx_http_phase_handler_t *ph)
{
    r->content_handler = NULL;
    r->uri_changed = 0;
    // 根据 URI 查找 location，先静态查找，再正则匹配
    rc = ngx_http_core_find_location(r);
    clcf = ngx_http_get_module_loc_conf(r, ngx_http_core_module);
    // 非内部请求访问内部 location 是非法的
    if (!r->internal && clcf->internal) {
        ngx_http_finalize_request(r, NGX_HTTP_NOT_FOUND);
        return NGX_OK;
    }
    // 根据匹配的 location 设置 request 的属性
    ngx_http_update_location_config(r);
    // 判断请求内容大小是否超过限制
    if (r->headers_in.content_length_n != -1 && !r->discard_body && clcf->client_
        max_body_size && clcf->client_max_body_size < r->headers_in.content_length_n)
    {
```

```
        ······// 省略部分非关键流程代码
        ngx_http_finalize_request(r, NGX_HTTP_REQUEST_ENTITY_TOO_LARGE);
        return NGX_OK;
    }
    // 处理重定向
    if (rc == NGX_DONE) {
        r->headers_out.location->hash = 1;
        ngx_str_set(&r->headers_out.location->key, "Location");
        ······// 省略部分非关键流程代码
        ngx_http_finalize_request(r, NGX_HTTP_MOVED_PERMANENTLY);
        return NGX_OK;
    }
    // 执行 rewrite 阶段的 handler
    r->phase_handler++;
    return NGX_AGAIN;
}
```

注意，找到 location 配置后，Nginx 调用 ngx_http_update_location_config 函数来更新请求相关配置，其中最重要的是更新请求的 content handler。不同的 location 配置可以有自己的 content handler。

最后，因为有 REWRITE_PHASE 的存在，FIND_CONFIG 阶段的 checker 函数可能会被执行多次。当 URI 重写成功后，修改 URI 参数，此时需要重新匹配 location 配置，这也是 find_config_index 存在的必要性。当 URI 被修改后，程序重新跳至 find_config 阶段执行。

该阶段中不可添加自定义 HTTP 模块。

4. REWRITE 阶段

当定位检索到 location 配置后，我们还有机会再次用 rewrite 模块重写 URI，而这就是 REWRITE 阶段要做的事情。该阶段是 location 级别的重写。

该阶段的 checker 函数和 SERVER_REWRITE 阶段中的 checker 函数是同一个，而且 rewrite 模块在这两个阶段注册的是同一个 handler 函数，只不过 SERVER_REWRITE 阶段是 server 级别的重写，而 REWRITE 阶段是 location 级别的重写，二者执行时机不一样。SERVER_REWRITE 阶段执行之后是 FIND_CONFIG 阶段，REWRITE 阶段执行之后是 POST_REWRITE 阶段。

该阶段对应的 checker 函数为 ngx_http_core_rewrite_phase，代码实现片段如下：

```
ngx_int_t ngx_http_core_rewrite_phase(ngx_http_request_t *r, ngx_http_phase_
    handler_t *ph)
{
    ngx_int_t  rc;
    rc = ph->handler(r);
    // 继续处理本阶段的 handler 函数
    if (rc == NGX_DECLINED) {
        r->phase_handler++;
        return NGX_AGAIN;
```

```
    }
    // 请求处理完毕
    if (rc == NGX_DONE) {
        return NGX_OK;
    }
    // 返回 NGX_OK、NGX_AGAIN、NGX_ERROR，则结束请求
    ngx_http_finalize_request(r, rc);
    return NGX_OK;
}
```

该 checker 函数逻辑很简单，就是执行相应的 handler 函数。由于 phase_handler 执行流程的跳转是在 POST_REWRITE 阶段完成的，因此这里只需要将 r->phase_handler++ 按顺序遍历，并执行其后的 handler 函数即可。

该阶段中可添加自定义 HTTP 模块。

5. POST_REWRITE 阶段

该阶段是 location 级别重写的后一阶段，用来检查上一阶段是否有 URI 重写，并根据结果跳转到合适的阶段。

这个阶段的 checker 函数为 ngx_http_core_post_rewrite_phase，其主要做了 3 件事情。

1）检查上一阶段的 URI 是否重写。如果没有重写，直接进入下一阶段，代码片段如下：

```
// uri_changed 标志位表示 URI 是否被重写
if (!r->uri_changed) {
    // post rewrite 只有一个 handler 函数，跳到下一个阶段继续执行
    r->phase_handler++;
    return NGX_AGAIN;
}
```

2）校验重写次数。Nginx 对 URI 重写次数做了限制，默认是 10 次。

```
    r->uri_changes--;
    // 校验是否被重写了多次，uri_changes 初始值为 11，所以最多可以重写 10 次
    if (r->uri_changes == 0) {
        ngx_http_finalize_request(r, NGX_HTTP_INTERNAL_SERVER_ERROR);
        return NGX_OK;
    }
```

3）跳转到 FIND_CONFIG 阶段重新执行。如果 URI 重写，利用 next 属性跳转到 FIND_CONFIG 阶段重新执行。

```
    r->phase_handler = ph->next;
    // server rewrite 可能会改变 server config，要对 r->loc_conf 重新赋值
    cscf = ngx_http_get_module_srv_conf(r, ngx_http_core_module);
    r->loc_conf = cscf->ctx->loc_conf;
```

该阶段中不可添加自定义 HTTP 模块。

6. PREACCESS 阶段

该阶段在权限控制阶段之前，一般用于访问控制，比如限制访问频率、连接数等。

PREACCESS 阶 段 的 checker 函 数 为 ngx_http_core_generic_phase， 我 们 在 POST_REWRITE 阶段已经详细分析过该函数，这里不再赘述。

通过在源代码中搜索 ngx_http_preaccess_phase，可以看到当前有 4 个模块在该阶段注册 handler 函数，比 如 常 用 的 ngx_http_limit_conn_module、ngx_http_limit_req_module 模块。我们以 ngx_http_limit_conn_module 模块为例来说明限流模块的注册过程，具体代码如下所示。

```
static ngx_int_t ngx_http_limit_conn_init(ngx_conf_t *cf)
{
    ngx_http_handler_pt        *h;
    ngx_http_core_main_conf_t  *cmcf;
    cmcf = ngx_http_conf_get_module_main_conf(cf, ngx_http_core_module);
    // 将当前模块注册到 NGX_HTTP_PREACCESS_PHASE 阶段
    h = ngx_array_push(&cmcf->phases[NGX_HTTP_PREACCESS_PHASE].handlers);
    if (h == NULL) {
        return NGX_ERROR;
    }
    *h = ngx_http_limit_conn_handler;
    return NGX_OK;
}
```

进入 PREACCESS 阶段则表明已经确定了需要执行的 location 配置（如果 server 块中没有任何 location 配置，则可能是 server 块在配置中），接下来一般做资源控制，如控制连接数量、请求速率等。

该阶段中可添加自定义 HTTP 模块。

7. ACCESS 阶段

该阶段是访问权限控制阶段，比如基于 IP 黑白名单的权限控制、基于用户名密码的权限控制等。默认情况下，Nginx 的 ngx_http_access_module 和 ngx_http_auth_basic_module 模块分别会在该阶段注册一个 handler 函数。

ACCESS 阶段的 checker 函数是 ngx_http_core_access_phase，其主要用于检测当前请求是否合法。

根据本阶段 handler 函数的不同返回值，可分为以下几种处理情况。

❑ 返回 NGX_OK：如果 satisfy 配置项为 satisfy all，将按照顺序执行下一个 ngx_http_handler_pt 方法；如果 satisfy 配置项为 satisfy any，将执行下一个 ngx_http_phase 阶段的第一个 ngx_http_handler_pt 方法。

❑ 返回 NGX_DECLINED：按照顺序执行下一个 ngx_http_handler_pt 方法。

❑ 返回 NGX_AGAIN 和 NGX_DONE：当前的 ngx_http_handler_pt 方法尚未结束，等

待再次被调用。

❑ 返回 NGX_HTTP_FORBIDDEN：如果 satisfy 配置项为 satisfy any，将 ngx_http_ request_t 中的 access_code 成员设置为返回值，并按照顺序执行下一个 ngx_http_ handler_pt 处理方法；如果 satisfy 配置项为 satisfy all，调用 ngx_http_finalize_ request 结束请求。

ngx_http_core_access_phase 的核心代码片段如下：

```
ngx_int_t ngx_http_core_access_phase(ngx_http_request_t  *r, ngx_http_phase_
    handler_t *ph)
{
  ngx_int_t                    rc;
  ngx_http_core_loc_conf_t  *clcf;
  if (r != r->main) {
    // 表示当前请求只是派生出来的子请求
    r->phase_handler = ph->next;
    return NGX_AGAIN;
  }
  rc = ph->handler(r);
  // 执行下一个 handler
  if (rc == NGX_DECLINED) {
    r->phase_handler++;
    return NGX_AGAIN;
  }
  // 当前阶段没有执行完毕，等待下次调度执行
  if (rc == NGX_AGAIN || rc == NGX_DONE) {
    return NGX_OK;
  }
  // 找到匹配的 location 模块
  clcf = ngx_http_get_module_loc_conf(r, ngx_http_core_module);
  if (clcf->satisfy == NGX_HTTP_SATISFY_ALL) {
      // 表示 Nginx 配置文件中配置了 satisfy all 参数

    if (rc == NGX_OK) {
      // 当前模块返回 NGX_OK，继续调用下一个模块，并查询该模块是否满足要求
      r->phase_handler++;
      return NGX_AGAIN;
    }
  } else {
// 配置了 satisfy any，satisfy any 不要求所有 NGX_HTTP_ACCESS_PHASE 阶段的模块都通过请求，
// 只要有一个符合即可
    if (rc == NGX_OK) {
      // 该模块有访问权限，指向下一个 handler 函数
      r->access_code = 0;
      r->phase_handler = ph->next;
      return NGX_AGAIN;
    }
    // 该模块没有访问权限
    if (rc == NGX_HTTP_FORBIDDEN || rc == NGX_HTTP_UNAUTHORIZED) {
```

```
        if (r->access_code != NGX_HTTP_UNAUTHORIZED) {
            r->access_code = rc;
        }
        r->phase_handler++;// 继续判断下一个模块的 handler 函数
        return NGX_AGAIN;
    }
}
// 请求出错，则结束这次请求
ngx_http_finalize_request(r, rc);
return NGX_OK;
}
```

> **注意** ACCESS 阶段只判断模块是否有访问权限，请求处理是在 POST_ACCESS 阶段完成的。ACCESS 阶段的 handler 函数中设置的 access_code 会传递给 POST_ACCESS 阶段的 handler 函数，由它处理最终的响应结果。

该阶段中可添加自定义 HTTP 模块。

8. POST_ACCESS 阶段

该阶段是访问权限控制的最后一个阶段，会根据 ACCESS 阶段的执行结果进行相应处理。POST_ACCESS 阶段只能处理上一阶段的结果，不能自定义 handler 函数。

POST_ACCESS 阶段的 checker 函数是 ngx_http_core_post_access_phase，该函数的核心实现如下：

```
ngx_int_t ngx_http_core_post_access_phase(ngx_http_request_t *r,
    ngx_http_phase_handler_t *ph)
{
    ngx_int_t  access_code;
    access_code = r->access_code;
    // 设置了 access_code，说明没有权限则结束请求
    if (access_code) {
        r->access_code = 0;
        ngx_http_finalize_request(r, access_code);
        return NGX_OK;
    }
    // 跳到下一个 handler
    r->phase_handler++;
    return NGX_AGAIN;
}
```

该阶段的工作很简单，就是根据 access_code 做不同的处理。如果 ACCESS 阶段返回 NGX_HTTP_FORBIDDEN 或 NGX_HTTP_UNAUTHORIZED（记录在 r->access_code 字段），该阶段会结束请求处理，否则跳到下一个 handler 函数处理。

该阶段中不可添加自定义 HTTP 模块。

9. PRECONTENT 阶段

NGX_HTTP_PRECONTENT_PHASE 是内容预处理阶段。截至目前，当配置了 try_files 指令或者 mirror 指令，才会有此阶段。

该阶段的 checker 函数同样为 ngx_http_core_generic_phase，这里不再赘述。

通过源代码搜索 NGX_HTTP_PRECONTENT_PHASE，可以看到当前有两个模块向该阶段注册 handler 函数，分别是 ngx_http_mirror_module 模块和 ngx_http_try_files_module 模块。我们以 ngx_http_try_files_module 模块为例来看一下向模块注册 handler 函数的过程，具体代码实现如下：

```
static ngx_int_t ngx_http_try_files_init(ngx_conf_t *cf)
{
    ngx_http_handler_pt        *h;
    ngx_http_core_main_conf_t  *cmcf;
    cmcf = ngx_http_conf_get_module_main_conf(cf, ngx_http_core_module);
    // 将当前模块注册到 NGX_HTTP_PRECONTENT_PHASE 阶段
    h = ngx_array_push(&cmcf->phases[NGX_HTTP_PRECONTENT_PHASE].handlers);
    if (h == NULL) {
        return NGX_ERROR;
    }
    *h = ngx_http_try_files_handler;
    return NGX_OK;
}
```

ngx_http_try_files_handler 的源码核心包括以下两点。

1）配置 try_files 指令时，该函数生效。

从代码实现中可以看到，如果没有配置 try_files 则直接返回 NGX_DECLINED，代码片段如下：

```
tlcf = ngx_http_get_module_loc_conf(r, ngx_http_try_files_module);
if (tlcf->try_files == NULL) {
        return NGX_DECLINED;
    }
```

2）遍历检查指定的一个或者多个文件或目录是否存在。如果存在，则退出该阶段继续执行下面的阶段，否则内部重定向到最后一个参数指定的 location 配置或者指定的返回码。源码虽然比较长，但逻辑比较简单，这里不再赘述。

该阶段中可添加自定义 HTTP 模块。

10. CONTENT 阶段

CONTENT 是 HTTP 请求处理的第 10 个阶段，可以说是整个执行链中最重要的阶段。请求从这里开始执行业务逻辑并产生响应，一般情况下有 4 个模块在此阶段注册了 handler 函数，分别是 ngx_http_gzip_static_module、ngx_http_static_module、ngx_http_autoindex_module 和 ngx_http_index_module。

但是，当我们配置了 proxy_pass 和 fastcgi_pass，情况会有所不同。使用 proxy_pass 配置时，ngx_http_proxy_module 模块会设置其处理函数到配置类 conf；使用 fastcgi_pass 配置时，ngx_http_fastcgi_module 会设置其处理函数到配置类 conf。以 ngx_http_fastcgi_module 的处理函数 ngx_http_fastcgi_pass 为例，其代码实现如下：

```
static char * ngx_http_fastcgi_pass(ngx_conf_t *cf, ngx_command_t *cmd, void
    *conf)
{
    ngx_http_core_loc_conf_t   *clcf;
    clcf = ngx_http_conf_get_module_loc_conf(cf, ngx_http_core_module);

    clcf->handler = ngx_http_fastcgi_handler;
}
```

在 NGX_HTTP_FIND_CONFIG_PHASE 阶段查找匹配的 location 配置，并获取 ngx_http_core_loc_conf_t 对象，将其 handler 赋值给 ngx_http_request_t 对象的 handler 字段（内容产生阶段处理函数）。

内容生产阶段的 checker 函数执行时会执行 content_handler 指向的函数，查看 ngx_http_core_content_phase 函数实现（内容产生阶段的 checker 函数），代码片段如下：

```
ngx_int_t ngx_http_core_content_phase(ngx_http_request_t *r,
    ngx_http_phase_handler_t *ph)
{
    // 如果请求对象的 content_handler 字段不为空，则调用
    if (r->content_handler) {
        r->write_event_handler = ngx_http_request_empty_handler;
        ngx_http_finalize_request(r, r->content_handler(r));
        return NGX_OK;
    }
    rc = ph->handler(r);   // 否则执行内容产生阶段 handler
}
```

如果 location 配置设置了 handler 函数（也就是 content handler），则只会执行该 handler 函数，而不会执行其他的 handler 函数。我们编写的模块大部分是在该阶段执行的。

该阶段中可添加自定义 HTTP 模块。

11. LOG 阶段

NGX_HTTP_LOG_PHASE 阶段是 11 个阶段中的最后一个，主要用来记录日志。和之前阶段明显的不同点在于，首先它是在 ngx_http_free_request 中实现的，不像其他阶段是在 ngx_http_core_run_phases 函数中执行的；其次该阶段所有的 handler 函数都会执行，因此不用关心每个 handler 函数的返回值。

该阶段之所以在 ngx_http_free_request 函数中运行，主要是因为 ngx_http_core_run_phases 可能会被执行多次，在 LOG 阶段只需要在请求逻辑都结束时运行一次即可，所以在

ngx_http_free_request 函数中运行 LOG 阶段的 handler 函数是最佳选择。具体的执行函数为
ngx_http_log_request。我们来看看该函数的具体实现,代码片段如下。

```
static void ngx_http_log_request(ngx_http_request_t *r)
{
    ngx_uint_t                i, n;
    ngx_http_handler_pt       *log_handler;
    ngx_http_core_main_conf_t *cmcf;
    cmcf = ngx_http_get_module_main_conf(r, ngx_http_core_module);
    // 获取所有注册到 NGX_HTTP_LOG_PHASE 阶段的 handler 函数
    log_handler = cmcf->phases[NGX_HTTP_LOG_PHASE].handlers.elts;
    n = cmcf->phases[NGX_HTTP_LOG_PHASE].handlers.nelts;
    for (i = 0; i < n; i++) {
        log_handler[i](r);// 依次执行 handler 函数即可
    }
}
```

代码逻辑其实非常简单,仅仅是依次遍历 LOG 阶段的 handler 函数,不会对返回值做
任何处理。

该阶段中可添加自定义 HTTP 模块。

以上 11 个阶段中,有些阶段是可以添加自定义 HTTP 模块的,有些阶段则只能由
HTTP 模块来执行,无法注入自定义模块。允许注入自定义模块的阶段是我们要重点关注
的。当多个 HTTP 模块同时注入时,Nginx 会按照各个 HTTP 模块的 ctx_index 顺序执行这
些模块的 handler 函数。其中,ngx_http_find_config_phase、nginx_http_post_rewrite_phase、
nginx_http_post_access_phase 不允许 HTTP 模块加入自己的 ngx_http_handler 函数处理用户
请求。

通过以上 11 个阶段的实现,我们知道 handler 函数的返回值非常重要。它决定了
下一步处理方式,会影响到处理阶段的顺序。下面对 handler 函数的返回值做一个简单
总结。

❑ 返回 NGX_OK:表示该阶段已经处理完成,需要转入下一个阶段。

❑ 返回 NG_DECLINED:表示需要转入本阶段的下一个 handler 函数继续处理。

❑ 返回 NGX_AGAIN、NGX_DONE:表示需要等待某个事件发生才能继续处理,当等
待的事件发生之后再继续执行该 handler。

❑ 返回 NGX_ERROR:表示发生了错误,需要结束该请求。

正因为 checker 函数依赖于 handler 函数的返回值,因此在模块开发过程中一定要谨慎
对待 handler 函数的返回值,防止出现不符合逻辑的 bug。

到这里为止,Nginx 请求处理的 11 个阶段中各个阶段的 checker 与 handler 函数都已经
介绍完毕。熟练掌握每个阶段的执行时机以及特点,对我们编写第三方 Nginx 模块非常有
帮助。

7.4.4　处理请求体

7.3.4 节提到在所有的请求头处理完成后，Nginx 没有接着读取并处理请求体，而是让请求体进入 HTTP 请求处理阶段，到底是什么原因呢？

首先，Nginx 并不知道这些请求体后面是否会使用，哪些模块会使用。事实上，很多模块并不关心请求体是什么，如果直接转发请求到上游的服务（PHP-FPM），耗费大量内存空间却不能被后续模块使用是非常不划算的。

其次，请求体一般都比较大，Nginx 需要将请求体写进磁盘，但这样会使 Nginx 的性能大打折扣，耗费更多的时间。

因此，Nginx 将读取请求体的操作交由业务模块来处理，由后续模块决定如何处理请求体——不管是丢弃还是读取请求体。

虽然 Nginx 本身并不会主动读取请求体，但为了简化模块的处理工作，提供了两个标准的方法来处理请求体，使得模块可以按需调用。其中，读取请求体时可以调用 ngx_http_read_client_request_body 方法，而丢弃请求体时可以调用 ngx_http_discard_request_body 方法。在请求执行的 11 个阶段中，任何阶段的模块如果需要请求体的数据，可以通过 Nginx 提供的这两个标准方法获取。

1. 读取请求体

接收请求体的流程相对复杂一点，主要考虑两个问题：一方面请求体可能非常大，如果内存不够该如何处理；另一方面，一次接收不完请求体，下一次该如何处理。这两个问题是我们不可回避的，因为在 Nginx 的内容处理中有许多场景需要读取请求体，比如 Proxy、FastCGI 等模块必须完整地读到请求体后才能往后端转发数据。

幸运的是，Nginx 已经解决了这两个问题，而且给我们提供了非常好用的 API（即直接使用 ngx_http_read_client_request_body 完成请求体内容的读取）。对于内存限制的情况，Nginx 会通过将请求体的一部分或者全部读取到临时文件来解决。对于一次接收不完数据的情况，Nginx 会重新设置 epoll 可读事件并修改回调函数来完成。Nginx 中不同存储行为的参数配置说明如表 7-4 所示。

表 7-4　Nginx 中不同存储行为的参数配置说明

指令名称	解释说明
client_body_buffer_size	设置缓存请求体的 buffer 大小，默认为系统页大小的 2 倍。当请求体的大小超过此默认值时，Nginx 会把请求体写入临时文件
client_body_in_single_buffer	设置是否将请求体完整地存储在一块连续的内存中，默认为 off。当指定设置为 on，且请求体不大于 client_body_buffer_size 的值时，请求体被存放在一块连续的内存中，但超过设置的值时会被整个写入临时文件
client_body_in_file_only	设置是否总是将请求体保存在临时文件中，默认为 off。当指定设置为 on 时，即使客户端显式请求体长度为 0，Nginx 还是会为请求创建一个临时文件

我们先来看一下比较关键的 ngx_http_request_body_t 结构体，其用于读取或丢弃请求体数据。

```
typedef struct {
    ngx_temp_file_t                       *temp_file;
    // 收到的数据都存在这个链表里
    // 最后一个节点 b->last_buf = 1
    ngx_chain_t                           *bufs;
    // 当前使用的缓冲区
    ngx_buf_t                             *buf;
    // 剩余要读取的字节数
    // r->headers_in.content_length_n 在读取过程中会不断变化，最终为 0
    off_t                                  rest;
    off_t                                  received;
    // 空闲节点链表，避免再向内存池要节点
    ngx_chain_t                           *free;
    ngx_chain_t                           *busy;
    ngx_http_chunked_t                    *chunked;
    // 读取完毕后的回调函数即 ngx_http_read_client_request_body 的第二个参数
    ngx_http_client_body_handler_pt    post_handler;
} ngx_http_request_body_t;
```

Nginx 对外提供了 ngx_http_read_client_request_body 函数，它的第 2 个参数为请求体接收完后的回调函数，代码原型如下：

```
ngx_int_t ngx_http_read_client_request_body(ngx_http_request_t *r,
    ngx_http_client_body_handler_pt post_handler);
```

该函数有两个参数，第一个为指向请求结构的指针；第二个为一个函数指针。当请求体读完时，第二个参数会被调用。

（1）当前请求是否是子请求或者已经有了读取标识

该函数会检查当前请求的请求体是否已经被读取或者丢弃，如果是则直接调用回调函数并返回 NGX_OK。一般而言，子请求不需要自己去读取请求体，代码实现片段如下：

```
r->main->count++;
if (r != r->main || r->request_body || r->discard_body) {
    r->request_body_no_buffering = 0;
    // 回调函数必须调用类似 ngx_http_finalize_request 对 count 进行自减
    post_handler(r);
    return NGX_OK;
}
```

（2）创建请求体对象及参数校验

其核心代码实现片段如下：

```
/* 表明开始接收 body，分配 request_body 对象 */
rb = ngx_pcalloc(r->pool, sizeof(ngx_http_request_body_t));
if (rb == NULL) {
```

```
        rc = NGX_HTTP_INTERNAL_SERVER_ERROR;
        goto done;
    }
    /* 后续流程会赋值, 初始值为 content-length */
    rb->rest = -1;
    rb->post_handler = post_handler;
    r->request_body = rb;
    /* body 小于 0 且不是 chunked 模式, 则 Nginx 认为没有接收到 body, 立即调用回调函数 */
    if (r->headers_in.content_length_n < 0 && !r->headers_in.chunked) {
        r->request_body_no_buffering = 0;
        post_handler(r);
        return NGX_OK;
    }
```

创建用于保存请求体的 request_body 对象，如果该函数发现没有 content_length 头或者客户端发送了一个值为 0 的 content_length 头，则表明当前请求没有请求体，这时直接调用回调函数并返回 NGX_OK。

（3）预读请求体

该函数会先检查是否在读取请求头时预读了请求体。判断依据是请求头的缓存 headers_in 中是否还有未读数据。如果有未读数据，则分配一个 ngx_buf_t 结构，以便保存 r->header_in 中的未读数据，代码实现片段如下：

```
    /* 进入此函数表示 http header 内容已经处理完毕, 剩余的处理对象就是 body */
    preread = r->header_in->last - r->header_in->pos;
    // 表示已经读取到一部分 body
    if (preread) {
        out.buf = r->header_in;
        out.next = NULL;
        /* 过滤 body */
        rc = ngx_http_request_body_filter(r, &out);
        r->request_length += preread - (r->header_in->last - r->header_in->pos);
        // 非 chunked 模式且 body 还没接收完, header_in 剩余空间足够接收剩下的 body
        if (!r->headers_in.chunked && rb->rest > 0
            && rb->rest <= (off_t) (r->header_in->end - r->header_in->last))
        {
            b = ngx_calloc_buf(r->pool);
            b->temporary = 1;
            b->start = r->header_in->pos;
            b->pos = r->header_in->pos;
            b->last = r->header_in->last;
            b->end = r->header_in->end;
            rb->buf = b;
            /* 设置读 / 写事件回调函数 */

r->read_event_handler=ngx_http_read_client_request_body_handler;
        r->write_event_handler=ngx_http_request_empty_handler;
        rc = ngx_http_do_read_client_request_body(r);
        goto done;
```

```
        }
    } else {
        /* 表示当前 header_in 中没有接收到 body，同时对 rb->rest 进行赋值 */
        if (ngx_http_request_body_filter(r, NULL) != NGX_OK) {
            rc = NGX_HTTP_INTERNAL_SERVER_ERROR;
            goto done;
        }
```

说明：

①如果 preread 大于 0，说明 header_in 缓冲区内存在部分 body（也可能是完整 body），这需要剥离 body 数据并将其存储到 request_body 对象中。

②当剥离完 body 之后，再次判断 request_body 中 rest 是否为 0，如果不为 0 表示还有 body 没有接收完毕，需要创建一个 buf 接收新的 body 数据。

③如果 preread 为 0，表示 header_in 缓冲区内没有 body，这时需要设置 request_body 对象中的 rest 为 content_length。

④创建一个全新的 buffer 来接收 body，设置回调函数，代码实现如下：

```
/* 表示整个 body 已经读取完毕，执行回调函数进行处理 */
if (rb->rest == 0) {
    r->request_body_no_buffering = 0;
    post_handler(r);
    return NGX_OK;
}
// 以下流程表示 rest>0，需要再次读取 body
clcf = ngx_http_get_module_loc_conf(r, ngx_http_core_module);
size = clcf->client_body_buffer_size; // 默认内存为 1MB
size += size >> 2; // 1M+256K
if (!r->headers_in.chunked && rb->rest < size) {
    size = (ssize_t) rb->rest;
    if (r->request_body_in_single_buf) {
        size += preread;
    }
} else {
    size = clcf->client_body_buffer_size;
}
/* 创建接收缓冲区 */
rb->buf = ngx_create_temp_buf(r->pool, size);
if (rb->buf == NULL) {
    rc = NGX_HTTP_INTERNAL_SERVER_ERROR;
    goto done;
}
/* 设置读/写事件回调函数 */
r->read_event_handler = ngx_http_read_client_request_body_handler;
r->write_event_handler = ngx_http_request_empty_handler;
/* 真正从 socket 中读取数据 */
rc = ngx_http_do_read_client_request_body(r);
```

如果没有预读数据或者预读的数据不完整，该函数会分配一块新的内存（除非 r->header_in 还有足够的剩余空间）。另外，如果 request_body_in_single_buf 指令被设置为 no，则预读的数据会被复制进新开辟的内存块中。真正读取请求体的操作是在 ngx_http_do_read_client_request_body 函数内完成的。该函数循环读取请求体并将读取的信息保存在缓存中。如果缓存已满，缓冲区数据会被清空并写回到临时文件中。当然，这里有可能不能一次读完数据，该函数会挂载读事件并设置读事件的 handler 函数为 ngx_http_read_client_request_body_handler。

读完请求体后，ngx_http_do_read_client_request_body 函数会根据配置将请求体调整到预期的位置（内存或者文件）。在任何情况下，请求体都可以从 r->request_body 的 bufs 链表得到。该链表最多可能有两个节点，每个节点为一个 buffer，但是这个 buffer 的内容可能保存在内存中，也可能保存在磁盘文件中。

2. 丢弃请求体

很多时候，我们并不需要 body 信息，但客户端却发送了 body 数据过来，这时候最简单的方法就是将请求体丢弃。但这里的 "丢弃" 并不是什么都不做，而是要按协议要求从缓存区把数据读取出来，只是读取之后不保存，直接丢弃。之所以要读取，是因为客户端一般有超时机制，如果一直不读可能触发超时重试。

由于请求体长度具有不确定性，因此看起来简单的 "丢弃" 行为实现起来也并不那么容易。幸运的是，Nginx 提供了解决方案，我们可以直接使用 ngx_http_discard_request_body 函数。下面结合源码分析 Nginx 是如何实现丢弃请求体操作的，函数原型如下：

```
ngx_int_t ngx_http_discard_request_body(ngx_http_request_t *r)
```

1）判断当前请求是否是子请求或者已经有了丢弃标识。

其代码实现片段如下：

```
if (r != r->main || r->discard_body || r->request_body) {
    return NGX_OK;
}
```

如果请求来自子请求而非客户端，则不需要处理 HTTP 请求体。如果请求体中的 request_body 已经有值，表示已经接收了请求体。

2）处理定时器事件及参数校验。

这里丢弃请求体不存在超时问题，因此将定时器删除。当然，如果已经处理完该请求，但是客户端还没有发送完无用的请求体，Nginx 会再次将读事件挂载到定时器上。与此同时，检查请求结构体中的 content_length_n 是否小于等于 0，如果是则表示已经成功丢弃了请求体，代码实现片段如下：

```
rev = r->connection->read;
/* 当前连接上是否存在定时器 */
```

```
if (rev->timer_set) {
    ngx_del_timer(rev);
}
/* 判断 HTTP 请求体是否有效 */
if (r->headers_in.content_length_n <= 0 && !r->headers_in.chunked) {
    return NGX_OK;
}
```

3）headers_in 缓存区是否已接收数据。

获取 headers_in 中的数据长度 size，如果 size 不为 0，表示缓存区中已经接收了一部分 body，同样如果 headers_in 中的 chunked 有数据，需要执行丢弃操作，也就是调用 ngx_http_discard_request_body_filter 方法。如果处理后 r 请求体中的 content_length 长度变为 0，则当前 body 丢弃成功，代码实现片段如下：

```
size = r->header_in->last - r->header_in->pos;
if (size || r->headers_in.chunked) {
    /* 从 header_in 中过滤出 body，执行丢弃动作 */
    rc = ngx_http_discard_request_body_filter(r, r->header_in);
    // 表明 body 已经处理完毕
    if (r->headers_in.content_length_n == 0) {
        return NGX_OK;
    }
}
```

4）设置读事件回调函数并执行多次读取操作。

这里检查 ngx_http_read_discarded_request_body 方法是否恰好接收到完整的请求体，如果是则直接返回 NGX_OK，表示丢弃成功，否则设置读事件回调函数为 ngx_http_discarded_request_body_handler，并执行多次丢弃请求体操作，代码实现片段如下：

```
/* 单独申请 buffer 用于接收 */
rc = ngx_http_read_discarded_request_body(r);
/* 返回 NGX_OK，表示丢弃成功 */
if (rc == NGX_OK) {
    r->lingering_close = 0;
    return NGX_OK;
}
if (rc >= NGX_HTTP_SPECIAL_RESPONSE) {
    return rc;
}
/* rc == NGX_AGAIN */
// 丢弃 body 工作没有彻底完成，需要再次执行，设置下次执行丢弃动作的函数
r->read_event_handler = ngx_http_discarded_request_body_handler;
if (ngx_handle_read_event(rev, 0) != NGX_OK) {
    return NGX_HTTP_INTERNAL_SERVER_ERROR;
}
r->count++; // 引用计数自增，保证能够顺利丢弃 body
r->discard_body = 1;
```

　　这里将请求中的引用计数 count 加 1，以防没有完整发送响应时直接释放相关的资源，这部分内容我们将在 7.5.3 节介绍。

　　5）读取并丢弃数据。

　　当连接可读时，Nginx 会调用 ngx_http_read_discarded_request_body 函数并使用固定的 4KB 缓冲区接收丢弃的数据。客户端发送请求体，就必须发送 content-length 头，所以函数会检查请求头中的 content_length 头。ngx_http_read_discarded_request_body 函数的实现代码如下：

```
static ngx_int_t ngx_http_read_discarded_request_body(ngx_http_request_t *r)
{
    // 使用固定的 4KB 缓冲区接收丢弃的数据
    u_char      buffer[NGX_HTTP_DISCARD_BUFFER_SIZE];
    // 一直读数据并解析，检查 content_length_n
    // 如果无数据可读，返回 NGX_AGAIN
    // 需要使用回调函数 ngx_http_discarded_request_body_handler 读取数据
    for ( ;; ) {
        if (r->headers_in.content_length_n == 0) {
            r->read_event_handler = ngx_http_block_reading;
            return NGX_OK;
        }
        // 判断读事件是否准备就绪，即是否有数据可读
        if (!r->connection->read->ready) {
            return NGX_AGAIN;
        }
        size = (size_t) ngx_min(r->headers_in.content_length_n,
                        NGX_HTTP_DISCARD_BUFFER_SIZE);
        // 调用底层 recv 读取数据
        n = r->connection->recv(r->connection, buffer, size);
        if (n == NGX_ERROR) {
            r->connection->error = 1;
            return NGX_OK;
        }
        if (n == NGX_AGAIN) {
            return NGX_AGAIN;
        }
        if (n == 0) {
            return NGX_OK;
        }
        b.pos = buffer;
        b.last = buffer + n;
        // 检查请求体中的缓冲区数据并丢弃
        // 当 content_length_n 指定确切长度，那么只接收，不处理，移动缓冲区指针
        // chunked 数据需要解析
        // content_length_n==0 表示数据已经全部读完；否则加入 epoll 读事件
        rc = ngx_http_discard_request_body_filter(r, &b);
        if (rc != NGX_OK) {
            return rc;
        }
    }
```

```
    }
}
```

当所有的数据读取完毕，ngx_http_read_discarded_request_body 会设置读事件的处理函数为 ngx_http_block_reading。该函数仅仅删除水平模式触发的读事件，以防同一读事件不断被触发。

最后，我们看一下读事件的处理函数 ngx_http_discarded_request_body_handler，原型如下：

```
void ngx_http_discarded_request_body_handler(ngx_http_request_t *r)
```

在读取缓存区数据的过程中没有足够的请求体数据，这时就需要将读事件加入 epoll，待客户端有新的请求数据到来，再调用 ngx_http_discarded_request_body_handler 函数。

1）epoll 通知 socket 有可读数据，相关代码片段如下：

```
// 获取读事件相关的连接对象和请求对象
c = r->connection;
rev = c->read;
// 读取请求体数据并丢弃
rc = ngx_http_read_discarded_request_body(r);
```

2）根据 rc 返回结果做不同的处理，代码实现如下：

```
// NGX_OK 表示数据已经读完
// 传递 done 给 ngx_http_finalize_request，并不是真正结束请求
// 因为有引用计数器 r->count，所以 ngx_http_close_request 有减 1 的效果
if (rc == NGX_OK) {
    r->discard_body = 0;
    r->lingering_close = 0;
    ngx_http_finalize_request(r, NGX_DONE);
    return;
}
// 错误处理
if (rc >= NGX_HTTP_SPECIAL_RESPONSE) {
    c->error = 1;
    ngx_http_finalize_request(r, NGX_ERROR);
    return;
}
/* rc == NGX_AGAIN */
// 再次加入 epoll，等有数据到来再次进入
if (ngx_handle_read_event(rev, 0) != NGX_OK) {
    c->error = 1;
    ngx_http_finalize_request(r, NGX_ERROR);
    return;
}
```

大多数情况下，客户端会把请求体连同请求头一起发出，这些数据会存放在缓冲区 r->header_in 中。所以，我们一定要检查缓冲区 r->header_in 中的数据，判断是否已经全部

接收了请求体，如果只是接收部分或者没有接收，需要监听读事件继续读取数据，并统一交给函数 ngx_http_discarded_request_body_handler 处理。

7.5　HTTP 请求响应

考虑到每个模块对响应的处理不同。比如，客户端的请求方法如果是 HEAD 方法，则只要返回响应行及响应头即可。再比如，普通静态页面既需要返回响应行及响应头，还需要返回响应体。因此，Nginx 提供了两个方法供各模块选择，其中返回响应行及响应头使用 ngx_http_send_header 函数，返回响应体则使用 ngx_http_output_filter 函数。

虽然每个模块对响应的处理不同，但基本是组合上面两个方法来达到目的。比如，我们熟悉的 static 模块的回调函数为 ngx_http_static_handler，其内部实质上是调用上面两个方法。再比如，rewrite 模块的 return 指令调用的 ngx_http_send_response 函数，最终也是调用 ngx_http_send_header 和 ngx_http_output_filter 函数来返回响应。

在向用户发送响应之前，Nginx 增加了一个过滤环节，以便对响应头和响应体做过滤处理。过滤模块包含两个阶段，分别对响应头和响应体做过滤处理。所有模块的响应内容要想返给客户端，必须调用以下两个接口：

```
ngx_http_top_header_filter(r);
ngx_http_top_body_filter(r, in);
```

本章后续内容由 3 部分组成，其中 7.5.1 节介绍过滤模块的原理及执行顺序，并针对响应头和响应体的过滤分别进行分析；7.5.2 节介绍响应发送的流程，不管是响应头还是响应体都会依赖 ngx_http_write_filter 函数；7.5.3 节分析 HTTP 响应的结束流程，介绍结束流程中如何应对大的响应。

7.5.1　过滤模块

过滤模块虽然也是一种 HTTP 模块，但与普通 HTTP 模块有很大的不同，主要有以下 4 点区别。

1）从职责上看，普通 HTTP 模块更倾向于实现请求中的核心功能。过滤模块则处理一些附加功能，对响应做一些加工。

2）从处理内容上看，普通 HTTP 模块会处理客户端向服务器的 HTTP 请求。过滤模块只处理服务器向客户端的 HTTP 响应。

3）从处理时机上看，普通 HTTP 模块可以介入前面 11 个阶段中的 8 个阶段来处理请求。而过滤模块会在普通模块处理完发送 HTTP 响应头和响应体后调用。

4）从执行顺序上看，普通 HTTP 模块是根据 handler 函数在 phase 数组中的顺序来调度执行的。过滤模块中的 handler 函数是通过链表的形式关联起来，后续也是按顺序遍历执行

handler 函数。

过滤模块之间的顺序是非常重要的。两个过滤模块按照不同的顺序执行，有可能会得到完全不同的响应结果。下面我们来看看这些过滤模块是如何组织成链表的，以及它们的调用顺序是如何确定的？

实际上，过滤模块的调用顺序在编译时就已经确定了。控制编译的脚本位于 auto/modules 中。当编译完成之后，我们可以在 objs 目录下看到一个 ngx_modules.c 文件，打开这个文件能看到如下数据结构（这里我们使用默认编译选项，省略了与过滤模块无关的配置项）：

```
/* 最后一个 body filter 负责往外发送数据 */
&ngx_http_write_filter_module,
/* 最后一个 header filter 拼接出完整的响应头，并调用 ngx_http_write_filter 发送 */
&ngx_http_header_filter_module,
/* 对响应头中没有 content_length 头的请求，强制短连接或采用 chunked 编码 */
&ngx_http_chunked_filter_module,
/* header filter 负责处理 range 头 */
&ngx_http_range_header_filter_module,
/* gzip 数据压缩 */
&ngx_http_gzip_filter_module,
/* body filter 负责处理子请求和主请求数据的输出顺序 */
&ngx_http_postpone_filter_module,
/* 支持过滤 SSI 请求，采用发起子请求的方式获取引用进来的文件 */
&ngx_http_ssi_filter_module,
/* 支持添加 charset，也支持将内容从一种字符集转换到另外一种字符集 */
&ngx_http_charset_filter_module,
/* 支持添加统计用的识别用户的 cookie */
&ngx_http_userid_filter_module,
/* 支持设置 expire 和 Cache-control 头，支持添加任意名称的头 */
&ngx_http_headers_filter_module,
/* 根据需求重新复制输出链表中的某些节点，比如将 in_file 的节点从文件中读取并复制到新的节点，
   并交给后续 filter 进行处理 */
&ngx_http_copy_filter_module,
/* 支持 range 功能，如果请求包含 range 请求，则只发送 range 请求的一段内容 */
&ngx_http_range_body_filter_module,
/* 如果请求的 if-modified-since 等于回复的 last-modified 值，说明回复没有变化，
   清空所有回复的内容，返回 304 */
&ngx_http_not_modified_filter_module,
```

我们从模块的命名很容易看出哪些模块是过滤模块。通常，Nginx 的过滤模块名以 filter_module 结尾，普通的模块名以 module 结尾。从下往上看数据结构，实际上 ngx_http_not_modified_filter_module 是链表的第一个节点，而 ngx_http_write_filter_module 是最后一个节点。

通过源码分析，我们发现过滤模块包含两条过滤链，一条是 header 过滤链，另一条是 body 过滤链。那么，这两条链是如何组织起来的呢？

　　HTTP 模块定义了两个全局指针，分别指向整个链表的第一个元素，也就是 ngx_http_top_header_filter 与 ngx_http_top_body_filter。在 HTTP 模块初始化时，我们可先找到这两个链表的首元素，再使用 ngx_http_next_header_filter 或者 ngx_http_next_body_filter 函数的指针将自己插入链表的首部，也就是所谓的头插法。

　　在源文件 ngx_http.c 中，我们可以看到这两个函数的指针变量，它们是全局可访问的。

```
ngx_http_output_header_filter_pt  ngx_http_top_header_filter;
ngx_http_output_body_filter_pt    ngx_http_top_body_filter;
```

　　同样，我们可以在每一个过滤模块内看到类似下面的函数指针定义（指定 static 类型，表示只在当前文件中生效）。当然，在使用时，这两个函数并不是都需要执行的，如果只需要响应头，则只执行 ngx_http_next_header_filter 函数。如果响应头和响应体都需要，则两个函数都需要执行。

```
static ngx_http_output_header_filter_pt  ngx_http_next_header_filter;
static ngx_http_output_body_filter_pt    ngx_http_next_body_filter;
```

　　通常来说，过滤模块的配置初始化一般在 postconfiguration 中完成。因为模块是依次遍历且使用的是头插法，所以越在后面编译的模块反而越早执行。

　　为了便于理解，我们这里以非常经典的 gzip 模块为例来说明上面讲述的内容。首先看一下 ngx_http_gzip_filter_module 的上下文配置信息，可以看到 postconfiguration 设置的函数是 ngx_http_gzip_filter_init。

```
static ngx_http_module_t  ngx_http_gzip_filter_module_ctx = {
    ngx_http_gzip_add_variables,        /* preconfiguration */
    ngx_http_gzip_filter_init,          /* postconfiguration */
    NULL,                               /* create main configuration */
    NULL,                               /* init main configuration */
    NULL,                               /* create server configuration */
    NULL,                               /* merge server configuration */
    ngx_http_gzip_create_conf,          /* create location configuration */
    ngx_http_gzip_merge_conf            /* merge location configuration */
};
```

　　下面分析 ngx_http_gzip_filter_init 函数的实现，核心代码只有 4 行，这里直接把代码贴出来。可以看到，ngx_http_top_header_filter 指向整个链表头节点的函数指针，此处设置 next 指向头指针，将头指针指向 ngx_http_gzip_header_filter，这样就可将 ngx_http_gzip_header_filter 节点插入 header 过滤链的前面。body 的过滤处理过程类似，这里不再赘述。

```
static ngx_http_output_header_filter_pt  ngx_http_next_header_filter;
static ngx_http_output_body_filter_pt    ngx_http_next_body_filter;
...
static ngx_int_t ngx_http_gzip_filter_init(ngx_conf_t *cf)
```

```
{
    // 将 gzip header filter 放到整个链表的头部
    ngx_http_next_header_filter = ngx_http_top_header_filter;
    ngx_http_top_header_filter = ngx_http_gzip_header_filter;
    // 将 gzip body filter 放到整个链表的头部
    ngx_http_next_body_filter = ngx_http_top_body_filter;
    ngx_http_top_body_filter = ngx_http_gzip_body_filter;
    return NGX_OK;
}
```

到目前为止，我们知道 Nginx 所有的过滤模块都是通过链表组织起来的，并且数组中最后面的元素在链表的第一个节点中。而且 Nginx 分别设置了 header filter 和 body filter 两种过滤机制，它们都是通过单链表的形式组织起来的，用户可以根据需要选择注册响应头过滤或者响应体过滤。另外需要注意，ngx_http_top_header_filter 和 ngx_http_top_body_filter 实际上是过滤链表的头节点，当执行 nginx_http_send_header 函数发送 HTTP 响应头时，就从 ngx_http_top_header_filter 指针开始依次遍历所有的 HTTP 响应头过滤模块。同理，在执行 ngx_http_output_filter 函数发送 HTTP 响应体时，从 ngx_http_top_body_filter 指针开始依次遍历所有的 HTTP 响应体过滤模块。所以，过滤模块越晚注册反而越早被执行。

1. 响应头过滤分析

在 ngx_http_core_module.c 中发送响应头的函数 ngx_http_send_header 是整个过滤链的开始，其调用 ngx_http_top_header_filter 函数来启动整个 header filter。我们来看一下 ngx_http_send_header 的实现：

```
ngx_int_t ngx_http_send_header(ngx_http_request_t *r)
{
    if (r->err_status) {
        r->headers_out.status = r->err_status;
        r->headers_out.status_line.len = 0;
    }
    return ngx_http_top_header_filter(r);
}
```

上面的代码中调用了 ngx_http_top_header_filter，也就是 header filter 的头节点，这个函数会从 header filter 头部开始遍历，使用各个过滤模块对响应头进行处理。每一个过滤模块处理完成后，都会调用 ngx_http_next_header_filter 进入下一个过滤模块进行处理，最终把处理后的响应头发送给客户端。按照默认的编译顺序，第一个过滤模块的处理函数就是 ngx_http_not_modified_header_filter，而最后一个 header filer 链表节点的回调函数为 ngx_http_header_filter。

关于如何找到 ngx_http_not_modified_header_filter 函数，这里就不再展开了，方法类似上面介绍的 gzip 模块初始化。header filter 模块没有 body filter，只包含响应头过滤器，正好简化分析。

```
static ngx_int_t ngx_http_not_modified_filter_init(ngx_conf_t *cf)
{
    ngx_http_next_header_filter = ngx_http_top_header_filter;
    ngx_http_top_header_filter = ngx_http_not_modified_header_filter;
    return NGX_OK;
}
```

回到 ngx_http_not_modified_header_filter 函数的实现，其逻辑其实也比较简单。首先判断 http 状态、flag 信息是否通过验证规则，如果没有，则直接跳入下一个 header filter，然后判断是否返回 http 304（Not Modified）状态码，如果都没返回，则直接跳入下一个 header filter 的处理。假设 r->headers_in.if_modify_since 不为 NULL，则进入 ngx_http_test_if_modified，如果执行成功，则 http 状态码为 304，最终跳到下一个 header filter。

由于 header filter 仅仅处理 HTTP 头信息，并不需要任何 HTTP 响应体内容，因此不需要处理 body filter 的函数。ngx_http_not_modified_header_filter 的实现代码如下：

```
static ngx_int_t ngx_http_not_modified_header_filter(ngx_http_request_t *r)
{
    if (r->headers_out.status != NGX_HTTP_OK || r != r->main
        || r->disable_not_modified)
    {
        return ngx_http_next_header_filter(r);
    }
    /* 客户端请求服务器可以通过设置 If-Modified-Since 头判断自己缓存的内容是否需要变化。
       如果服务器上的内容修改时间比这个头的时间值还更新，将返回新的内容，否则不返回
     * If-None-Match 与 If-Match 类似，但返回结果相反。如果 If-None-Match 中包含
       ETag 的值，服务器在进行比较后发现不匹配，则返回所请求的内容，否则不返回相关内容。
       这种方法在网页刷新的时候使用较多
     */
    if (r->headers_in.if_modified_since || r->headers_in.if_none_match) {
        if (r->headers_in.if_modified_since && ngx_http_test_if_modified(r))
        {
            return ngx_http_next_header_filter(r);
        }
        if (r->headers_in.if_none_match
            && !ngx_http_test_if_match(r, r->headers_in.if_none_match, 1))
        {
            return ngx_http_next_header_filter(r);
        }
        /* not modified */
        r->headers_out.status = NGX_HTTP_NOT_MODIFIED;
        r->headers_out.status_line.len = 0;
        r->headers_out.content_type.len = 0;
        return ngx_http_next_header_filter(r);
    }
    return ngx_http_next_header_filter(r);
}
```

ngx_http_not_modified_header_filter 函数会调用模块内部定义的函数指针变量 ngx_

http_next_header_filter。该变量保存的是上一模块注册的 header filter 函数。同样地，下一个 header filter 函数会调用模块内部定义的 ngx_http_next_header_filter，直到调用到最后一个 header filter，也就是 ngx_http_header_filter。ngx_http_header_filter 模块的执行在发送响应头部分展开介绍。

2. 响应体过滤分析

在 ngx_http_core_module.c 中，发送响应体的函数 ngx_http_output_filter 是整个 header filter 链的开始，其调用了 ngx_http_top_body_filter 函数来启动整个 header filter。下面我们来看一下它的实现，代码片段如下：

```
ngx_int_t ngx_http_output_filter(ngx_http_request_t *r, ngx_chain_t *in)
{
    ngx_int_t rc;
    ngx_connection_t  *c;
    c = r->connection;
    rc = ngx_http_top_body_filter(r, in);
    if (rc == NGX_ERROR) {
        c->error = 1;
    }
    return rc;
}
```

可以看到，body filter 与 header filter 的实现原理基本一样。ngx_http_top_body_filter 函数会从 HTTP 响应体过滤链表头部开始遍历，使用各个过滤模块对响应体进行处理。每一个过滤模块处理完成后，都会调用 ngx_http_next_body_filter 进入下一个过滤模块进行处理，最终把处理后的响应体发送给客户端。最后一个 HTTP 响应体过滤链表节点的回调函数为 ngx_http_write_filter。

和 ngx_http_top_header_filter 函数不同的是，ngx_http_top_body_filter 函数多了一个类型为 ngx_chain_t * 的参数，因为 Nginx 实现的是流式输出，并不用等到整个响应体都生成后才往客户端发送数据，而是生成一部分内容之后将其组织成链表，调用 ngx_http_output_filter 发送，并且将待发送的内容保存在文件中，也可以保存在内存中。Nginx 负责将数据流式、高效地传输出去。当缓存区存满时，Nginx 负责保存未发送完的数据。调用者只需要调用一次 ngx_http_output_filter 函数即可。

7.5.2 发送 HTTP 响应

从 7.5.1 节过滤模块的分析可以看出，发送响应头和响应体最终都会落在过滤链表中的 ngx_http_header_filter_module、ngx_http_write_filter_module 模块。其对应的处理函数分别是 ngx_http_header_filter、ngx_http_write_filter。这两个函数非常关键，是本节的核心内容。

1. 发送 HTTP 响应头

在发送响应行及响应头之前，有一个问题需要注意，如果发送响应头过大，无法一次把响应头发出去该怎么办？

结合之前请求行与请求头的处理，配合事件驱动模型，我们可以利用 ngx_http_request_t 中 headers_out 结构体来保存没有发送完的 HTTP 响应头。ngx_http_headers_out_t 结构体具体定义如下：

```
// 保存 HTTP 响应行以及响应头
typedef struct {
    ngx_list_t                          headers; /* 响应头以链表方式组织 */
    // 与请求 headers_in 类似，为提升访问速度，对常用字段独立定义
    ......
    ngx_uint_t                          status;
    ngx_str_t                           status_line;
    ngx_table_elt_t                     *server;
    ngx_table_elt_t                     *date;
    ngx_table_elt_t                     *content_length;
    ngx_table_elt_t                     *content_encoding;
    ngx_table_elt_t                     *location;
    ngx_table_elt_t                     *last_modified;
    ngx_table_elt_t                     *content_range;
    ngx_table_elt_t                     *expires;
    time_t                              date_time;
    time_t                              last_modified_time;
} ngx_http_headers_out_t;
```

发送响应头的入口函数 ngx_http_send_header 的核心代码的逻辑我们已经介绍过。而且，我们知道 ngx_http_header_filter 才是真正发送响应头的函数，因此接下来重点分析这个函数的核心代码实现。

1）检查 header_sent 标志位，标志位为 1 表示已经发送过请求，则直接返回，否则将请求中的 header_sent 标志位设置为 1。

```
if (r->header_sent) {
    return NGX_OK;
}
r->header_sent = 1;
if (r != r->main) {// 如果不是原始请求，则直接返回
    return NGX_OK;
}
```

2）计算响应行、响应头所占内存长度。

```
/* 计算响应行、响应头所需要的内存长度 */
len = sizeof("HTTP/1.x ") - 1 + sizeof(CRLF) - 1
    /* the end of the header */
    + sizeof(CRLF) - 1;
```

……

3）申请分配内存，并往内存中赋值。

```
/* 至此，长度统计完毕，接下来分配内存 */
b = ngx_create_temp_buf(r->pool, len);
if (b == NULL) {
    return NGX_ERROR;
}
/* 赋值 */
/* "HTTP/1.x " */
b->last = ngx_cpymem(b->last, "HTTP/1.1 ", sizeof("HTTP/1.x ") - 1);
/* status line */
if (status_line) {
    b->last = ngx_copy(b->last, status_line->data, status_line->len);
} else {
    b->last = ngx_sprintf(b->last, "%03ui ", status);
}
*b->last++ = CR; *b->last++ = LF;
/* the end of HTTP header */
*b->last++ = CR; *b->last++ = LF;
/* 赋值完毕，统计实际要发送的长度 */
r->header_size = b->last - b->pos;
/* 如果只发送 header，此处需要将 last_buf 标志位设置为 1 */
if (r->header_only) {
    b->last_buf = 1;
}
```

4）调用 ngx_http_write_filter 函数，将响应头发送给客户端。

```
out.buf = b;
out.next = NULL;
/* 发送 header */
return ngx_http_write_filter(r, &out);
}
```

事实上，ngx_http_write_filter 就是发送 HTTP 响应体最后一个模块的处理函数，后续发送响应体部分也会用到该函数。

2. 发送 HTTP 响应体

关于发送响应体的入口函数 ngx_http_output_filter，其核心代码的逻辑我们在过滤响应体中已经学过。而且 ngx_http_write_filter 才是真正发送响应体的函数。接下来，我们重点分析这个函数的核心代码实现。

```
/**
 * 发送 body
 * @param r HTTP 请求
 * @param in 存储 body 的缓冲区
 */
```

```
ngx_int_t ngx_http_output_filter(ngx_http_request_t *r, ngx_chain_t *in)
{
    ngx_int_t rc;
    ngx_connection_t *c;
    c = r->connection;
    rc = ngx_http_top_body_filter(r, in); // ngx_http_write_filter
    if (rc == NGX_ERROR)
    {
        c->error = 1;
    }
    return rc;
}
```

这里需要说明，ngx_http_write_filter 函数会将响应体发送给客户端，如果一次没法发送完成，则会保存未发送完的数据到链表中（headers_out），同时将已经发送的数据删除。

3. 函数 ngx_http_write_filter

我们知道不管是发送 HTTP 响应头还是发送 HTTP 响应体，最终都会调用 ngx_http_write_filter 函数。由此可见，该函数对 HTTP 模块的重要性。下面以代码分段的形式具体分析其内部实现：

```
ngx_int_t ngx_http_write_filter(ngx_http_request_t *r, ngx_chain_t *in)
```

从函数原型上可以看出，该方法有两个参数，第一个参数 request 我们已经非常熟悉了，这里重点看一下第二个参数 in（其表示本次要发送的缓存区内容）。

（1）遍历统计当前待发送的 out 缓存区链表中的内容

一次 socket 发送的内容有限，剩下的内容则保存在 request 请求中的 headers_out 结构体，这里先遍历统计 out 缓存区链表中的字节大小，同时检查每一个缓存区 buf 块的 4 个标志位（分别是 flush、recycled、sync、last_buf），只要有一个缓存区 buf 块符合要求则对应变量值置为 1。为了方便读者理解，这里将 ngx_buf_s 结构体中的标志位含义列出来，如表 7-5 所示。

表 7-5　ngx_buf_s 结构体中的标志位含义

字段	含　　义
flush	标志位为 1 时，表示需要执行 flush 操作
recycled	可以回收的，也就是这个 buf 是可以被释放的
sync	在 Nginx 中，大多操作是异步的，这是它支持高并发的关键。有些框架代码在 sync 为 1 时可能会以阻塞的方式执行 I/O 操作
last_buf	数据被多个 chain 传递给过滤器，此字段为 1 表明这是最后一个 buf

以下代码片段展示了遍历统计当前待发送的 out 缓存区链表中的内容。

```
/* 一次 socket 发送操作可能发送不完数据，剩下的内容保存在这里 */
ll = &r->out;
```

```
/*out 缓存区链表保存上次没有发送的报文, in是本次需要发送的报文, 这里计算上次未发送报文的长度 */
for (cl = r->out; cl; cl = cl->next) {
    ll = &cl->next;
    size += ngx_buf_size(cl->buf); // 统计大小
    if (cl->buf->flush || cl->buf->recycled) {
        flush = 1;
    }
    if (cl->buf->sync) {
        sync = 1;
    }
    if (cl->buf->last_buf) {
        last = 1;
    }
}
```

（2）将本次要发送的 in 缓存区中的内容追加到 out 缓存区末尾

将本次要发送的 in 缓存区中的内容加入 out 缓存区末尾，同时以类似缓冲区的方式对 flush、recycled、sync、last_buf 四个标志位进行检查。可以看到，源代码还是有一定重合度的。以下代码展示了 Nginx 如何将要发送的 in 缓存区中的内容追加到 out 缓存区末尾。

```
/**
 * 将本次要发送的 in 缓存区中的内容追加到 out 缓存区末尾
 */
for (ln = in; ln; ln = ln->next) {
    cl = ngx_alloc_chain_link(r->pool);
    if (cl == NULL) {
        return NGX_ERROR;
    }
    /* 插入 out 缓存区末尾处 */
    cl->buf = ln->buf;
    *ll = cl;
    ll = &cl->next;
    size += ngx_buf_size(cl->buf);// 统计大小
    if (cl->buf->flush || cl->buf->recycled) {
        flush = 1;
    }
    if (cl->buf->sync) {
        sync = 1;
    }
    if (cl->buf->last_buf) {
        last = 1;
    }
}
/* 至此, size 大小 = 上次未发送报文大小 + 本次待发送大小  */
```

（3）是否达到发送缓存区数据的条件

以下代码的核心是尽可能减少小报文的发送，可以看到只要其中一个条件不符合就会

立刻发送报文到客户端。其中，last==0 表示还没有收到完整的发送缓存区 buf，flush==0
表示不需要执行刷新操作，in != null 表示要发送的 in 缓存区中有数据，size 小于 clcf-
>postpone_output 表示当前 size 小于默认发送大小，代码片段如下。

```
/** avoid the output if there are no last buf, no flush point,
 * there are the incoming bufs and the size of all bufs
 * is smaller than "postpone_output" directive
 */
if (!last && !flush && in && size < (off_t) clcf->postpone_output) {
    return NGX_OK;
}
```

（4）发送缓存区数据校验

以下代码片段展示了发送缓存区数据校验的核心代码。首先检测连接的写事件是否需
要延时，如果需要则增加写事件缓冲 mask 标记并返回 again；如果发送缓存区字节数为 0，
同时连接的 buffered 标记不是 lowlevel 并且不满足 last 与 need_last_buf 两个标记同时成立，
则将发送缓存区 buf 块中的标记清除，直接返回，不需要再次处理。

```
if (c->write->delayed) {
    c->buffered |= NGX_HTTP_WRITE_BUFFERED;
    return NGX_AGAIN;
}
if (size == 0
    && !(c->buffered & NGX_LOWLEVEL_BUFFERED)
    && !(last && c->need_last_buf))
{
    if (last || flush || sync) {
        for (cl = r->out; cl; /* void */) {
            ln = cl;
            cl = cl->next;
            ngx_free_chain(r->pool, ln);
        }
        r->out = NULL;
        c->buffered &= ~NGX_HTTP_WRITE_BUFFERED;
        return NGX_OK;
    }
    return NGX_ERROR;
}
```

（5）根据限速配置计算本次可发送的数据大小

从下面的代码片段可以看出，可发送数据的大小关键由本次可以发送的数据的 limit 值
决定。这里首先按设置的 limit_rate 乘以已经处理时间计算得到按最大速率可发送的数据大
小，然后再减去已经发送的数据大小，即得到本次可发送数据的 limit 值。需要注意的是，
limit 值有可能为负值，表示当前发送速率过快，需要对写事件设置 delayed 标识，同时设置
定时器。

```
limit = (off_t) r->limit_rate * (ngx_time() - r->start_sec + 1)
            - (c->sent - r->limit_rate_after);
```

当然，limit 值也不能大于 sendfile_max_chunk 配置项的值，如果大于则将 limit 值修改为 sendfile_max_chunk 的值。为了便于读者理解，这里将 Nginx 中源代码的关键部分贴出来，并增加了注释。

```
// 限速问题处理
if (r->limit_rate) {
    if (r->limit_rate_after == 0) {
        r->limit_rate_after = clcf->limit_rate_after;
    }
    limit = (off_t) r->limit_rate * (ngx_time() - r->start_sec + 1)
            - (c->sent - r->limit_rate_after);
    /* 如果 limit 为负值，说明发送的速度快，需要配置连接写事件延时 */
    if (limit <= 0) {
        c->write->delayed = 1;
        delay = (ngx_msec_t) (- limit * 1000 / r->limit_rate + 1);
        ngx_add_timer(c->write, delay);
        c->buffered |= NGX_HTTP_WRITE_BUFFERED;
        return NGX_AGAIN;
    }
    if (clcf->sendfile_max_chunk
        && (off_t) clcf->sendfile_max_chunk < limit)
    {
        limit = clcf->sendfile_max_chunk;
    }
} else {
    limit = clcf->sendfile_max_chunk;
}
```

（6）Nginx 发送报文到客户端

这部分代码比较简单，调用 send_chain 方法将 out 缓存区中 limit 值大小的数据发送出去，如果发送失败则标记错误并返回异常值。我们从以下代码也可以看到实现逻辑比较简单，核心是调用 send_chain 方法将报文发送到客户端。

```
sent = c->sent;
chain = c->send_chain(c, r->out, limit);
if (chain == NGX_CHAIN_ERROR) {
    c->error = 1;
    return NGX_ERROR;
}
```

（7）再次计算响应数据后的限速情况

计算方法与第 5 步非常类似，如果发送速度过快，则需要计算至少经过多长时间才可以继续发送，这里将超时时间添加到计时器，同时设置 delayed 标志位为 1。核心代码片段如下，在关键部分补充了注释。

```
    if (r->limit_rate) {
        nsent = c->sent;
        if (r->limit_rate_after) {
            sent -= r->limit_rate_after;
            /* 经过 send_chain 处理得到已发送字节数 */
            nsent -= r->limit_rate_after;
            if (nsent < 0) {
                nsent = 0;
            }
        }
        /* 比较前后两次 sent 值之差，计算得到写事件延时所需的时间 */
        delay = (ngx_msec_t) ((nsent - sent) * 1000 / r->limit_rate);
        if (delay > 0) {
            limit = 0;
            c->write->delayed = 1;
            ngx_add_timer(c->write, delay);
        }
    }
```

（8）重置 out 缓存区，释放已发送完数据的缓存区内存

最后这部分代码主要是对一些标志位的设置，同时将已经发送完数据的缓存区归还给内存池，如果缓存区数据还没有发送完，则添加到 out 缓存区链表头部继续处理。以下代码片段展示了重置 out 缓存区及释放已发送完数据的缓存区内存的过程，并在关键部分做了注释。

```
/* 释放已经发送的 chain*/
for (cl = r->out; cl && cl != chain; /* void */) {
    ln = cl;
    cl = cl->next;
    ngx_free_chain(r->pool, ln);
}
/* 更新当前需发送的响应 chain 的位置 */
r->out = chain;
if (chain) {
    // 还未发送完 mask 标记数据，返回 NGX_AGAIN 宏
    c->buffered |= NGX_HTTP_WRITE_BUFFERED;
    return NGX_AGAIN;
}
c->buffered &= ~NGX_HTTP_WRITE_BUFFERED;
/* 连接的 buffer 缓冲标记为 lowlevel_buffered，同时请求不需要延迟处理，返回 again*/
if ((c->buffered & NGX_LOWLEVEL_BUFFERED) && r->postponed == NULL) {
    return NGX_AGAIN;
}
return NGX_OK;
}
```

通过以上 8 个步骤，我们较详细地描述了实际发送响应的 ngx_http_write_filter 是如何工作的，包括如何更新 out 缓存区的内容，如何根据限速配置确定一次可发送的字

节数。

至此，我们已经详细地介绍了响应行、响应头及响应体发送到客户端的流程，那是不是就可以关闭 HTTP 请求了呢？事实上，通常我们无法一次把所有的响应数据发送给客户端，因此需要借助 Nginx 的事件模型多次发送数据，这就需要 ngx_http_finalize_request 方法的配合。详细情况我们将在 7.5.3 节介绍。

7.5.3　结束 HTTP 响应

结束 HTTP 响应并不像操作文件那样简单。fclose 可以很轻松地关闭文件句柄并释放资源，这里结束 HTTP 响应至少要考虑以下 3 点。

❑ 结束 HTTP 响应并不意味着关闭 TCP 连接，因为很可能 TCP 连接正在被其他请求复用。

❑ 可能存在长连接、子请求的情况，因此还需要判断请求的引用计数。

❑ 发送的响应头或者响应体通常比较大，因此结束 HTTP 响应往往需要借助 Event 模块来完成，这增加了关闭 HTTP 响应的复杂度。

Nginx 定义了很多函数来结束 HTTP 响应，但常用的还是 ngx_http_finalize_request。下面详细介绍 Nginx 如何管理 HTTP 请求的以及如何正确结束 HTTP 响应。

1. Nginx 如何管理 HTTP 请求

Nginx 是完全异步的框架，如果涉及某个操作要长时间占用进程资源，那么推荐采用子请求的方式来解决。子请求还有可能进一步创建新的子请求，那么 Nginx 该如何管理这些请求，并且结束 HTTP 响应呢？

我们之前介绍过 ngx_http_request_s 结构体，但把涉及子请求等复杂情况的字段都屏蔽了，这里把相关的 3 个核心参数单独拿出来介绍。

```
struct ngx_http_request_s {
    ……
    /* 原始请求客户端发送过来的 HTTP 请求，原始请求的 main 指向自己 */
    ngx_http_request_t          *main;
    /* 当前请求的父请求（未必是原始请求），原始请求的 parent 为 NULL */
    ngx_http_request_t          *parent;
    // 表示当前请求引用计数
    unsigned                     count:16;
    ……
```

说明：

1）通过 main、parent 管理父、子请求，注意 main 始终指向原始请求。

2）count 参数是计数器。当 count 为 0 时，表示要真正销毁请求。count 的计数情况比较复杂，这里列举几种常见的场景。

❑ 当创建一个子请求时，原始请求的 count 加 1；当子请求处理结束时，count 减 1。

❑ 当子请求再次派生出新的子请求时，原始请求的 count 也会加 1。

❑ 当接收到 body 的时候，count 也会加 1，避免在 count 为 0 的场景下回调请求。

再强调一下，这里的原始请求是指客户端发送过来的 HTTP 请求。

2. 函数 ngx_http_finalize_request

ngx_http_finalize_request 函数的行为和传参的关系非常大，如果参数传递错误可能会影响后面的引用计数统计、连接关闭等，因此对该函数的细节理解就显得非常必要了，尤其是对于需要开发复杂的 HTTP 模块的场景。ngx_http_finalize_request 函数原型如下：

```
void ngx_http_finalize_request(ngx_http_request_t *r, ngx_int_t rc)
```

从函数原型上看，该方法有两个参数。request 请求可能是原始请求，也可能是子请求，这里差别不是很大。rc 参数就比较复杂，传入值有多种可能。这里结合源代码梳理了 rc 可能的传入值，如表 7-6 所示。

表 7-6　rc 参数传入值含义及行为

rc 参数传入值	含义	行为
NGX_DONE	所有流程都已经完成，正常关闭连接	执行 ngx_http_finalize_connection 方法
NGX_OK	值为 0	结合请求状态做不同的处理
NGX_DECLINED	流程还没有完全结束，例如 body 数据还有一部分没有发送成功，需要重新进入流水线执行	将 r->write_event_handler 设置为 ngx_http_core_run_phases，同时执行 ngx_http_core_run_phases 方法
NGX_ERROR NGX_HTTP_REQUEST_TIME_OUT NGX_HTTP_CLIENT_CLOSED_REQUEST	错误、超时、客户端关闭连接或者其他错误	执行 ngx_http_post_action，如果出错则执行 ngx_http_terminate_request(r, rc)，强制终止请求
NGX_HTTP_CLOSE	状态码为 444，关闭请求	执行 ngx_http_terminate_request(r, rc) 方法
NGX_HTTP_SPECIAL_RESPONSE NGX_HTTP_CREATED NGX_HTTP_NO_CONTENT	各种 http 状态码	结合请求状态做不同处理
……	其他数值	默认逻辑

我们结合代码片段来详细分析 rc 对不同输入的处理方式。

1）如果 rc 参数传入值为 NGX_DONE，表示不需要做任何事情，直接调用 ngx_http_finalize_connection 方法。值得注意的是，该方法内部会做引用计数检查，并不是立即销毁请求。

```
    if (rc == NGX_DONE) {
```

```
// 结束连接，只有 count 为 0 时才会真正关闭连接
ngx_http_finalize_connection(r);
return;
}
```

2）如果 rc 参数传入值为 NGX_DECLINED，表示请求还需要按 11 个阶段继续处理，这里的处理方法是将写事件函数设置为 ngx_http_core_run_phases，同时调用该函数。

```
if (rc == NGX_DECLINED) {
    // 再次执行流水线
    r->content_handler = NULL;
    r->write_event_handler = ngx_http_core_run_phases;
    ngx_http_core_run_phases(r);
    return;
}
```

3）如果 rc 参数传入值为 NGX_OK，但请求中 filter_finalize 为 1，则表示传参错误，会将连接中的 error 字段设置为 1。

```
if (rc == NGX_OK && r->filter_finalize) {
    c->error = 1;
}
```

4）如果当前请求是子请求，则调用请求结构体中 post_subrequest 的 handler 函数。

```
/* 如果是子请求，则进行子请求的 handler 处理 */
if (r != r->main && r->post_subrequest) {
    rc = r->post_subrequest->handler(r, r->post_subrequest->data, rc);
}
```

5）如果 rc 参数的传入值是 NGX_ERROR、NGX_HTTP_REQUEST_TIME_OUT、NGX_HTTP_CLIENT_CLOSED_REQUEST 或者 NGX_HTTP_CLOSE，表示发生错误、超时、客户端关闭连接或者其他错误，这时调用 ngx_http_terminate_request 强制结束响应。

```
/* 错误、超时、客户端关闭连接或者其他错误 */
if (rc == NGX_ERROR || rc == NGX_HTTP_REQUEST_TIME_OUT || rc == NGX_HTTP_
    CLIENT_CLOSED_REQUEST || c->error)
{
    if (ngx_http_post_action(r) == NGX_OK) {
        return;
    }
    ngx_http_terminate_request(r, rc); // 强制终止请求
    return;
}
```

6）如果 rc 参数传入值大于等于 NGX_HTTP_SPECIAL_RESPONSE 或者值为 NGX_HTTP_CREATED 及 NGX_HTTP_NO_CONTENT，表示请求的动作是上传文件或者发送响应码大于 3xx 的其他特殊响应。此时需要检查当前请求是原始请求还是子请求，如果是

原始请求则需要删除读 / 写事件中的定时器，同时设置读 / 写事件的回调方法为 ngx_http_request_handler，表示需要继续处理 HTTP 请求，接着调用 ngx_http_special_response_handler 方法，根据 rc 参数值构造出完整的 HTTP 响应并向客户端发送。

```
    if (rc >= NGX_HTTP_SPECIAL_RESPONSE || rc == NGX_HTTP_CREATED || rc ==
        NGX_HTTP_NO_CONTENT)
{
/* 处理特殊错误 */
    if (rc == NGX_HTTP_CLOSE) {
        ngx_http_terminate_request(r, rc);// 强制终止请求
        return;
    }
    if (r == r->main){// 当前请求为原始请求，则删除定时器
        if (c->read->timer_set){
            ngx_del_timer(c->read);
        }
        if (c->write->timer_set){
            ngx_del_timer(c->write);
        }
    }
    c->read->handler = ngx_http_request_handler;
    c->write->handler = ngx_http_request_handler;
    ngx_http_finalize_request(r, ngx_http_special_response_handler(r, rc));
    return;
}
```

7）再次检查，如果当前请求是子请求，正常情况下需要跳到它的父请求，让父请求继续往下执行，所以需要首先找到父请求（当前请求的 parent 属性），同时构造一个 ngx_http_post_request 请求。

```
/* 表示当前请求不是原始请求 */
if (r != r->main)
{
    ......
    pr = r->parent;
    if (r == c->data)
    {
        r->main->count--;
        r->done = 1;
        if (pr->postponed && pr->postponed->request == r)
        {
            pr->postponed = pr->postponed->next;
        }
        c->data = pr;
    }
    else
    {
        r->write_event_handler = ngx_http_request_finalizer;
        if (r->waited)
```

```
        {
            r->done = 1;
        }
    }
    if (ngx_http_post_request(pr, NULL) != NGX_OK)
    {
        r->main->count++;
        ngx_http_terminate_request(r, 0);
        return;
    }
    return;
}
```

8）如果当前请求是原始请求，当请求或者连接中仍有数据要处理，则调用函数 ngx_http_set_write_handler 将请求的 write_event_handler 设置为 ngx_http_writer。这一步非常关键，我们前面提到如果响应头或者响应体过大，则无法一次将响应发送给客户端，需要调用 ngx_http_finalize_request 方法结束请求，同时将 ngx_http_writer 注册到 epoll 和定时器中。

```
/* 当前请求是原始请求 */
if (r->buffered || c->buffered || r->postponed || r->blocked)
{
    if (ngx_http_set_write_handler(r) != NGX_OK)
    {
        ngx_http_terminate_request(r, 0);
    }
    return;
}
```

9）到这一步表明 HTTP 请求确实可以结束了，这里会把请求的写事件处理函数设置为 ngx_http_request_empty_handler，同时删除读 / 写事件中的定时器。

```
r->done = 1;
r->write_event_handler = ngx_http_request_empty_handler;
/* 删除定时器 */
if (c->read->timer_set)
{
    ngx_del_timer(c->read);
}
if (c->write->timer_set)
{
    c->write->delayed = 0;
    ngx_del_timer(c->write);
}
if (c->read->eof)
{
    ngx_http_close_request(r, 0); // 判断 count 是否为 0
    return;
}
```

10）调用 ngx_http_finalize_connection 方法结束请求。

```
// 关闭连接
ngx_http_finalize_connection(r);
```

事实上，ngx_http_finalize_request 方法中还有很多分支逻辑，这里把最核心的 10 个操作列出来，希望读者能对该方法有更全面的了解，并根据不同的场景灵活使用传参 rc。

3. 请求关闭的处理

在 ngx_http_finalize_request 方法的最后，我们看到调用了 ngx_http_finalize_connection 函数来关闭请求。该函数是否可以直接关闭 TCP 连接？前面的章节多次提到只有当 count 计数为 0 的时候才可以真正关闭请求对象。但从 ngx_http_finalize_request 源码分析中，我们并没有看到对 count 减到 0 类似的逻辑，到底计数是在哪个函数中实现的呢？对于长连接的场景，我们又该如何处理呢？事实上，这两个问题在 ngx_http_finalize_request 方法中都有处理，只不过将处理方法封装在了 ngx_http_finalize_connection 内部，我们需要进一步分析该方法的实现，代码实现片段如下：

```
/**
 * 关闭连接
 * @param r HTTP 请求
 */
static void ngx_http_finalize_connection(ngx_http_request_t *r)
{
    clcf = ngx_http_get_module_loc_conf(r, ngx_http_core_module);
    if (r->main->count != 1)
    {
        if (r->discard_body)
        {
            r->read_event_handler = ngx_http_discarded_request_body_handler;
            ngx_add_timer(r->connection->read, clcf->lingering_timeout);
            ......
        }
        ngx_http_close_request(r, 0);
        return;
    }
```

这里首先查看原始请求的引用计数，如果原始请求的引用计数不等于 1，说明还有其他操作在使用请求，接着检查 discard_body 标志位，如果为 0 则直接调用 ngx_http_close_request(r, 0) 方法结束请求；否则表示当前正在执行丢弃请求体操作，把请求的 read_event_handler 设置为 ngx_http_discarded_request_body_handler 方法。

如果请求的引用计数是 1，说明确实要结束请求了，不过依然要检查请求是否设置了 keepalive 属性。

```
    if (!ngx_terminate && !ngx_exiting && r->keepalive && clcf->keepalive_timeout > 0)
    {
```

```
                  // 采用 keepalive 方式
                  ngx_http_set_keepalive(r);
                  return;
          }
    }
```

如果 keepalive 属性值是 1，表明这个请求可以结束，但 TCP 连接需要复用。这里调用
ngx_http_set_keepalive 方法将当前连接设置为长连接状态，意味着请求分配的 http_request_
s 结构体可以释放，但并不会调用 ngx_http_close_connection 方法关闭 TCP 连接。

如果 keepalive 属性值是 0，我们还要进一步考虑 lingering_close。如果 lingering_close
配置为 1，表示需要延迟关闭请求，此时调用 ngx_http_set_lingering_close 方法延迟关闭请
求。该方法会将连接上的写事件设置为 ngx_http_empty_handler，只处理读事件，代码实现
片段如下：

```
    if (clcf->lingering_close == NGX_HTTP_LINGERING_ALWAYS || (clcf->lingering_
        close == NGX_HTTP_LINGERING_ON && (r->lingering_close || r->header_in-
        >pos < r->header_in->last || r->connection->read->ready)))
    {
        ngx_http_set_lingering_close(r);
        return;
    }
    /* 判断 count 是否为 0，如果为 0 则关闭请求以及 TCP 连接 */
    ngx_http_close_request(r, 0);
```

最后，如果上面的情况都没有出现，则调用 ngx_http_close_request 方法结束请求。
ngx_http_close_request 方法的实现如下：

```
static void ngx_http_close_request(ngx_http_request_t *r, ngx_int_t rc)
{
    ngx_connection_t *c;
    r = r->main;
    c = r->connection;
    r->count--;
    /**
     * 如果 count 非 0，表示还有其他子请求或者动作需要处理，不能直接关闭
     * 如果 blocked 非 0，表示阻塞，不能直接关闭
     */
    if (r->count || r->blocked) {
        return;
    }
    ngx_http_free_request(r, rc);
    ngx_http_close_connection(c);
}
```

可以看到，ngx_http_close_request 方法会先取出原始请求，并将 count 减 1。如果
count 值仍大于 0 或者 blocked 值大于 0，不能直接结束请求；反之，则调用 ngx_http_free_
request 和 ngx_http_close_connection 方法将请求释放，同时关闭 TCP 连接。

表 7-7 展示了几种结束请求的方法，读者可以自行阅读源码比对细节，重点是要掌握 ngx_http_finalize_request 方法。

表 7-7　几种结束请求方法的对比

方法名	关键实现描述	备注
ngx_http_close_connection	关闭 TCP 连接	① 表中从上到下的方法提供的能力越来越丰富 ② 表中从下到上的方法越来越基础，供 Nginx 内部调用 ③ 推荐模块开发人员使用 ngx_http_finalize_request 方法
ngx_http_free_request	释放 http_request，但复用 TCP 连接	
ngx_http_close_request	引用计数减 1，如减到 0 则释放 http_request 并关闭 TCP 连接	
ngx_http_finalize_connection	调用 ngx_http_close_request，主要处理 keepalive 及主请求	
ngx_http_terminate_request	强制关闭请求，调用 ngx_http_close_request	
ngx_http_finalize_request	考虑了各种结束场景，并根据场景调用上面 5 个方法	

7.6　本章小结

本章主要介绍了 HTTP 模块的底层实现，首先从 main 函数开始梳理了 HTTP 模块的初始化过程，结合 Event 模块的设置梳理了 HTTP 请求处理的核心流程；然后从会话建立到接收客户端请求，详细介绍了 HTTP 请求的解析过程，包括请求行、请求头的解析；接着重点介绍了 HTTP 请求处理的 11 个阶段，包括每个阶段对应的处理方法；随后介绍了请求体的解析以及 HTTP 模块提供的针对请求体的两种处理方式——读取或者丢弃请求体；最后分析了 HTTP 响应的处理过程。

通过本章的学习及源码解读，我们可以深入地了解 HTTP 请求的整个生命周期。借助 Nginx 底层提供的函数、模块，如核心模块封装、良好的数据结构、过滤模块等，我们可以实现更复杂的 HTTP 模块，甚至是基于 TCP 的其他模块。

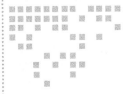

第 8 章

Upstream 机制

如果一个请求的处理中需要依赖第三方服务，Nginx 又是如何处理的呢？答案是通过 Upstream 机制。Upstream 机制使得 Nginx 成为一个反向代理。Nginx 通过 Upstream 机制向上游服务器发送 TCP 请求报文，上游服务器根据该请求返回相应的响应报文。Nginx 根据上游服务器的响应报文，决定是否向下游客户端转发响应报文。另外，Upstream 机制提供了负载均衡的功能，我们可以根据配置将各个请求分派到集群服务器的某个服务器上。Upstream 机制让 Nginx 跨越单一层级服务的限制，具备了网络应用层面的拆分、转发、封装和整合的重要能力。总而言之，Upstream 机制是 Nginx 中非常关键的设计。下面我们一起来学习它的原理。

8.1　Upstream 简介

Upstream 为 Nginx 提供了跨单机处理的能力。目前，Nginx 已经支持很多种 Upstream，比如可以通过 proxy 模块将请求转发给上游的 HTTP 服务器，也可以通过 FastCGI 模块将请求转发给上游的 CGI 服务器。Nginx 接收客户端请求，并转发给上游服务器的流程如图 8-1 所示。

整个过程可以分为 4 步：接收客户端请求、转发请求给上游服务器、接收上游服务器的响应、将响应结果转发给客户端。本章主要介绍第 2 步以及第 3 步。

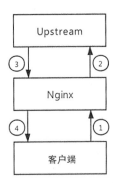

图 8-1　Nginx 与 Upstream 转发流程

对于第 1 步以及第 4 步，读者可以参考本书 HTTP 模块。

我们以 prxoy 模块为例，讲解 Nginx 如何将请求转发到上游 HTTP 服务器，又如何处理上游服务器响应。总体来看，Nginx 访问上游服务器的流程可以分为 6 个阶段。

1）初始化 Upstream；

2）与上游服务器建立连接；

3）发送请求到上游服务器；

4）处理上游响应头；

5）处理上游响应体；

6）结束请求。

另外，Nginx 可以与上游服务器建立长连接，以避免重复建立连接。我们以短连接为例，讲解 Nginx 与上游服务器交互的 6 个阶段；之后介绍与上游服务器交互失败后，Nginx 的重试机制；然后介绍 Nginx 长连接的实现；最后简单介绍另一个常用的上游服务器 FastCGI。为了方便后续讲解，我们对 Upstream 进行如下配置。本章后续部分如果没有特殊说明，Upstream 都是这个配置。

```
http{
    upstream backend{
        server 127.0.0.1:8010 weight=2;
        server 127.0.0.1:8020 weight=1;
        #keepalive 2;
        #Nginx 1.15.3 之后可以设置
        #keepalive_timeout 120s;
        #Nginx 1.15.3 之后可以设置
        #keepalive_requests 100;
    }
    server{
        # 客户端设置
        client_header_buffer_size 1k;
        client_header_timeout 60s;
        client_body_buffer_size 4k;
        client_max_body_size 1m;
        client_body_timeout 60s;
        location / {
            proxy_pass http:// backend;
            # 连接 Upstream 使用 HTTP 1.1
            #proxy_http_version 1.1;
            #proxy_set_header Connection "";
            # 超时设置
            proxy_connect_timeout 60s;
            proxy_send_timeout 60s;
            proxy_read_timeout 60s;
            # 请求缓存
            proxy_request_buffering on;
            # 接收上游服务器返回的缓冲区设置
```

```
        proxy_buffer_size 4k;
        proxy_buffering on;
        proxy_buffers 8 4k;
        # 重试机制
        #proxy_next_upstream error timeout;
        #proxy_next_upstream_tries 0;
        #proxy_next_upstream_timeout 0;
    }
  }
}
```

这里，我们不对这些配置进行详细说明，后续用到某个配置时再解释其含义。

8.2 初始化 Upstream

初始化 Upstream 是与上游服务器交互的第一步，我们在配置文件中通过 proxy_pass 设置上游服务器的地址、使用的协议，在解析完 proxy_pass 后会设置内容处理函数。当客户端发送 HTTP 请求到 Nginx 后，Nginx 会首先进行 HTTP 请求行、请求头的解析，解析完请求头后进入请求处理的 11 个阶段。在内容分析处理阶段，Nginx 会优先调用 HTTP 模块设置的内容处理函数 ngx_http_core_content_phase，函数原型如下：

```
ngx_int_t ngx_http_core_content_phase(ngx_http_request_t *r, ngx_http_phase_
    handler_t *ph){
    ...
    // 判断是否设置了内容处理函数
    if (r->content_handler) {
        r->write_event_handler = ngx_http_request_empty_handler;
        // 对于 proxy_pass, content_handler 就是 ngx_http_proxy_handler 函数
        ngx_http_finalize_request(r, r->content_handler(r));
        return NGX_OK;
    }
    ...
}
```

Nginx 在接收到用户发送的 HTTP 请求后，解析请求行、请求头，同时调用 ngx_http_proxy_handler 处理请求。关于解析请求行、请求头的部分，读者可以参考本书 HTTP 模块，这里我们先看一下 ngx_http_proxy_handler 函数的处理流程。

```
static ngx_int_t ngx_http_proxy_handler(ngx_http_request_t *r){
    // 第一步：创建 ngx_http_upstream_t 结构体
    if (ngx_http_upstream_create(r) != NGX_OK) {
        return NGX_HTTP_INTERNAL_SERVER_ERROR;
    }
    u = r->upstream;
    // 第二步：设置 Upstream 处理各类事件的回调函数
    u->create_request = ngx_http_proxy_create_request;
```

```
u->reinit_request = ngx_http_proxy_reinit_request;
u->process_header = ngx_http_proxy_process_status_line;
u->abort_request = ngx_http_proxy_abort_request;
u->finalize_request = ngx_http_proxy_finalize_request;
...
// 第三步：读取用户发送的请求体并初始化 Upstream
rc = ngx_http_read_client_request_body(r, ngx_http_upstream_init);
if (rc >= NGX_HTTP_SPECIAL_RESPONSE) {
    return rc;
}
return NGX_DONE;
}
```

Upstream 初始化流程如图 8-2 所示，可以细分为 4 步：创建 Upstream 结构体、设置回调函数、读取请求体、启动 Upstream。

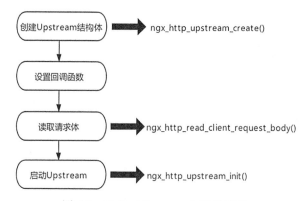

图 8-2　Nginx Upstream 初始化流程

第 1 步：调用函数 ngx_http_upstream_create 为请求创建 Upstream。让我们先来回忆一下请求结构体 ngx_http_request_t，然后在结构体定义的开头找到 Upstream 域：

```
struct ngx_http_request_s {
    uint32_t                    signature;        /* "HTTP" */
    ngx_connection_t            *connection;

    void                        **ctx;
    void                        **main_conf;
    void                        **srv_conf;
    void                        **loc_conf;

    ngx_http_event_handler_pt   read_event_handler;
    ngx_http_event_handler_pt   write_event_handler;
    /**
     ** 当对应请求需要启用 Upstream 机制的时候，就会设置它，否则设为 NULL
     **/
    ngx_http_upstream_t         *upstream;
```

```
ngx_array_t                        *upstream_states;

ngx_pool_t                         *pool;
ngx_buf_t                          *header_in;
...
}
```

Nginx 通过 ngx_http_upstream_create 函数创建 ngx_http_upstream_t 结构体, 并将其注册到 ngx_http_request_t 结构体的 Upstream 域中:

```
ngx_int_t ngx_http_upstream_create(ngx_http_request_t *r){
    ngx_http_upstream_t  *u;
    u = r->upstream;
    /*
    * 若已经创建过 Upstream, 且注册了 cleanup 清理函数,
    * 则调用 cleanup 将原 Upstream 结构体 (ngx_http_upstream_t) 清除
    */
    if (u && u->cleanup) {
        r->main->count++;
        ngx_http_upstream_cleanup(r);
    }
    // 从内存池中申请空间
    u = ngx_pcalloc(r->pool, sizeof(ngx_http_upstream_t));
    if (u == NULL) {
        return NGX_ERROR;
    }
    /*
    * 将新创建的 Upstream 结构注册到请求 r 中
    */
    r->upstream = u;
    ...
    return NGX_OK;
}
```

第 2 步: 设置回调函数, 这里我们需要 create_request 以及 process_header 两个回调函数。create_request 用于创建发送到上游服务器的请求, process_header 用于处理上游服务器返回的响应头。后续部分会用到这两个回调函数。

```
u = r->upstream;
//第二步: 设置 Upstream 处理各类事件的回调函数
u->create_request = ngx_http_proxy_create_request;
u->reinit_request = ngx_http_proxy_reinit_request;
u->process_header = ngx_http_proxy_process_status_line;
u->abort_request = ngx_http_proxy_abort_request;
u->finalize_request = ngx_http_proxy_finalize_request;
```

第 3 步: 读取请求体。这里可以先思考一个问题, Nginx 是否需要在接收到完整的用户请求体之后再选择上游服务器, 并将请求发送给上游服务器, 还是可以一边接收用户请求, 一边转发给上游服务器?

答案是用户可配置。Nginx 允许用户设置是否需要完全读取到用户请求体，然后再发送到上游服务器。对应的配置项是 proxy_request_buffering，默认为 on，也就是说需要接收到完整的用户请求体，然后才能发送到上游服务器。如果用户请求体大小超过我们设置的 client_body_buffer_size，Nginx 会将部分请求体或者全部请求体放到临时文件中。关于这部分内容，读者可以参考本书 HTTP 模块。需要注意的是，如果 proxy_request_buffering 设置为 off，Nginx 会边接收用户请求体，边发送到上游服务器。如果 Nginx 已经开始发送请求体，但是发送失败，则无法再重新选择一个上游服务器，重新转发请求。读取用户请求体的代码如下：

```
ngx_int_t ngx_http_read_client_request_body(ngx_http_request_t *r,
    ngx_http_client_body_handler_pt post_handler){
        ...
        ngx_http_request_body_t    *rb;
        rb = ngx_pcalloc(r->pool, sizeof(ngx_http_request_body_t));
        rb->rest = -1;
        rb->post_handler = post_handler;
        r->request_body = rb;
        // 这里表示没有 body
        if (r->headers_in.content_length_n < 0 && !r->headers_in.chunked) {
        r->request_body_no_buffering = 0;
        post_handler(r);
        return NGX_OK;
    }
    // 已经读取到的 body
    preread = r->header_in->last - r->header_in->pos;
    if (preread) {
        out.buf = r->header_in;
        out.next = NULL;
        // 处理已经读取到的 body，将请求 r 中的 body 解析到 request_body 字段
      rc = ngx_http_request_body_filter(r, &out);
        ...
    }else{
        // 这里会设置 rb->rest，也就是设置 body 还有多少未读取到的数据
        if (ngx_http_request_body_filter(r, NULL) != NGX_OK) {
          ...
        }
    }
    // 如果 body 已经处理完成，直接调用 ngx_http_upstream_init 初始化 Upstream
    if (rb->rest == 0) {
     /* the whole request body was pre-read */
     r->request_body_no_buffering = 0;
     post_handler(r);
     return NGX_OK;
    }
    ...
    r->read_event_handler = ngx_http_read_client_request_body_handler;
    r->write_event_handler = ngx_http_request_empty_handler;
```

```
        rc = ngx_http_do_read_client_request_body(r);
done:
        // 如果配置了 proxy_request_buffering, r->request_body_no_buffering 会被设置为 1
        if (r->request_body_no_buffering && (rc == NGX_OK || rc == NGX_AGAIN)){
          if (rc == NGX_OK) {
              r->request_body_no_buffering = 0;
          } else {
              /* rc == NGX_AGAIN */
              r->reading_body = 1;
          }
          r->read_event_handler = ngx_http_block_reading;
           // 不管是否接收到用户完整的请求体, 都会调用 ngx_http_upstream_init 初始化 Upstream
          post_handler(r);
        }
        return rc;
}
```

第 4 步：经过前 3 步的准备，Nginx 现在可以调用函数 ngx_http_upstream_init 启动 Upstream。该函数主要是通过调用 ngx_http_upstream_init_request 完成 Upstream 的初始化工作。ngx_http_upstream_init_request 先创建需要发送到上游服务器的请求，这一步是通过调用第 2 步设置的上游服务器的 create_request 回调函数实现的，并将结果写入 ngx_http_upstream_t 结构体的 request_bufs 字段。之后，Nginx 需要初始化 ngx_peer_connection_t 结构体。通常情况下，Nginx 会配置多个上游服务器的地址，并且配置相应的负载均衡方式。默认情况下，Nginx 会使用平滑的加权轮询方式，初始化上游连接时会设置上游服务器的回调函数；最后通过 ngx_http_upstream_connect 函数与上游服务器建立连接。

```
static void ngx_http_upstream_init_request(ngx_http_request_t *r){
    ...
    // 创建需要发送给上游的请求
    if (u->create_request(r) != NGX_OK) {
      ngx_http_finalize_request(r, NGX_HTTP_INTERNAL_SERVER_ERROR);
       return;
    }
    ...
found:
    // 初始化上游连接, 默认情况下是 ngx_http_upstream_init_round_robin_peer
    if (uscf->peer.init(r, uscf) != NGX_OK) {
       ...
    }
    // 与上游服务器建立连接
    ngx_http_upstream_connect(r, u);
}
```

这里，我们看一下 ngx_http_upstream_init_round_robin_peer 函数。

```
ngx_int_t ngx_http_upstream_init_round_robin_peer(ngx_http_request_t *r,
    ngx_http_upstream_srv_conf_t *us){
    ...
```

```
r->upstream->peer.get = ngx_http_upstream_get_round_robin_peer;
r->upstream->peer.free = ngx_http_upstream_free_round_robin_peer;
r->upstream->peer.tries = ngx_http_upstream_tries(rrp->peers);
return NGX_OK;
}
```

以上就是 Upstream 初始化的过程。Upstream 初始化完成之后，Nginx 开始连接上游服务器。需要注意的是，在 Upstream 初始化过程中，Nginx 并没有选择出具体的上游服务器。8.3 节将介绍从多个上游服务器选择一个上游服务器建立连接。

8.3　与上游建立连接

Upstream 完成初始化后，需要与上游服务器建立连接。建立连接是通过 ngx_http_upstream_connect 函数实现的。

```
void ngx_http_upstream_connect(ngx_http_request_t *r, ngx_http_upstream_t *u){
    //与上游服务器建立连接
    rc = ngx_event_connect_peer(&u->peer);
    c = u->peer.connection;
    //设置上游服务器的回调函数
    c->write->handler = ngx_http_upstream_handler;
    c->read->handler = ngx_http_upstream_handler;
    u->write_event_handler = ngx_http_upstream_send_request_handler;
    u->read_event_handler = ngx_http_upstream_process_header;
        //非阻塞式连接，设置连接超时
        if (rc == NGX_AGAIN) {
        ngx_add_timer(c->write, u->conf->connect_timeout);
        return;
        }
        ...
}
```

可以看出，与上游服务器建立连接主要依赖 ngx_event_connect_peer 函数。该函数被调用之前设置回调函数并选择合适的上游服务器地址，默认地址是 ngx_http_upstream_get_round_robin_peer。选择完上游服务器地址后，Nginx 会创建相应的套接字，并将其设置为非阻塞模式，加入事件监听队列。当 TCP 协议栈完成三次握手之后，epoll 监听的套接字变成可写状态，触发写事件，进而调用回调函数进行处理。这时，Nginx 就可以将请求转发到上游服务器了，具体实现如下：

```
ngx_int_t ngx_event_connect_peer(ngx_peer_connection_t *pc){
    //选择一个上游服务器
    rc = pc->get(pc, pc->data);
    //创建新的套接字
    s = ngx_socket(pc->sockaddr->sa_family, type, 0);
    //获取一个ngx_connection_t结构体
    c = ngx_get_connection(s, pc->log);
```

```
// 将套接字设置成非阻塞模式
if (ngx_nonblocking(s) == -1) {
        ...
}
// 将新建的连接加入到 epoll 监听，ngx_add_conn 就是 ngx_epoll_add_connection 函数
if (ngx_add_conn) {
  if (ngx_add_conn(c) == NGX_ERROR) {
    goto failed;
  }
}
// 建立连接
rc = connect(s, pc->sockaddr, pc->socklen);
...
}
```

下面具体讲解一下 Nginx 默认采用的负载均衡方式，也就是平滑加权轮询。先看几个关键的结构体，ngx_http_upstream_rr_peer_data_t 结构体是在初始化上游连接时创建的。该结构体用于存储这次请求使用的上游服务器的相关信息。

```
typedef struct {
    ngx_uint_t                      config;
    ngx_http_upstream_rr_peers_t    *peers;
    ngx_http_upstream_rr_peer_t     *current;
    uintptr_t                       *tried;
    uintptr_t                       data;
} ngx_http_upstream_rr_peer_data_t;
```

其中，peers 字段表示配置的多个上游服务器地址。该结构体除了可以配置常规的上游服务器外，还可以配置备用服务器[⊖]。需要注意的是，该结构体以及 ngx_http_upstream_rr_peers_s 结构体都是在解析配置时就已经创建好，处理请求时，直接使用即可。

```
struct ngx_http_upstream_rr_peers_s{
    ngx_uint_t                      number;
    ...
    ngx_http_upstream_rr_peer_t     *peer;
}
```

多个上游服务器通过链表进行链接，每个上游服务器通过 ngx_http_upstream_rr_perrs_s 表示。

```
struct ngx_http_upstream_rr_peer_s{
    ngx_str_t                       name;
    ...
    // 当前权重
    ngx_int_t                       current_weight;
    // 有效权重，当服务器失败时降低该权重
    ngx_int_t                       effective_weight;
    // 服务器配置的权重
```

⊖ 我们可以在 Nginx Upstream 的配置中使用 back 选项指定某个服务器是备用服务器。

```
        ngx_int_t                               weight;
        ...
        //指向下一个服务器地址
        ngx_http_upstream_rr_peer_t     *next;
}
```

Nginx 上游服务器存储结构如图 8-3 所示。

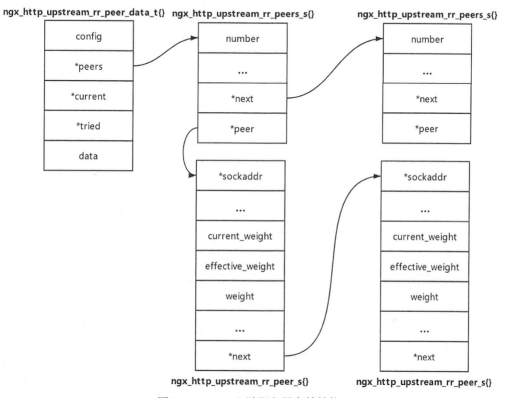

图 8-3　Nginx 上游服务器存储结构

下面看一下 Nginx 如何选择上游服务器，代码实现如下：

```
static ngx_http_upstream_rr_peer_t *
ngx_http_upstream_get_peer(ngx_http_upstream_rr_peer_data_t *rrp){
        ngx_int_t                         total;
        ngx_http_upstream_rr_peer_t   *peer, *best;
        best = NULL;
        total = 0;
        ...
        //遍历所有服务器
        for(peer = rrp->peers->peer, i = 0;
            peer;
            peer = peer->next,i++) {
            ...
```

```
// 每个服务器的 current_weight 加上 effective_weight
peer->current_weight += peer->effective_weight;
// effective_weight 之和
total += peer->effective_weight;
// 如果这个服务器之前响应失败过，effective_weight 会小于设置的权重
if (peer->effective_weight < peer->weight) {
    peer->effective_weight++;
}
// 记录 current_weight 最大的服务器，并将其作为这次选择的上游服务器
if (best == NULL || peer->current_weight > best->current_weight){
    best = peer;
}
}
...
// 本次选中的服务器的 current_weight 减去 total
best->current_weight -= total;
...
return best;
}
```

Nginx 采用平滑的加权轮询，effective_weight 是当前服务器的有效权重。如果与上游服务器通信失败，effective_weight 值会降低，初始值就是 weight。current_weight 表示当前权重，默认为 0。轮询三次，每次结果如表 8-1 所示。

表 8-1　Nginx 平滑加权轮询

请求次数	effective_weight	current_weight（选择前）	current_weight（选择后）	选择的上游服务器
1	（2, 1）	（2, 1）	（-1, 1）	server 1
2	（2, 1）	（1, 2）	（1, -1）	server 2
3	（2, 1）	（3, 0）	（0, 0）	server 1

可以看出，Nginx 选择了两次 server1，选择了一次 server2，与配置的权重相同。需要注意的是，Nginx 并不是连续选择了 server1，而是 server1、server2、server1。关于平滑加权轮询，感兴趣的读者可以自行参考相关资料。除了加权轮询外，Nginx 还提供了 ip_hash、least_conn、hash 等多种方式的负载均衡方案。限于篇幅，我们不再详细介绍。

8.4　发送请求到上游

Nginx 采用非阻塞模式与上游服务器建立连接。当 Nginx 与上游服务器完成连接后，之前监听的套接字触发可写事件，表明 TCP 连接已经完成。此时，Nginx 可以将请求数据转发到上游服务器。这里是通过在连接上游服务器时设置的写事件回调函数 ngx_http_upstream_send_request_handler 实现的。请求数据是在 Upstream 初始化时构造好的，待发送的数据存储在 Upstream 结构体的 Request_bufs 中。发送请求的代码如下所示。

```
static void ngx_http_upstream_send_request(ngx_http_request_t *r, ngx_http_
    upstream_t *u, ngx_uint_t do_write){
    // 发送请求到上游服务器
    rc = ngx_http_upstream_send_request_body(r, u, do_write);
    // 出现错误
    if (rc == NGX_ERROR) {
        ngx_http_upstream_next(r, u, NGX_HTTP_UPSTREAM_FT_ERROR);
        return;
    }
    ...
}
```

在 Upstream 初始化中，我们讲过 Nginx 默认在读取完用户请求体后选择上游服务器，并将请求转发给上游服务器。但是，如果 proxy_request_buffering 配置为 off，Nginx 将边接收用户请求体，边转发给上游服务器。我们从 ngx_http_upstream_send_request_body 也可以看出这一点，该函数负责将用户请求体转发给上游服务器，具体实现如下：

```
static ngx_int_t ngx_http_upstream_send_request_body(ngx_http_request_t *r,
    ngx_http_upstream_t *u, ngx_uint_t do_write){
    /** 需要读取完整的用户请求体 **/
    if (!r->request_body_no_buffering) {
        /* buffered request body */
        if (!u->request_sent) {
            u->request_sent = 1;
            out = u->request_bufs;
        } else {
            out = NULL;
        }
        rc = ngx_output_chain(&u->output, out);
        if (rc == NGX_AGAIN) {
            u->request_body_blocked = 1;
        } else {
            u->request_body_blocked = 0;
        }
        return rc;
    }
    /** 边接收用户请求体，边转发给上游服务器 **/
    if (!u->request_sent) {
        // 需要先将 request_bufs 中的数据发送给上游服务器，这里只执行 1 次
        u->request_sent = 1;
        out = u->request_bufs;
        if (r->request_body->bufs) {
            for (cl = out; cl->next; cl = cl->next) { /* void */ }
            cl->next = r->request_body->bufs;
            r->request_body->bufs = NULL;
        }
        ...
    } else {
        out = NULL;
```

```
    }
    //边读取用户请求体，边转发发送给上游服务器
    for ( ;; ) {
            //将请求体发送给上游服务器
            if (do_write) {
                rc = ngx_output_chain(&u->output, out);
                if (rc == NGX_ERROR) {
                    return NGX_ERROR;
                }
                while (out) {
                    ln = out;
                    out = out->next;
                    ngx_free_chain(r->pool, ln);
                }
                if (rc == NGX_AGAIN) {
                    u->request_body_blocked = 1;
                } else {
                    u->request_body_blocked = 0;
                }
                if (rc == NGX_OK && !r->reading_body) {
                    break;
                }
            }
            //读取用户请求体
            if (r->reading_body) {
                rc = ngx_http_read_unbuffered_request_body(r);
                if (rc >= NGX_HTTP_SPECIAL_RESPONSE) {
                    return rc;
                }
                out = r->request_body->bufs;
                r->request_body->bufs = NULL;
            }
            /* stop if there is nothing to send */
            if (out == NULL) {
                rc = NGX_AGAIN;
                break;
            }
            do_write = 1;
    }
    ...
}
```

Nginx 将请求发送给上游服务器后，上游服务器进行处理，处理完成后将结果返回给 Nginx，然后由 Nginx 将结果发送给用户，完成整个请求的处理。

8.5　处理上游响应头

Nginx 处理上游服务器返回结果可以分为两步：第一步是处理上游响应头；第二步是

处理上游响应体。本节先介绍响应头的处理。上游服务器将处理结果返回后，Nginx 监听
的上游服务器套接字 fd 可读，这时可调用在连接上游服务器时设置的回调函数 ngx_http_
upstream_process_header 读取数据。该函数会读取上游服务器返回的数据，并调用之前
设置的上游响应头处理函数，比如在配置里是通过配置 fastcgi_pass 将请求转发给上游
CGI 服务器，对应的上游响应头处理函数是 ngx_http_fastcgi_process_header。如果是使
用 proxy_pass 将请求转发到上游的 HTTP 服务器，则对应的处理函数是 ngx_http_proxy_
process_status_line。

```
static void ngx_http_upstream_process_header(ngx_http_request_t *r, ngx_http_
    upstream_t *u){
    ssize_t            n;
    ngx_int_t          rc;
    ngx_connection_t   *c;
    c = u->peer.connection;
    //u->buffer 用于存储上游返回的响应头部
    if (u->buffer.start == NULL) {
        u->buffer.start = ngx_palloc(r->pool, u->conf->buffer_size);
        ...
        u->buffer.pos = u->buffer.start;
        u->buffer.last = u->buffer.start;
        u->buffer.end = u->buffer.start + u->conf->buffer_size;
        u->buffer.temporary = 1;
        u->buffer.tag = u->output.tag;
        if (ngx_list_init(&u->headers_in.headers, r->pool, 8,
            sizeof(ngx_table_elt_t)) != NGX_OK){
            ...
            return;
        }
        if (ngx_list_init(&u->headers_in.trailers, r->pool, 2,
            sizeof(ngx_table_elt_t)) != NGX_OK){
            ...
            return;
        }
    }
    //读取上游响应头数据，并调用响应头处理函数
    for ( ;; ) {
        //读取上游返回的数据
        n = c->recv(c, u->buffer.last, u->buffer.end - u->buffer.last);
        //没有读取到数据
        if (n == NGX_AGAIN) {
            if (ngx_handle_read_event(c->read, 0) != NGX_OK) {
                ...
                return;
            }
            return;
        }
        //上游服务器关闭连接或者读取错误，尝试下一个上游服务器
        if (n == NGX_ERROR || n == 0) {
```

```
            ngx_http_upstream_next(r, u, NGX_HTTP_UPSTREAM_FT_ERROR);
            return;
        }
        //读取到 n 字节
        u->state->bytes_received += n;
        u->buffer.last += n;
        //调用上游响应头处理函数
        rc = u->process_header(r);
        //响应头部没有读取完
        if (rc == NGX_AGAIN) {
            ...
            continue;
        }
        break;
    }
    ...
    //成功读取上游响应头数据
    if (ngx_http_upstream_process_headers(r, u) != NGX_OK) {
        return;
    }
    //将上游服务器返回的结果转发给客户端
    ngx_http_upstream_send_response(r, u);
}
```

对于上游服务器是 HTTP 服务器的情况，Nginx 在读取到上游服务器返回的数据后，首先调用 ngx_http_proxy_process_status_line 处理 HTTP 状态行，之后处理返回的 HTTP 头部数据。HTTP 头部数据的处理是由 ngx_http_proxy_process_header 函数完成的。

```
static ngx_int_t ngx_http_proxy_process_status_line(ngx_http_request_t *r){
    int rc;
    ngx_http_upstream_t    *u;
    ngx_http_proxy_ctx_t   *ctx;
    ...
    ctx = ngx_http_get_module_ctx(r, ngx_http_proxy_module);
    u = r->upstream;
    //解析 HTTP 状态行
    rc = ngx_http_parse_status_line(r, &u->buffer, &ctx->status);
    //如果没有接收到完整的状态行，结束此次事件处理，等待上游服务器继续发送数据
    if (rc == NGX_AGAIN) {
        return rc;
    }
    ...
    //HTTP 状态行处理完成，可以继续解析 HTTP 头部，设置回调函数
    //后续就会处理 HTTP 响应头部
    u->process_header = ngx_http_proxy_process_header;
    return ngx_http_proxy_process_header(r);
}
```

Nginx 处理上游响应头信息的整体流程如图 8-4 所示。

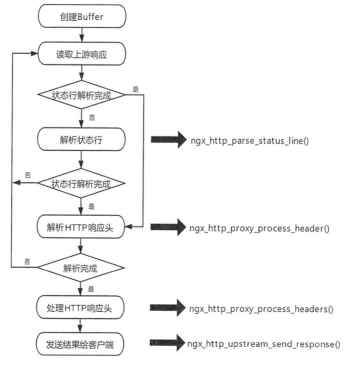

图 8-4　Nginx 处理上游响应头流程

可以看出，Nginx 处理上游 HTTP 响应的流程与接收客户端发送的 HTTP 数据包流程类似。Nginx 在处理完上游响应头后，头信息放在 headers_in 字段中。ngx_http_upstream_process_headers 函数过滤需要返给客户端的响应头数据，这部分数据放入 ngx_http_request_t 结构体的 headers_out 字段中，等待发送给客户端。至此，Nginx 完整地处理了上游响应头，之后 Nginx 通过 ngx_http_upstream_send_response 将处理结果发送给客户端。

8.6　处理上游响应体

Nginx 处理完上游响应头后，就可以将返回结果转发给客户端。这里，Nginx 并不需要等到完整接收上游响应体再发送给客户端，只需要边接收响应体，边返给客户端。很明显，这里会存在上下游传输速度不匹配的问题，例如上游传输速度快，下游传输速度慢；或者人为限制下游传输速度等。Nginx 先通过事件管道模式接收上游响应体数据，再转发给客户端。发送上游响应体给客户端从 ngx_http_upstream_send_response 函数开始，整体流程如图 8-5 所示。

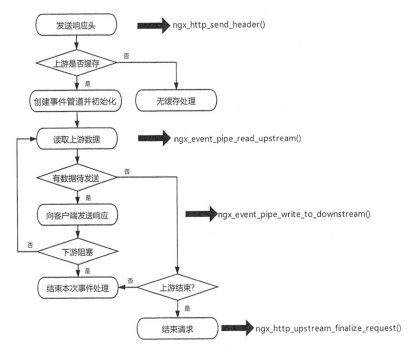

图 8-5　Nginx 处理上游响应体流程

Nginx 将数据发送给客户端的流程相对复杂。默认情况下，Nginx 会创建缓存块，以便缓存上游响应体。我们也可以通过配置 proxy_buffering 决定是否启用这一功能，限于篇幅，这里重点介绍 proxy_buffering 启用的情况。图 8-5 给出的是进入 ngx_http_upstream_send_response 的情况。由于网络限制，Nginx 可能不会一次性接收到完整的上游响应体，也不可能一次性完整地将数据发送给客户端，需要多次从上游读取响应体，多次将数据发送给客户端。这些都依赖 Nginx 的事件驱动模型，这里仅给出一个相对简单的处理流程。下面具体看一下 ngx_http_upstream_send_response 函数。

```
static void ngx_http_upstream_send_response(ngx_http_request_t *r, ngx_http_
   upstream_t *u){
   ssize_t                  n;
   ngx_int_t                rc;
   ngx_event_pipe_t         *p;
   ngx_connection_t         *c;
   ngx_http_core_loc_conf_t *clcf;
   // 将上游响应头发送给客户端
   rc = ngx_http_send_header(r);
   ...
   u->header_sent = 1;
   ...
   c = r->connection;
   ...
```

```
    if (!u->buffering) {
        // 无缓存模式下的处理
        return;
    }
    // ngx_event_pipe_t 初始化
    p = u->pipe;
    p->output_filter = ngx_http_upstream_output_filter;
    p->output_ctx = r;
    p->tag = u->output.tag;
    p->bufs = u->conf->bufs;
    p->busy_size = u->conf->busy_buffers_size;
    p->upstream = u->peer.connection;
    p->downstream = c;
    ...
    // 上游服务器返回的数据量比较大，不能及时发送给下游时，数据存储到临时文件
    p->temp_file->file.fd = NGX_INVALID_FILE;
    ...
    p->preread_bufs = ngx_alloc_chain_link(r->pool);
    p->preread_bufs->buf = &u->buffer;
    p->preread_bufs->next = NULL;
    u->buffer.recycled = 1;
    // 已经读取到一部分上游包体
    p->preread_size = u->buffer.last - u->buffer.pos;
    ...
    p->read_timeout = u->conf->read_timeout;
    p->send_timeout = clcf->send_timeout;
    p->send_lowat = clcf->send_lowat;
    p->length = -1;
    if (u->input_filter_init
        && u->input_filter_init(p->input_ctx) != NGX_OK){
            ngx_http_upstream_finalize_request(r, u, NGX_ERROR);
            return;
    }
    u->read_event_handler = ngx_http_upstream_process_upstream;
    r->write_event_handler = ngx_http_upstream_process_downstream;
    ngx_http_upstream_process_upstream(r, u);
}
```

可以看到，ngx_http_upstream_send_response 先通过 ngx_http_send_header 处理待发送给客户端的请求头，之后初始化 ngx_event_pipe_t，最后通过 ngx_http_upstream_process_upstream 函数处理上游响应体。

```
static void ngx_http_upstream_process_upstream(ngx_http_request_t *r,
    ngx_http_upstream_t  *u){
    ngx_event_t          *rev;
    ngx_event_pipe_t     *p;
    ngx_connection_t     *c;
    c = u->peer.connection;
    p = u->pipe;
    rev = c->read;
```

```
// 读取数据超时
if (rev->timedout) {
    ...
} else {
    ...
    // 通过 ngx_event_pipe 函数读取上游响应体并转发给客户端
    if (ngx_event_pipe(p, 0) == NGX_ABORT) {
        ngx_http_upstream_finalize_request(r, u, NGX_ERROR);
        return;
    }
}
ngx_http_upstream_process_request(r, u);
}
```

ngx_event_pipe 函数转发上游响应体给客户端，具体实现如下：

```
ngx_int_t ngx_event_pipe(ngx_event_pipe_t *p, ngx_int_t do_write){
    ngx_int_t     rc;
    ngx_uint_t    flags;
    ngx_event_t   *rev, *wev;
    for ( ;; ) {
        if (do_write) {
            // 将上游应体转发给下游，也就是发送给客户端
            rc = ngx_event_pipe_write_to_downstream(p);
            if (rc == NGX_ABORT) {
                return NGX_ABORT;
            }
            if (rc == NGX_BUSY) {
                return NGX_OK;
            }
        }
        p->read = 0;
        p->upstream_blocked = 0;
        // 读取上游响应体
        if (ngx_event_pipe_read_upstream(p) == NGX_ABORT) {
            return NGX_ABORT;
        }
        // 没有可写的数据
        if (!p->read && !p->upstream_blocked) {
            break;
        }
        do_write = 1;
    }
    ...
    return NGX_OK;
}
```

如果上游传输数据速度快于下游，Nginx 需要将上游响应体缓存。我们可以通过 proxy_buffering 以及 proxy_buffers 控制 Nginx 存储响应体使用的内存量。选项 proxy_buffering 默认设置为 on。此时，Nginx 最多可使用 proxy_buffers 配置的内存。例如，我们配置了 8 个

4KB 内存块，如果上游响应体大小超过了我们配置的内存块大小，上游响应体会被放到临时文件中。如果上 / 下游传输数据的速度比较接近，或者上游速度慢于下游，我们配置的内存块足以存储尚未发送给客户端的响应体，Nginx 不需要将响应体放到临时文件中。如果 proxy_buffering 设置为 off，Nginx 则直接使用接收上游响应头的缓存块，并且边接收上游响应体，边返回给下游响应体。如果上游传输数据速度快于下游，Nginx 也不会将响应体放到临时文件中，而是等到下游响应体接收完后，继续读取上游响应体并转发给下游响应体。

8.7 结束请求

Nginx 将上游响应体转发给用户后，会结束整个请求。正常情况下，通过 ngx_http_upstream_finalize_request 函数关闭上游连接，释放相关资源。对于 Nginx 而言，本次请求处理过程涉及两个连接：一个是客户端与 Nginx 建立的连接；另一个是 Nginx 与上游服务器建立的连接。

对于客户端的连接而言，Nginx 默认支持客户端 keepalive 机制。客户端可以根据需要，自行选择是否使用长连接。如果客户端使用了长连接，Nginx 在结束一次请求后，可能不会释放这个连接，而是继续等待客户端的其他请求。keepalive_timeout 可以用于设置单个长连接中等待数据的超时时间，默认值为 75s。keepalive_requests 可以用于设置单个长连接中可以处理的请求数，默认值为 100。对于 QPS 比较高的服务，我们可以适当增加 keepalive_requests，避免重复建立连接。同样地，对于上游服务器，我们可以在 Upstream 中设置 keepalive，避免 Nginx 频繁与上游服务器建立连接，也可以设置 keepalive 相关的参数。这里需要注意一点，Upstream 中设置的 keepalive_timeout 以及 keepalive_requests 是 Nginx 作为客户端的长连接的设置。具体的配置方式，我们在 8.1 节已经给出配置示例，读者可以进行查阅。另外，Nginx 默认使用 HTTP 1.0 与上游服务器建立连接。我们可以在配置中指定 Nginx 使用的 HTTP 版本号，以保证长连接生效。

本节主要介绍在短连接下，Nginx 如何关闭与上游服务器建立的连接。在 8.6 节介绍过，Nginx 转发上游响应体主要是依赖 ngx_http_upstream_process_upstream 函数。该函数在处理最后通过 ngx_http_upstream_process_request 检查是否完整地接收了上游响应体。

```
static void ngx_http_upstream_process_request(ngx_http_request_t *r,
    ngx_http_upstream_t *u){
    ngx_temp_file_t    *tf;
    ngx_event_pipe_t   *p;
    p = u->pipe;
    if (u->peer.connection) {
        ...
        // 接收到完整请求或者上游服务器关闭连接或者接收数据有误
        if (p->upstream_done || p->upstream_eof || p->upstream_error) {
            if (p->upstream_done || (p->upstream_eof && p->length == -1)){
```

```
                ngx_http_upstream_finalize_request(r, u, 0);
                return;
            }
            if (p->upstream_eof) {
                ...
            }
            ngx_http_upstream_finalize_request(r, u, NGX_HTTP_BAD_GATEWAY);
            return;
        }
    }
    if (p->downstream_error) {
        ...
    }
}
```

可以看到，当完整地接收到上游响应体时，我们需要关闭上游连接，释放相关资源。

```
static void ngx_http_upstream_finalize_request(ngx_http_request_t *r,
    ngx_http_upstream_t *u, ngx_int_t rc){
    ngx_uint_t   flush;
    ...
    // 结束上游请求，回调 ngx_http_proxy_finalize_request 函数
    u->finalize_request(r, rc);
    // 释放上游连接 ngx_http_upstream_free_round_robin_peer
    if (u->peer.free && u->peer.sockaddr) {
        u->peer.free(&u->peer, u->peer.data, 0);
        u->peer.sockaddr = NULL;
    }
    // 关闭上游 TCP 连接，释放内存池
    if (u->peer.connection) {
        if (u->peer.connection->pool) {
            ngx_destroy_pool(u->peer.connection->pool);
        }
        ngx_close_connection(u->peer.connection);
    }
    u->peer.connection = NULL;
    ...
    // 如果使用了临时文件，可能需要删除临时文件
    if (u->store && u->pipe && u->pipe->temp_file
        && u->pipe->temp_file->file.fd != NGX_INVALID_FILE){
            if (ngx_delete_file(u->pipe->temp_file->file.name.data)
                == NGX_FILE_ERROR){
                ...
            }
    }
    // 上游服务器已经关闭，不再继续读取客户端发送的数据
    r->read_event_handler = ngx_http_block_reading;
    ...
    ngx_http_finalize_request(r, rc);
}
```

接收完上游响应体，关闭上游连接后，Nginx 只需要将待发送的数据发送给客户端，就可完成本次请求处理。如果客户端使用了长连接，可以继续发送下一个请求给 Nginx。

8.8　重试机制

在某个上游服务器不可用的情况下，Nginx 可以重新选择上游服务器，与新的上游服务器建立连接，然后将请求转发给新的上游服务器。在如下几个阶段出现错误时，Nginx 可以重新选择上游服务器。

1）连接 Upstream 失败；

2）发送请求到上游服务器失败；

3）处理上游响应头失败。

这里需要注意的是，如果 Nginx 已经开始处理上游响应体，且在处理过程中出现错误，会直接结束这次与上游服务器的交互，不会再选择新的上游服务器。这是因为 Nginx 可能已经发送了部分数据到客户端，只能结束本次处理。

当出现上述 3 种错误时，Nginx 可以通过 ngx_http_upstream_next 函数重新选择上游服务器，将用户请求转发给新的上游服务器。该函数的具体实现如下：

```
static void ngx_http_upstream_next(ngx_http_request_t *r, ngx_http_upstream_t *u,
    ngx_uint_t ft_type){
    ngx_msec_t   timeout;
    ngx_uint_t   status, state;
    if (u->peer.sockaddr) {
        ...
        //释放之前使用的上游服务器
        u->peer.free(&u->peer, u->peer.data, state);
        u->peer.sockaddr = NULL;
    }
    ...
    switch (ft_type) {
        case NGX_HTTP_UPSTREAM_FT_TIMEOUT:
        case NGX_HTTP_UPSTREAM_FT_HTTP_504:
            status = NGX_HTTP_GATEWAY_TIME_OUT;
            break;
        ...
        default:
            status = NGX_HTTP_BAD_GATEWAY;
    }
    //客户端连接错误
    if (r->connection->error) {
        ngx_http_upstream_finalize_request(r, u, NGX_HTTP_CLIENT_CLOSED_REQUEST);
        return;
    }
    u->state->status = status;
```

```
timeout = u->conf->next_upstream_timeout;
if (u->request_sent
    && (r->method & (NGX_HTTP_POST|NGX_HTTP_LOCK|NGX_HTTP_PATCH))){
        ft_type |= NGX_HTTP_UPSTREAM_FT_NON_IDEMPOTENT;
}
// 不再选择新的上游服务器
if (u->peer.tries == 0
    || ((u->conf->next_upstream & ft_type) != ft_type)
    || (u->request_sent && r->request_body_no_buffering)
    || (timeout && ngx_current_msec - u->peer.start_time >= timeout)){
        ngx_http_upstream_finalize_request(r, u, status);
        return;
}
// 释放之前使用的连接
if (u->peer.connection) {
    if (u->peer.connection->pool) {
        ngx_destroy_pool(u->peer.connection->pool);
    }
    ngx_close_connection(u->peer.connection);
    u->peer.connection = NULL;
}
// 重新连接上游服务器
ngx_http_upstream_connect(r, u);
}
```

这里重点介绍一下 Nginx 在什么条件下不再选择新的上游服务器？

第一种情况是重试次数用尽。我们可以通过 proxy_next_upstream_tries 配置 Nginx 每个请求转发给上游服务器的最大尝试次数，默认值是 0。此时，Nginx 最大尝试次数等于配置的服务器个数（包括 Upstream 中通过 back 配置的备用服务器）。如果配置为 1，Nginx 就只能进行一次尝试。

第二种情况是本次请求的错误类型不在我们配置的 proxy_next_upstream 范围内。关于 proxy_next_upstream 具体配置，读者可以参考 Nginx 官方文档。

第三种情况是将 proxy_request_buffering 配置为 off，并且已经开始传递请求体到上游服务器。这种情况下不再选择新的上游服务器是因为 Nginx 没有收到完整的用户请求体，也就无法再选择一个新的上游服务器进行转发。

第四种情况是超时。我们可以通过 proxy_next_upstream_timeout 进行配置。

8.9　长连接

前面的章节中，我们假定 Nginx 和上游服务器使用的都是短连接，因此每次处理请求时，Nginx 都需要重新与上游服务器建立 TCP 连接。实际中，我们经常使用长连接的模式，避免 Nginx 频繁与上游服务器建立连接。我们可以在 Upstream 中配置 keepalive 长连接的个数，也可以通过 keepalive_requests 配置单个长连接处理请求数的最大值。与短连接相比，长连接的不同体现在两点。

1）**获取新的连接**：对于短连接，Nginx 每次都重新建立连接；对于长连接，可以从长连接池中获取请求。

2）**释放连接**：对于短连接，Nginx 每次都会关闭 TCP 连接；对于长连接，可以将其放回到长连接池。

Nginx 对长连接相关的处理在 ngx_http_upstream_keepalive_module 中完成。在配置解析阶段，当解析到 Upstream 的 keepalive 命令时，Nginx 会将相关的配置存储下来。存储的主要结构体有 ngx_http_upstream_keepalive_srv_conf_t 以及 ngx_http_upstream_keepalive_cache_t。

ngx_http_upstream_keepalive_srv_conf_t 结构体原型如下：

```
typedef struct {
        //max_cached 实际存储的是我们配置的 keepalive 值，即最多保存的长连接个数
        ngx_uint_t                          max_cached;
        ngx_uint_t                          requests;
        ngx_msec_t                          timeout;
        //cache 队列以及 free 队列
        ngx_queue_t                         cache;
        ngx_queue_t                         free;
        //之前的 Upstream 初始化回调函数
        ngx_http_upstream_init_pt           original_init_upstream;
        ngx_http_upstream_init_peer_pt      original_init_peer;
    } ngx_http_upstream_keepalive_srv_conf_t;
```

ngx_http_upstream_keepalive_cache_t 结构体原型如下：

```
typedef struct {
        ngx_http_upstream_keepalive_srv_conf_t   *conf;
        //用于组成队列
        ngx_queue_t                         queue;
        //已经建立的 TCP 连接
        ngx_connection_t                    *connection;
        //地址信息
        socklen_t                           socklen;
        ngx_sockaddr_t                      sockaddr;
} ngx_http_upstream_keepalive_cache_t;
```

Nginx 长连接结构如图 8-6 所示。

在 Upstream 初始化阶段的第 4 步 ngx_http_upstream_init_request 函数中，初始化 ngx_peer_connection_s 结构体的函数不再是 ngx_http_upstream_init_round_robin_peer，而是 ngx_http_upstream_init_keepalive_peer 函数，这是因为配置解析阶段替换了回调函数。ngx_http_upstream_init_keepalive_peer 函数可以初始化长连接相关的内容，并且替换获取上游连接以及释放上游连接的回调函数，具体实现如下。

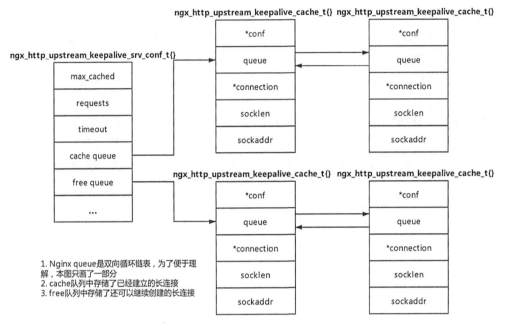

图 8-6   Nginx 长连接结构

```
static ngx_int_t ngx_http_upstream_init_keepalive_peer(ngx_http_request_t *r,
    ngx_http_upstream_srv_conf_t *us){
    ngx_http_upstream_keepalive_peer_data_t   *kp;
    ngx_http_upstream_keepalive_srv_conf_t    *kcf;
    // 获取本模块配置
    kcf = ngx_http_conf_upstream_srv_conf(us,


ngx_http_upstream_keepalive_module);
    // 创建 ngx_http_upstream_keepalive_peer_data_t 结构体
    kp = ngx_palloc(r->pool, sizeof(ngx_http_upstream_keepalive_peer_data_t));
    // 调用之前的初始化函数，也就是 ngx_http_upstream_init_round_robin_peer
    if (kcf->original_init_peer(r, us) != NGX_OK) {
        return NGX_ERROR;
    }
    // 设置回调函数
    kp->conf = kcf;
    kp->upstream = r->upstream;
    kp->data = r->upstream->peer.data;
    kp->original_get_peer = r->upstream->peer.get;
    kp->original_free_peer = r->upstream->peer.free;
    r->upstream->peer.data = kp;
    r->upstream->peer.get = ngx_http_upstream_get_keepalive_peer;
    r->upstream->peer.free = ngx_http_upstream_free_keepalive_peer;
    return NGX_OK;
}
```

可以看到，获取上游连接以及释放上游连接的函数都被替换，并且通过本模块的 ngx_
http_upstream_keepalive_peer_data_t 结构体存储了之前的回调函数。回调函数会在获取上游
服务器时用到。

在与上游服务器建立连接阶段，我们需要先选择一个上游服务器，此时就会用到刚才
设置的 ngx_http_upstream_get_keepalive_peer 回调函数。

```
static ngx_int_t ngx_http_upstream_get_keepalive_peer(ngx_peer_connection_t
    *pc, void *data){
        ngx_http_upstream_keepalive_peer_data_t *kp = data;
        ngx_http_upstream_keepalive_cache_t    *item;
        ngx_int_t                               rc;
        ngx_queue_t                            *q, *cache;
        ngx_connection_t                       *c;
        // 获取上游服务器的地址
        rc = kp->original_get_peer(pc, kp->data);
        if (rc != NGX_OK) {
            return rc;
        }
        cache = &kp->conf->cache;
        // 遍历长连接池，查看是否有可用连接
        for (q = ngx_queue_head(cache); q != ngx_queue_sentinel(cache);
             q = ngx_queue_next(q)){
            item = ngx_queue_data(q, ngx_http_upstream_keepalive_cache_t, queue);
            c = item->connection;
            // 查看套接字地址是否是我们需要的上游服务器
            if (ngx_memn2cmp((u_char *) &item->sockaddr, (u_char *) pc->sockaddr,
                             item->socklen, pc->socklen) == 0){
                ngx_queue_remove(q);
                ngx_queue_insert_head(&kp->conf->free, q);
                goto found;
            }
        }
        // 调用方会自行创建新的连接
        return NGX_OK;
    found:
        ...
        if (c->read->timer_set) {
            ngx_del_timer(c->read);
        }
        // 已经找到了一个长连接，可以直接使用
        pc->connection = c;
        pc->cached = 1;
        return NGX_DONE;
    }
```

很明显，我们需要先选择一个上游服务器，默认是通过平滑加权轮询的方式选择，或
者通过配置项进行配置，然后遍历已经建立的长连接池。如果长连接池中有对应服务器的连
接，可以直接使用这个连接。

结束请求或者与上游服务器交互出现错误时，我们都需要先释放这个连接。释放长连接的过程相对简单，处理函数就是前面介绍的 ngx_http_upstream_free_keepalive_peer，具体实现如下。

```
static void ngx_http_upstream_free_keepalive_peer(ngx_peer_connection_t *pc,
    void *data, ngx_uint_t state){
        ngx_http_upstream_keepalive_peer_data_t *kp = data;
        ngx_http_upstream_keepalive_cache_t     *item;
        ngx_queue_t                             *q;
        ngx_connection_t                        *c;
        ngx_http_upstream_t                     *u;
        u = kp->upstream;
        c = pc->connection;
        // 查看这个连接是否可用，若不可用则直接记为无效连接
        ...
        if (ngx_queue_empty(&kp->conf->free)) {
            // 这里表示长连接数超过限制，必须从 cache 队列中释放一个长连接
            q = ngx_queue_last(&kp->conf->cache);
            ngx_queue_remove(q);
            item = ngx_queue_data(q, ngx_http_upstream_keepalive_cache_t, queue);
            ngx_http_upstream_keepalive_close(item->connection);
        } else {
            // free 队列中还有未被使用的长连接，也就是说还没达到长连接个数限制
            q = ngx_queue_head(&kp->conf->free);
            ngx_queue_remove(q);
            item = ngx_queue_data(q, ngx_http_upstream_keepalive_cache_t, queue);
        }
        // 插入 cache 队列头部
        ngx_queue_insert_head(&kp->conf->cache, q);
        item->connection = c;
        pc->connection = NULL;
        c->read->delayed = 0;
        ngx_add_timer(c->read, kp->conf->timeout);
        if (c->write->timer_set) {
            ngx_del_timer(c->write);
        }
        // 设置事件回调函数
        c->write->handler = ngx_http_upstream_keepalive_dummy_handler;
        c->read->handler = ngx_http_upstream_keepalive_close_handler;
        ...
    invalid:
        // 释放连接
        kp->original_free_peer(pc, kp->data, state);
}
```

在释放连接时，首先检查该连接是否可以继续使用，如果不可以继续使用，则需要关闭该连接；如果可以继续使用，则将该连接放到长连接池中，等待下次使用。

8.10　FastCGI 模块

FastCGI（Fast Common Gateway Interface，快速通用网关接口）是一种通信协议，用于 Web Server（比如 Nginx）与 CGI（比如 PHP-FPM）进程之间的通信。常见的通信方式是浏览器访问 Nginx 时，Nginx 将动态资源请求转发给上游的 PHP-FPM，整体流程如图 8-7 所示。

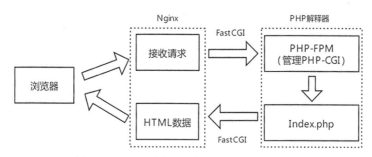

图 8-7　Nginx 访问上游的 PHP-FPM 的流程

8.10.1　FastCGI 协议简介

FastCGI 协议数据包可以分为两个部分：包头以及包体。每个数据包必须有包头，有些类型的消息可以没有包体。包头大小固定为 8 字节，包体大小为 8 的整数倍，如果不是，需要进行填充。FastCGI 协议包头结构如下：

```
typedef struct {
    u_char  version;                // 版本号
    u_char  type;                   // 消息类型
    u_char  request_id_hi;          // request_id 的高 8 位
    u_char  request_id_lo;          // request_id 的低 8 位
    u_char  content_length_hi;      // 数据包内容长度高 8 位
    u_char  content_length_lo;      // 数据包内容长度低 8 位
    u_char  padding_length;         // 包体补齐长度（补齐为 8 的整数倍）
    u_char  reserved;               // 保留位
} ngx_http_fastcgi_header_t;
```

其中，type 字段用于表示消息类型。FastCGI 消息类型有很多种。Nginx 定义了 8 种常见的消息类型。

```
#define NGX_HTTP_FASTCGI_BEGIN_REQUEST  1
#define NGX_HTTP_FASTCGI_ABORT_REQUEST  2
#define NGX_HTTP_FASTCGI_END_REQUEST    3
#define NGX_HTTP_FASTCGI_PARAMS         4
#define NGX_HTTP_FASTCGI_STDIN          5
#define NGX_HTTP_FASTCGI_STDOUT         6
#define NGX_HTTP_FASTCGI_STDERR         7
```

```
#define NGX_HTTP_FASTCGI_DATA              8
```

下面介绍几种常用的消息。

1）BEGIN_REQUEST 消息通常由 Web 服务器发送给 CGI 进程，代表请求处理开始。

2）END_REQUEST 消息通常由 CGI 进程发送给 Web 服务器，代表请求处理结束。

3）PARAMS 消息通常由 Web 服务器发送给 CGI 进程，包括传递参数。PARAMS 数据包包体以（key，value）的格式发送，具体为（keyLen，valueLen，key、value），如果包体长度小于 127 字节，则使用 1 字节存储，否则使用 4 字节存储。FastCGI PARAMS 消息格式如图 8-8 所示。

4）STDIN 消息通常由 Web 服务器发送给 CGI 进程，用于传输请求数据。FastCGI SIDIN 消息格式如图 8-9 所示。

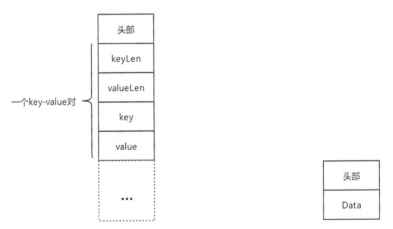

图 8-8　FastCGI PARAMS 消息格式　　　图 8-9　FastCGI STDIN 消息格式

5）STDOUT 消息通常由 CGI 进程发送给 Web 服务器，包括传输请求处理的结果。其消息格式与 STDIN 消息格式相同。

8.10.2　FastCGI 通信流程

FastCGI 通信流程示例如图 8-10 所示。

可以看出，Web 服务器首先发送 BEGIN_REQUEST 数据包，表示一个请求处理的开始，之后通过 PARAMS 数据包发送请求参数，最后通过 STDIN 数据包将请求数据发送给 CGI 进程。CGI 进程接收到请求后，根据请求参数以及请求数据进行处理。处理完成后，CGI 进程首先通过 STDOUT 数据包发送处理结果，之后发送 END_REQUEST 结束整个请求。

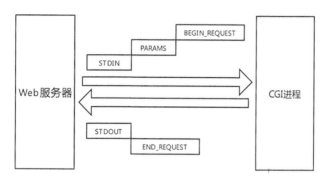

图 8-10　FastCGI 通信流程示例

8.10.3　Nginx FastCGI

Nginx + PHP-FPM 是常见的一种配置搭配方案。Nginx 作为静态资源服务器，无法处理动态资源，但是可以转发给 PHP-FPM 进行处理。此时，Nginx 与 PHP-FPM 之间的通信方式是使用 FastCGI 协议。我们可以通过 FastCGI 模块进行配置。一个常见的 FastCGI 模块配置如下：

```
upstream backend{
    server 127.0.0.1:9000;
    keepalive 12;
}
location / {
    fastcgi_pass  backend;
    // 保持长连接
    fastcgi_keep_conn on;
    // 设置 FastCGI 模块相关参数
    fastcgi_index index.php;
    fastcgi_param SCRIPT_FILENAME /home/www/scripts/php$fastcgi_script_name;
    fastcgi_param QUERY_STRING    $query_string;
    fastcgi_param REQUEST_METHOD  $request_method;
    fastcgi_param CONTENT_TYPE    $content_type;
    fastcgi_param CONTENT_LENGTH  $content_length;
}
```

类似于 proxy_pass，fastcgi_pass 可以用于设置 CGI 服务器地址，也可以用于创建 Upstream，在 Upstream 中设置多个 FastCGI 服务地址。除此之外，我们可以设置 Nginx 在连接上游的 FastCGI 服务器时需要的参数。

Nginx 在启动时会进行配置文件解析，当解析到 FastCGI 相关的命令时，会利用 FastCGI 模块处理相关配置。比如，在处理 fastcgi_pass 命令时，Nginx 就会使用 ngx_http_fastcgi_pass 函数，函数内容如下：

```
// fastcgi_pass 命令处理函数
char * ngx_http_fastcgi_pass(ngx_conf_t *cf,
```

```
ngx_command_t *cmd, void *conf){
ngx_http_fastcgi_loc_conf_t *flcf = conf;
...
clcf = ngx_http_conf_get_module_loc_conf(cf, ngx_http_core_module);
// 设置内容处理函数
clcf->handler = ngx_http_fastcgi_handler;
...
flcf->upstream.upstream = ngx_http_upstream_add(cf, &u, 0);
}
```

可以看到,fastcgi_pass 命令处理过程中给 location 设置了内容处理函数。Nginx 接收到 HTTP 请求后,会首先找到该请求对应的 server 以及 location 配置块。此时,server 以及 location 配置是由用于请求的端口以及 URL 决定的。之后进入 HTTP 请求处理的 11 个阶段。在内容处理阶段(这里不考虑 rewrite,如果有 rewrite 命令,在请求处理阶段的前几个阶段就会找到 rewrite 之后的 server 以及 location 配置块),并调用内容处理函数处理用户请求,具体来讲就是将请求发送给上游服务器,并将上游服务器的结果返给用户。

Nginx 与上游 CGI 服务器交互的流程与 Proxy 模块类似:首先初始化 Upstream;之后与上游 CGI 服务器建立连接;然后将请求转发给上游服务器(请求以 FastCGI 格式发送);等到接收到上游服务器返回的结果后,处理上游响应头、响应体;最后结束本次请求处理。Nginx 也可以与 CGI 服务器建立长连接。在结束本次请求处理时,连接并不会被释放,而是等待之后的复用。

Nginx Upstream 除了可以配置 HTTP 服务器、FastCGI 服务器,还可以配置 SCGI 服务器、UWSCGI 服务器等。这些服务器除了使用不同的协议外,整体通信流程是相同的。我们可以根据自己的需要,配置合适的上游服务器。限于篇幅,本章不再介绍其他种类的上游服务器。

8.11 本章小结

本章主要介绍了 Nginx Upstream 机制。Upstream 使得 Nginx 可以跨越单机与其他服务器进行交互,是 Nginx 发展壮大的重要推动力。本章以 proxy 模块为例讲解了 Nginx 与上游服务器交互的 6 个步骤:初始化 Upstream,与上游服务器建立连接,发送请求给上游服务器,处理上游响应头,处理上游响应体,结束请求处理;之后又简单介绍了 FastCGI 模块,并且详细介绍了 FastCGI 协议、Nginx 与 CGI 服务器交互的流程。总体而言,FastCGI 与 proxy 模块相比,只是使用的通信协议不同,其他方面类似。希望读者学完本章,能够有所收获。

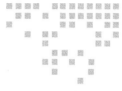

第9章 Chapter 9

Event 模块实现

Nginx 之所以具有高性能，主要是因为其使用了 I/O 多路复用技术，使得整个请求处理基于事件驱动，对请求的处理高效、不阻塞。那么，什么是 I/O 多路复用技术呢？

I/O 多路复用即多个网络 I/O 复用一个线程或少量线程来处理请求，也就是说一个线程会同时管理多个网络 I/O。在同一个线程中，通过类似拨开关的方式同时处理多个 I/O（"同时"实为时分复用）。我们知道 Ngnix 会同时处理多个连接，其就是通过 I/O 多路复用技术把连接都监听起来，谁有事件产生就调用相应回调函数，执行对应代码处理。

I/O 多路复用技术在不同的操作系统或系统版本中有不同的实现，例如：

1）在 Linux 系统中，Nginx 可使用 epoll、poll、select 等 I/O 多路复用技术。注意：Linux 版本大于 2.6 时，可通过 use epoll 配置将 epoll 作为 I/O 多路复用模型。epoll 是性能最好的 I/O 多路复用技术之一。

2）在 FreeBSD（Mac OS 基于此系统）系统中，Nginx 可使用 kqueue 作为 I/O 多路复用技术。

3）在 Solaris 系统中，Nginx 可使用 dev/poll、eventport I/O 多路复用技术。

4）在 Windows 系统中，Nginx 可使用 icop I/O 多路复用技术。

使用 I/O 多路复用技术主要有两个收益：线程复用，即不是一个网络 I/O 创建一个线程，提高了程序的执行效率；不用等待事件被触发，即 I/O 事件触发时能直接通知应用程序处理（epoll 是调用 epoll_wait 函数实现），实现非阻塞式 I/O 操作，从而提高整个服务的性能。

本章主要介绍 Nginx 的 Event 模块的实现。Event 模块主要做了如下工作。

1）对连接产生的事件进行高性能的调度处理，如某 socket 的可读、可写事件触发时，其对应的回调函数就会被调用。

2）对超时的连接做及时清理，如某 socket 的读、写超时，则及时关闭此 socket。此类超时处理也是通过 Event 模块来实现的。

9.1　基础知识及相关配置项介绍

为了更好地理解 Nginx 的 Event 模块，我们还需补充一些基础知识，如网络事件的定义、epoll 的基本原理。管理这些连接所依赖的基本结构体与 Event 模块中其他核心结构体也会在本节做简要介绍。

9.1.1　基本概念

下面介绍网络事件定义。

以下任一条件满足时，该网络事件为可读事件。

1）该套接字的接收缓冲区中的数据字节数大于等于接收缓冲区低水位（默认值为 1）标记的大小。

2）该套接字处于半关闭（也就是收到了 FIN）时，对这样的套接字的读操作将返回 0（也就是返回 EOF）。

3）该套接字是一个监听套接字且已完成的连接数不为 0。

4）该套接字有错误待处理，对这样的套接字的读操作不阻塞且返回错误（−1）。

以下任一条件满足时，该网络事件为可写事件。

1）该套接字的发送缓冲区中的可用空间字节数大于等于发送缓冲区低水位（默认值一般为 2048）标记的大小。

2）该套接字处于半关闭时，继续写会产生 SIGPIPE 信号。

3）非阻塞模式下，该套接字连接成功或失败。

4）该套接字有错误待处理，对这样的套接字的写操作不阻塞且返回错误（−1）。

9.1.2　基本网络模型

在了解 Nginx 的 Event 模块实现之前，我们先了解简单网络模型是怎么实现的，由简到难，逐步掌握 Nginx 的网络模型。Nginx 基本网络模型如图 9-1 所示。

图 9-1 中的网络模型比较简单，一个请求一般由一个单进程或单线程处理，但存在的问题也

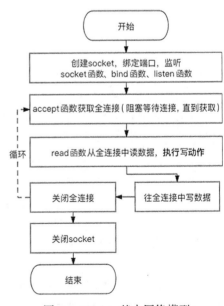

图 9-1　Nginx 基本网络模型

较大，即一个进程或线程一次只能处理一个请求。如果读取数据后，执行的动作带有阻塞性 I/O 操作，则整个服务器阻塞而不提供服务。此时，我们可以通过引入多进程或多线程来改进，如 PHP-FPM 的网络模型启动了多个 Worker 进程来处理并行请求，但这并不是通过改善网络模型来提高性能，这里暂且不介绍这类优化。

9.1.3　epoll 网络模型

另外一种优化思路是通过 I/O 多路复用技术 + 解 I/O 阻塞的方式来提高性能。I/O 多路复用技术前文也提到过，Linux 系统下 I/O 多路复用实现有 poll、select、epoll，而解 I/O 阻塞主要有非阻塞 connect、非阻塞 accept、短暂阻塞的 epoll_wait 等。因 Nginx 目前大多采用 epoll 来实现 I/O 多路复用，本节将只介绍基于 epoll 的 Nginx 网络模型实现。

epoll 是 Linux 内核为了同时处理大量的文件描述符而设计的 I/O 复用机制。其通过异步回调方式显著提高了程序在处理大量并发连接且少数处于活跃状态下的系统 CPU 利用率。到目前为止，epoll 是最优秀的网络模型之一。

epoll 的工作方式分为两种：LT（Level Triggered，水平触发）模式与 ET（Edge Triggered，边缘触发）模式。

1）LT：默认模式，简单且不容易丢事件。

❏ 对于读操作，只要内核读缓冲区不为空，就返回读就绪。

❏ 对于写操作，只要内核写缓冲区还不满，就返回写就绪。

2）ET：高速模式，复杂但效率会高一些。

❏ 对于读操作，只要内核读缓冲区发生变化，就返回读就绪。

❏ 对于写操作，只要内核写缓冲区发生变化，就返回写就绪。

简单了解了 epoll 后，我们再看看 epoll（LT 模式）网络模型是如何运行的，如图 9-2 所示。

由图 9-2 可知，epoll 网络模型比基本网络模型要复杂得多。同一个 epoll 可以管理 N 个 socket，解决了一个线程一次只能处理单个连接的问题。基本网络模型中因执行动作带有阻塞性 I/O 操作，造成了程序阻塞，此时可以把 I/O 关联的 fd 添加到 epoll 中，以解决进程阻塞问题，从而提高整个模型的性能。

图 9-2 中有如下几个点需解释。

1）accept 函数获取到的是全连接，首次监听的是读事件。当全连接的读事件触发时，程序处理读事件。

2）程序向全连接写入响应数据时，如果出现一次无法写完的情况，代表写缓存区已满，即图 9-2 中写数据返回 EAGAIN，此时需要开启写事件监听。

3）当全连接的写事件触发时，程序继续写入数据，写完后关闭写事件。如果写入的数据量大时，可能会频繁出现开启、关闭写事件，直到所有数据写完，才会关闭连接。

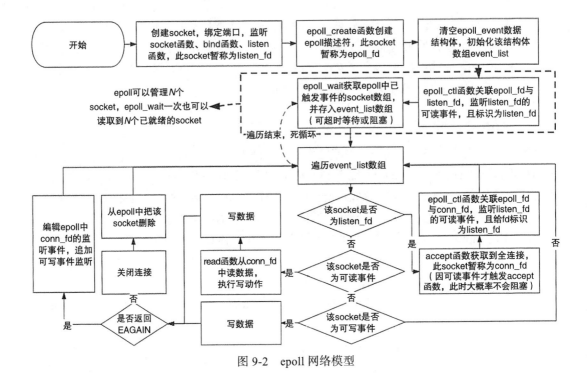

图 9-2　epoll 网络模型

图 9-2 还提到了几个 epoll 相关函数，在 Nginx 的事件模型中会用到，这里做简单介绍。epoll 只有 3 个函数，分别为 epoll_create、epoll_ctl 和 epoll_wait。

（1）epoll_create

函数原型：`int epoll_create(int size);`

作用：创建 epoll 句柄。

参数说明：参数 size 用来告诉 Linux 内核监听的 socket 数目。从 Linux 2.6.8 开始，该参数将被忽略，不限制大小，但必须大于零，确保向后兼容较旧的内核。

（2）epoll_ctl

函数原型：`int epoll_ctl(int epfd, int op, int fd, struct epoll_event *event);`

作用：事件注册函数，可以向 epoll 中添加、修改或者删除某 socket 对应的监听事件。

参数说明：第一个参数 epfd 是 epoll_create 函数返回的文件描述符；第二个参数 op 表示执行的动作，可取的值有以下几个。

```
EPOLL_CTL_ADD: 注册新的 fd 到 epoll 中。
EPOLL_CTL_MOD: 修改已注册 fd 的监听事件。
EPOLL_CTL_DEL: 删除 epoll 中的 fd。
```

第三个参数 fd 表示需要监听的 socket 描述符；第四个参数 event 的类型为 epoll_event，用于告知 Linux 内核需要监听该 socket 的什么事件，如可读、可写事件。epoll_event 结构体如图 9-3 所示。

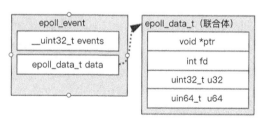

图 9-3 epoll_event 结构体

在该结构体中，events 字段类型为无符号整型，决定了该 socket 监听事件的类型与工作模式。其取值及含义如表 9-1 所示。

表 9-1 events 字段取值及含义

宏定义名称	值	含 义
EPOLLIN	0x001	表示监听 socket 的可读事件
EPOLLOUT	0x004	表示监听 socket 的可写事件
EPOLLRDHUP	0x2000	表示监听 socket 的 TCP 连接的远端关闭或半关闭连接事件
EPOLLLPRI	0x002	表示监听 socket 连接上发生的紧急数据读事件
EPOLLERR	0x008	表示监听 socket 连接上发生的错误事件
EPOLLHUP	0x010	表示监听 socket 连接被挂起事件
EPOLLLET	0x80000000	表示监听 socket 工作模式改为边缘触发，系统默认为水平触发

在该结构体中，events 字段决定了监听 socket 的哪些事件，data 字段为自定义的附加数据，决定了程序处理中有哪些可用数据。比如，fd 关联的读事件处理函数、写事件处理函数等都可在 data 字段中定义好。

（3）epoll_wait

函数原型：`int epoll_wait(int epfd, struct epoll_event *events, int maxevents, int timeout);`

作用：获取 epoll 中 I/O 准备就绪的 socket，也就是说监听的事件已触发的 socket。

参数说明：第一个参数 epfd 是 epoll_create() 返回的句柄；第二个参数 events 是提前分配好的 epoll_event 结构体数组。该结构体前文已介绍，epoll 会把 I/O 准备就绪的 socket 关联的 epoll_event 数据复制到 events 数组中。执行完 epoll_wait 后，该数组中的内容为 I/O 准备就绪的 socket 关联的 epoll_event 数据。

注意 epoll 只负责把数据复制到 events 数组中，不会去帮助我们在用户态中分配内存，因此需要提前分配并初始化 events 数组，如初始化内存大小默认为 512 的 events 数组，可通过 epoll_events 配置项修改。

第三个参数 maxevents 表示本次可以返回的最大事件数目。通常，maxevents 参数与预分配的 events 数组的大小是相等的。

第四个参数 timeout 表示 socket 事件未发生时最长等待的时间（单位为 ms）。如果 timeout 为 0，立刻返回，不会等待；如果 timeout 为 –1，发生阻塞。

成功时，epoll_wait 函数返回 I/O 准备就绪的文件描述符的数目（非事件数）；如果在请求超时时没有文件描述符事件准备就绪，则返回 0。

9.1.4　Event 模块相关配置项介绍

在分析 Event 模块实现前，我们先了解与 Event 模块相关的配置项及其含义，具体见表 9-2。

表 9-2　Event 模块相关配置项与含义

配置项	默认值	含　义
worker_connections	512	设置单 Worker 进程可处理的最大连接数。对于请求本地资源来说，支持的最大并发数量为 worker_connections × worker_processes；对于反向代理来说，支持的最大并发数为 worker_connections/2 × worker_processes
use	按此顺序选择（epoll、/dev/poll、kqueue、select）	一般默认选择 epoll，性能高。本章的源码分析也是基于此来讲解的
multi_accept	0 (off)	设置同一 Worker 进程是否尽可能多地（在一次 accept 后继续）接收等待监听队列中的 socket，如果程序使用 kqueue 事件机制，则强制关闭
accept_mutex	0 (off)	设置是否打开 Nginx 的负载均衡锁，此锁能够让多个 Worker 进程轮流、序列化地与新的客户端建立连接。当一个 Worker 进程的负载达到其上限的 7/8，就可能不获取新连接。该配置项开启后可以避免惊群效应。注意，Linux 2.6 版本以后，内核已经解决了惊群问题，在 9.3 节会做详细讲解
accept_mutex_delay	500ms	设置 accept 互斥锁延迟时间，只要有一个 Worker 进程持有 accept_mutex 锁，则调用 accept 函数获取新 TCP 连接。抢锁失败的 Worker 进程不再获取新 TCP 连接，但至少要等待 #ms 才能再一次请求锁。该配置项还可设定调用 epoll_wait 函数时最大等待时间

下面我们再来看看 Nginx 的 Event 模块，逐步揭开 Nginx 的网络模型是如何实现的。

9.2　Nginx 事件模型

Nginx 的 Event 模块主要作用是，对连接产生的网络 I/O 事件、超时事件进行高性能的处理。其中，事件分为两类：服务端和客户端通信产生的事件称为"文件事件"；超时事件是利用红黑树实现的定时器，定时器到点触发的事件我们称为"时间事件"。

9.2.1　文件事件

文件事件涉及的 socket_fd 包含如下几类。

- ❏ upstream_connect_fd：Nginx 作为代理（Nginx 为客户端），与上游服务器建立 TCP 连接，我们称之为 upstream_connect_fd。
- ❏ downstream_connect_fd：Nginx 作为服务端，与下游服务器建立 TCP 连接，我们称之为 downstream_connect_fd。
- ❏ listen_fd：Master 进程启动时会对所有的服务器监听的端口创建 listen_fd（create_socket 绑定到指定的 IP 地址端口，再监听）。
- ❏ channel_fd：Master 进程派生 Worker 进程时会创建管道 channel_fd，以便与 Worker 进程通信。

为了管理好所有的 fd，Nginx 抽象出 ngx_connection_s 结构体来关联所有的 fd。为了提升性能，Nginx 通过连接池来管理所有的连接。9.2.5 节会详细介绍连接池的实现。

值得一提的是，配置参数 worker_connections 的作用是设置 Worker 进程连接池大小，而上面说到的每类 fd 会各占一个连接，因此其最小值为 4。当 worker_connections 的值为 1 或 2 时，会导致无法启动 Nginx；值为 3 时，则可以启动 Nginx，但请求处理时会报错，因为无法与上游服务器建立连接；值为 4 时，则可以正常响应，但一次也只能处理一个请求。当线上业务并发量大时，我们可结合实际情况，对该参数进行调整。

文件事件主要分为如下几类。

- ❏ 基于 lisen_fd 客户端请求建立 TCP 连接的 accept 事件（本质是读事件）;
- ❏ TCP 建立连接后，upstream_connect_fd 及 downstream_connect_fd 触发的读 / 写事件;
- ❏ 父 / 子进程通信时，channel_fd 触发的读 / 写事件;
- ❏ TCP 断开连接后的断开事件。

为了管理好所有的事件，Nginx 抽象出 ngx_event_s 结构体，并维护了与连接池大小相同的读事件池与写事件池。后文会详细介绍事件池的实现。

文件事件基本概念介绍完后，我们再来看看时间事件的实现。

9.2.2　时间事件

在 Nginx 配置文件中，不同维度的超时配置项多达 60 个。为了对所有超时事件进行统一管理，Nginx 维护了一个定时器，以便按时触发各类事件。而定时器的实现是通过一棵红黑树，把所有需要按时触发的事件按顺序存储起来。在 Nginx 源码实现中，我们主要需要关注如下几个函数。

1. 添加超时事件函数

添加超时事件函数为 ngx_event_add_timer(ngx_event_t*ev, ngx_msec_t timer)，作用是

向定时器中注册一个超时事件（本质是往红黑树中添加一个新节点，key 为时间戳），如果该事件已存在于定时器中，则删除老的超时事件，重新插入新的超时事件。该函数在有超时动作开始执行的时候被调用。

其对应参数说明如下。

1）ev 字段：类型为 ngx_event_t，其结构体详细说明见 9.2.6 节。前文说到抽象的事件结构体的作用是当事件触发时，将对应需要执行的回调函数（ev->handler）及操作对象⊖存储在 ev 字段。

2）timer 字段：延时多久触发事件，单位为 ms。

2. 时间事件删除函数

时间事件删除函数为 ngx_event_del_timer(ngx_event_t *ev)，作用是可从定时器中删除一个超时事件。

其对应参数说明如下。

1）ev 字段类型为 ngx_event_t 结构体，定义了需要从定时器中删除的具体事件。

2）ev->timer 字段指向定时器中具体的节点，用于快速定位需执行删除操作的节点。

3. 查找最近过期事件函数

查找最近过期事件函数为 ngx_event_find_timer (void)，作用是从定时器中查找一个最近要发生的事件（本质是从红黑树中找到最小节点）。在 Nginx 事件循环中，调用 epoll_wait 时需要指定一个等待时间，而等待时间会作为该函数的返回值。

> 提示　等待时间计算方法如下。
> 1）调用 ngx_event_find_timer 函数获取下一个要触发的延时事件发生的时间，与当前时间取差值，得到 timer。
> 2）获取配置项 accept_mutex_delay 的值，取 timer 与 accept_mutex_delay 两者的最小值。

4. 过期事件执行函数

过期事件执行函数为 ngx_event_expire_timers(void)，作用是从定时器（红黑树）中查找存在时间大于当前时间的所有事件，并给所有事件打上超时标记，然后逐个执行事件结构体中对应的回调函数。

通过前文，我们知道 Nginx 所管理的 socket_fd 的类别有 upstream_connect_fd、downstream_connect_fd、listen_fd、channel_fd。这些 socket_fd 的管理是如何实现的呢？接下来逐步介绍 Nginx 对 socket_fd 的管理实现。首先介绍 Master 进程与 Worker 进程通信时用的

⊖ ev->data 字段指向 ngx_connection_s 结构体，里面包含对应要操作的 fd。

channel_fd。其在 Nginx 中是通过进程池来管理的。

9.2.3　进程池

进程池主要是对 Worker 进程进行管理。Worker 进程附带关联 channel_fd[⊖]，从而实现对 channel_fd 的管理。实际上，进程池是由 ngx_processes_t 结构体组成的数组，存放在全局数组 ngx_processes 中。ngx_processes 全局数组的整体结构如图 9-4 所示。

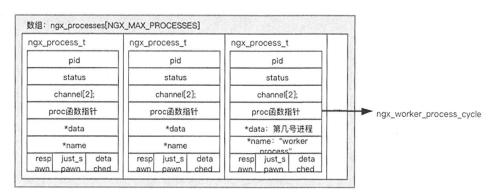

图 9-4　ngx_processes 全局数组的整体结构

ngx_processes_t 结构体中的 channel[2] 字段存储的是 channel_fd。channel_fd 实际是通过 socketpair 函数创建的全双工管道对。channel[0] 用于写，则 channel[1] 用于读，反过来 channel[1] 用于写，则 channel[0] 用于读。Nginx 使用的是 channel[0] 写，channel[1] 读。Master 进程关闭 channel[1]，保留 channel[0]，代表只写不读，而 Worker 进程关闭 channel[0]，保留 channel[1]，代表只读不写。

9.2.4　监听池

Nginx 中不同服务器可以监听不同的端口，监听池可对监听不同端口后产生的 listen_fd（监听套接字）进行管理。监听池实际是由 ngx_listening_s 结构体组成的数组，存储在全局变量 ngx_cycle_s 的 listening 字段中。listen_fd 初始化是通过 ngx_init_cycle 函数调用 ngx_open_listening_sockets 完成的。此函数会根据各 server 中不同的 listen 配置项创建不同的 listen_fd。

接下来介绍监听池用到的主要结构体 ngx_listening_s。监听池结构示意图如图 9-5 所示。

⊖ channel_fd 用于父 / 子进程间的通信，如向 Master 进程发送信号来平滑重启或关闭 Worker 进程时，指令是通过 channel_fd 送达的。

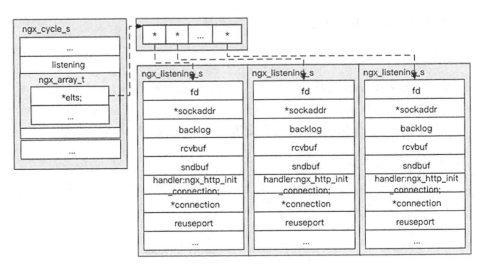

图 9-5　监听池结构示意图

其中，ngx_listening_s 结构体部分字段含义如下。

❑ fd：文件描述符，即 9.2.1 节提到的 listen_fd。Nginx 配置文件中可创建多个服务器来监听不同的端口，并生成多个 listen_fd。

❑ sockaddr：监听的 socket 地址，供 socket、accept 函数调用时使用。

❑ backlog：Nginx 配置文件中的 listen 配置项，其值决定了全连接队列的大小，供调用 listen 函数创建 listen_fd 时使用。

❑ rcvbuf：接收缓冲区。

❑ sndbuf：发送缓冲区。

❑ reuseport：是否允许多进程共用一个端口。Linux 3.9 版本后支持此选项值的配置，主要作用为防止"惊群效应"发生。

❑ keepalive：与客户端是否保持长连接的的标记位。当该字段值大于 0 时，Nginx 与客户端之间的连接会通过 TCP 底层的 keepalive 机制自动探活，以维持长连接；当该字段值小于等于 0 时，Nginx 与客户端之间的连接会在请求处理结束时关闭。

❑ connection：存储的每个 listen_fd 在连接池中占用的连接地址。

Nginx 监听端口、TCP 请求建立连接、父 / 子进程为了通信创建管道对，所有这些动作都会产生 socket_fd。Nginx 采用连接池对这些 socket_fd 进行管理，每个 socket_fd 对应存储在 ngx_connection_s 结构体中。此结构体被命名为"连接"。所有这些连接由连接池管理，也就是说前面提到的 upstream_connect_fd、downstream_connect_fd、listen_fd、channel_fd 都有唯一的连接与之对应，且归连接池管理。

9.2.5　连接池

在 9.2.1 节多次提到了连接，Nginx 将连接管理抽象为 ngx_connection_s 结构体，而连接池实际是由 ngx_connection_s 结构体组成的数组，存储在 ngx_cycle_s 的 connections 字段中。

在 init_process 阶段，Worker 进程会调用 ngx_event_core_module 模块中的 ngx_event_process_init 函数提前初始化连接池。提前初始化连接池的意义在于：后续处理连接更高效，因为新请求到来后无须再次申请内存；对连接数进行管控，因为系统吞吐有限，一次处理的请求数也有限，提前初始化连接池可实现通过连接池的大小来管控并行处理的连接数。

连接池主要涉及两个结构体：ngx_cycle_s 与 ngx_connection_s。

❑ ngx_cycle_s 是 Nginx 的核心结构体。在 ngx_init_cycle() 函数中，我们会根据 Nginx 的配置文件初始化该结构体。在 Nginx 开启事件循环后，其起到关联上下文的作用，把事件处理要用到的基础结构体、配置、连接池等关联在一起。

❑ ngx_connection_s 是 Nginx 基于连接抽象出来的一个结构体，是 Event 模块进行事件处理的核心依赖。

ngx_connection_s 结构体与 Event 模块相关的字段如下。

```
struct ngx_connection_s {
    void                *data;
    ngx_event_t         *read;    // 指向与之关联的读事件处理结构体
    ngx_event_t         *write;   // 指向与之关联的写事件处理结构体
    ngx_socket_t         fd;
            ...
    ngx_listening_t     *listening;
    ...
}
```

字段含义介绍如下。

❑ data：连接空闲时，data 字段一般指向下一个空闲连接，形成一个单链表；当连接处于使用状态时，假设其被 HTTP 请求连接所占用，则 data 指向请求相关的结构体，在这个示例中指向 ngx_http_request_s 结构体。

❑ read 和 write：指向与之关联的读或者写事件结构体，类型为 ngx_event_t。

❑ fd：socket_fd，即 upstream_connect_fd、downstream_connect_fd、listen_fd、channel_fd。

❑ listening：当存储的 fd 为监听的 listen_fd 时，该字段指向 ngx_listening_s 结构体，与 ngx_listening_s 中的 connection 字段指向相反。这个字段的作用为通过 ngx_connection_s 结构体快速找到 ngx_listening_s 结构体，或者通过 ngx_listening_s 结构体快速找到 ngx_connection_s 结构体。

ngx_cycle_s 结构体与 Event 模块相关字段主要如下。

```
struct ngx_cycle_s {
    ......
    ngx_connection_t        *free_connections;        / 指向可使用连接 */
    ngx_uint_t               free_connection_n;        /* 可使用连接总数 */
    ......
```

```
    ngx_queue_t              reusable_connections_queue;    // 可被抢占的连接
    ngx_uint_t               reusable_connections_n;         // 可被抢占的连接总数
    ngx_array_t              listening;                       // 指向监听池
    ......
    ngx_uint_t               connection_n;                    // 连接池总大小
    ngx_connection_t         *connections;
    // 整个连接池，数组大小为: connection_n, 在 ngx_event_process_init 函数中初始化
    ngx_event_t              *read_events;
    // 与连接池对应，数组大小为: connection_n, 在 ngx_event_process_init 函数中初始化
    ngx_event_t              *write_events;
    // 与连接池对应，数组大小为: connection_n, 在 ngx_event_process_init 函数中初始化
    ...
};
```

结构体 ngx_cycle_s 中各字段含义如下。

❏ free_connection：代表可用的空闲连接池，由单链表构成。该字段指向空闲连接池的队首。每个已用连接在释放时会通过头插法插入此空闲连接池指向的单链表。

❏ reusable_connections_queue：代表可复用的连接队列。在以下情况，Nginx 会对该队列执行添加与删除操作。

- 客户端与 Nginx 三次握手建立连接后，Nginx 会调用 accept 函数获取此连接，然后等待该连接的请求头数据到来。等待参数 client_header_timeout 默认为 60s。在等待过程中，该连接会被添加到可复用队列。

- 请求头数据到来后，Nginx 会调用 recv 函数从连接池中读取请求头数据。当不能一次读完请求头数据，并返回 NGX_AGAIN 时，Nginx 会把该连接添加到可复用队列，同时添加到定时器中。等待参数 client_header_timeout 默认为 60s。

- 当连接的请求头数据已读取完，并准备解析请求行时，Nginx 会从可复用队列中删除该连接。

- 当某连接请求处理完毕，需要关闭连接时，Nginx 会将该连接从可复用队列中删除。

从上述情况可以发现，当某连接空闲时，其可被抢占与复用；而当数据已准备就绪时，则不可被抢占与使用。

❏ connections：指向连接池数组首地址，大小由配置项 worker_connections 决定。

❏ read_events：指向读事件池数组首地址，读事件池大小与连接池大小相同，均为 connection_n。

❏ write_events：指向写事件池数组首地址，写事件池大小与连接池大小相同，均为 connection_n。

了解完连接池后，接下来我们介绍一下事件池的实现。

9.2.6 事件池

我们知道，ngx_connection_s 中 fd 字段关联的 socket_fd 会产生读 / 写事件，不同连

接的读 / 写事件触发后需要执行的任务不同，也就是需要执行的回调函数不同，而且每个连接有类别、状态、属性等。为了更高效地对事件进行处理，Nginx 抽象出一个结构体 ngx_event_s。ngx_event_s 结构体与 ngx_connection_s 结构体是一一映射关系，是对 ngx_connection_s 结构体的完善。

事件池其实是由 ngx_event_s 结构体所组成的数组，且分为读事件池、写事件池两类，分别存储在 ngx_cycle_s 结构体的 read_events 与 write_events 字段中。事件池大小与连接池大小相同，都由 worker_connections 配置项决定。

ngx_event_s 结构体主要字段如下。

```
struct ngx_event_s {
    void            *data;
    unsigned            write:1;
    unsigned            accept:1;
                unsigned            instance:1;
    unsigned            active:1;
    unsigned            disabled:1;
    unsigned            ready:1;        // 是否准备好
...
    unsigned            eof:1;
    unsigned            error:1;
    unsigned            timedout:1;    // 是否超时，1 表示已超时，回调处理的时候需要清理
    unsigned            timer_set:1;   // 是否置为定时器
    unsigned            delayed:1;     // 限速时需要延时处理该事件
    unsigned            deferred_accept:1;
    // 延迟 accept 1 三次握手后，如果数据未到达服务端，则不触发 accept 事件，此时应用层调用
    // accept 函数，但获取不到此连接，直到请求数据到达服务端，触发 accept 事件才能获取到
    unsigned            pending_eof:1;
    unsigned            posted:1;
    unsigned            closed:1;      // 默认值为 1
    unsigned            channel:1;     // 标识此事件是否为 master-worker 通信，用 channel_fd 触发
    ...
    ngx_event_handler_pt  handler;// 回调函数
    ...
    ngx_rbtree_node_t    timer;       // 超时机制，使用红黑树管理
        ...
};
```

该结构体的字段非常多，我们需要关注的核心字段如下。

- data：用于反查读 / 写事件关联的连接，该字段一般存储读 / 写事件对应的连接地址，即 ngx_connection_s 结构体的地址。Nginx 在处理请求时，通过该字段能找到读 / 写事件对应的连接，连接的 fd 字段存储着触发事件的 socket_fd。此时，Nginx 会根据事件的类型对 socket_fd 进行不同的操作，如读、写、accept 等操作。
- write：用于标识事件，值为 1 表示写事件，缺省时表示读事件。
- accept：用于标识事件是 accept 事件（listen_fd 触发）还是 posted 事件，值为 1 表示 accept 事件。当 handler 字段为 ngx_event_accept 时，该字段默认值为 0。

❑ instance：用于检测事件是否为陈旧事件。

❑ active：用于标识该事件是否处于 epoll 监听中。当我们需要监听某连接对应的读 / 写事件时，会将该事件添加到 epoll 中监听。监听成功后，该字段值置为 1。

❑ ready：用于标识该事件是否处于就绪状态。在读 / 写两种情况下，该字段的变化如下。

■ 可读事件触发时，读事件的 ready 字段值置为 1，并对事件关联的 socket_fd 进行读操作。当读不到数据时，ready 字段值置为 0，代表此读事件处理完毕。

■ 可写事件触发时，写事件的 ready 字段值置为 1，并对事件关联的 socket_fd 进行写操作。当写数据完毕或写数据未完全发完时，ready 字段值置为 0，代表此写事件处理完毕。

❑ eof 字段：用于标识该事件对应的 socket_fd 数据是否读 / 写完成。当无数据可读时，该字段值置为 1。与 ready 字段的区别在于，ready 字段主要标识某次事件的就绪状态，而 eof 字段标识数据是否被完完整整地读取完。

❑ error 字段：读 / 写数据出错时，该字段值置为 1。

❑ timedout 字段：当某事件超时触发后，该字段值置为 1；回调函数遇到超时标记，会关闭此事件关联的连接。

❑ timer_set 字段：当对某事件添加定时器成功时，该字段值置为 1，如 Nginx 通过 accept 函数获取新连接后，需要等待这个连接的请求数据到达。此时，等待请求数据到达的超时事件就是通过将连接的读事件写入定时器实现的。如果定时任务先于请求数据被触发，Nginx 会主动断开与客户端的连接。

❑ deferred_accept 字段：用于标识 accept 事件需要延迟处理。当配置文件中配置了 deferred 配置项时，deferred_accept 字段值置为 1。客户端与 Nginx 通过三次握手建立全连接后，不会立马触发 accept 事件，必须等到客户端数据发送到 Nginx 服务端。当新请求被 epoll_wait 获取后，调用 accept 函数获取全连接并对连接进行读操作。通过这种方式可以减少对 epoll_ctl、epoll_wait 等函数的调用次数（系统调用），从而提高 Nginx 性能。

❑ pending_eof 字段：用于标识该事件为断开连接事件。断开连接事件触发时，pending_eof 字段值置为 1。

❑ available 字段：当系统不支持 kqueue 机制且开启了 multi_accept，则该字段值置为 1。available 字段用于控制某个 Worker 进程是否可以接收新的连接，当值为 1 时会循环调用 accept 函数，直到所有连接被 Worker 进程接收完。

❑ handler 字段：用于设置该事件的回调函数。当事件触发后，Nginx 会直接调用此回调函数来处理事件；当事件处于不同类型或不同阶段时，handler 字段的值会改变。以 Nginx 作为 HTTP 服务器为例，handler 字段对应的回调函数变化如下。

■ 监听 listen_fd 的 accept 事件时，handler 字段被设置为 ngx_event_accept 函数。

TCP 建立连接后触发 accept 事件，执行事件对应的回调函数 ngx_event_accept，此时会执行 accept 函数获取到的新连接。

- 获取全连接后，Nginx 要建立连接需要等待客户端请求到来，此时 handler 字段会被设置为 ngx_http_wait_request_handler 函数。客户端请求到来后触发可读事件，Nginx 会执行回调函数 ngx_http_wait_request_handler，然后读取数据并解析请求行。此时，handler 字段被设置为 ngx_http_process_request_line 函数。在请求处理的流程中，hander 字段值持续被修改，直到请求处理完毕。

- 通过一直修改回调函数的方式来处理请求的好处是性能更高效。连接处理过程中遇到 I/O 阻塞时，则把连接放到 epoll 中监听。当连接的 I/O 完成，读 / 写事件触发后，通过提前设置好的回调函数快速处理请求，不会阻塞流程。而且事件被触发时，只需要执行设置好的回调函数即可。

❑ timer 字段：标识事件存储在定时器（红黑树）的节点信息，方便后续快速从定时器中删除该事件。

下面我们再来看看连接池、事件池、监听池、进程池的关联关系，如图 9-6 所示。

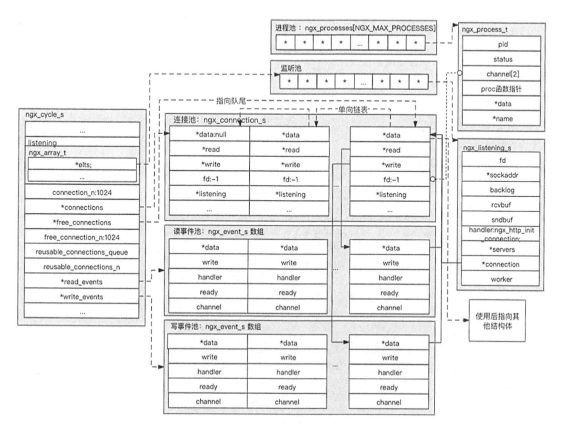

图 9-6　连接池、事件池、监听池、进程池的关联关系

从图 9-6 可以看出，连接池、事件池、监听池都存储在 ngx_cycle_s 结构体中，且各池子本质都为数组。连接池存储、管理着各类 socket_fd。事件池大小与连接池大小相同，有读 / 写两个事件池，分别对应连接池中每个 socket_fd 触发的可读与可写事件。不同类别的 socket_fd 在事件池均有标识。监听池比较简单，存储着所有的监听 fd，同时这些被监听的 fd 也会注册到连接池中。进程池存储着所有进程的 PID。每个进程与父进程之间通过 channel_fd 保持通信，同时这些 channel_fd 也会注册到连接池中。

下面我们再来看看 Event 模块初始化过程。

9.2.7　Event 模块初始化过程

Nginx 的模块主要分为 core 模块、Event 模块、conf 模块、HTTP 模块、mail 模块等。在众多 Nginx 模块中，我们想要查看某个模块属于哪一类，可通过 ngx_module_t 结构体的 type 字段获取。

与事件相关的模块主要有 ngx_events_module、ngx_event_core_module、ngx_epoll_module。其中，ngx_events_module 属于 core 模块，ngx_event_core_module 与 ngx_epoll_module 属于 Event 模块。除了 ngx_epoll_module 外，Event 模块还有 ngx_poll_module、ngx_kqueue_module、ngx_devpoll_module 等。这些模块在功能实现上类似，只是对连接的网络 I/O 事件的处理不同，底层采用的 I/O 多路复用技术不同。本节只介绍最常用的 ngx_epoll_module 模块的实现。

1. Event 模块初始化

（1）结构体介绍

Nginx 为了实现插拔式的模块开发，对所有的模块都进行了抽象，具体见 7.2.1 节对 ngx_module_s 结构体的介绍，这里不重复解读。该结构体中比较关键的字段如下：

```
struct ngx_module_s {
    void              *ctx;        /* 模块上下文 */
    ngx_command_t     *commands; /* 模块配置命令及对应的回调函数 */
    ngx_uint_t         type; /* 模块类型，此处可标识 core、Event、HTTP 等模块类型 */
    ngx_int_t         (*init_master)(ngx_log_t *log); /* master 阶段执行函数 */
    ngx_int_t         (*init_module)(ngx_cycle_t *cycle);
                                   /* module 阶段执行的回调函数 */
    ngx_int_t         (*init_process)(ngx_cycle_t *cycle);
                                   /* process 阶段执行的回调函数 */
};
```

值得一提的是，ctx 字段的类型为 void*，指向模块自定义的结构体，默认存储的是 ngx_core_module_t 结构体。ngx_core_module_t 结构体包含模块名称及自定义的初始化函数等，具体如下：

```
typedef struct {
    ngx_str_t     name;  /* 模块名称 */
    void          *(*create_conf)(ngx_cycle_t *cycle);
```

```
                            /* 初始化配置所需关联的结构体，Nginx 在启动时调用此函数，将这些
                               关联的结构体存入 cycle->conf_ctx 数组中 */
    char            *(*init_conf)(ngx_cycle_t *cycle, void *conf);
                            /* 解析配置，并把解析出来的配置，写入 cycle->conf_ctx 数组中 */
} ngx_core_module_t;
```

而在 Event 模块中，ctx 字段存储的是类型为 ngx_event_module_t 的结构体。ngx_event_module_t 结构体在 ngx_core_module_t 结构体的基础上进行了扩展，新增了一个类型为 ngx_event_actions_t 结构体的 actions 字段，具体如下：

```
typedef struct {
    ngx_str_t        *name; /**/
    void            *(*create_conf)(ngx_cycle_t *cycle);
                            /* 创建初始化配置所关联的结构体，Nginx 在启动时调用此函数，并
                               把创建好的结构体存入 cycle->conf_ctx 数组 */
    char            *(*init_conf)(ngx_cycle_t *cycle, void *conf);
                            /* 对 cycle->conf_ctx 数组中某个模块的配置项进行赋值，与 create_
                               conf 区别是前者是申请配置关联结构体所需的内存，init_conf 则是赋
                               予默认值 */
    ngx_event_actions_t    actions; /* 事件处理相关函数集合 */
} ngx_event_module_t;
```

ngx_event_actions_t 结构体主要是对 socket_fd 事件处理函数进行统一封装。我们知道 I/O 多路复用技术是基于 epoll、kqueue、poll、select 等实现的。不同的实现所调用的底层函数不同。抽象底层后，我们在使用时不需要关注平台差异，直接调用对应统一封装的函数即可实现对 socket_fd 的管理。（与 libevent 原理类似，只是 Nginx 自己做了封装，并存储在自定义的结构体中。）ngx_event_actions_t 结构体如下：

```
typedef struct {
    ngx_int_t   (*add)(ngx_event_t *ev, ngx_int_t event, ngx_uint_t flags);
    ngx_int_t   (*del)(ngx_event_t *ev, ngx_int_t event, ngx_uint_t flags);
    ngx_int_t   (*enable)(ngx_event_t *ev, ngx_int_t event, ngx_uint_t flags);
    ngx_int_t   (*disable)(ngx_event_t *ev, ngx_int_t event, ngx_uint_t flags);
    ngx_int_t   (*add_conn)(ngx_connection_t *c);
    ngx_int_t   (*del_conn)(ngx_connection_t *c, ngx_uint_t flags);
    ngx_int_t   (*notify)(ngx_event_handler_pt handler);
    ngx_int_t   (*process_events)(ngx_cycle_t *cycle, ngx_msec_t timer,
                        ngx_uint_t flags);
    ngx_int_t   (*init)(ngx_cycle_t *cycle, ngx_msec_t timer);
    void        (*done)(ngx_cycle_t *cycle);
} ngx_event_actions_t;
```

以 ngx_epoll_module 模块为例，对 ngx_event_module_t 结构体初始化和赋值如下：

```
static ngx_event_module_t   ngx_epoll_module_ctx = {
    &epoll_name,                        /* 模块名为 epoll*/
    ngx_epoll_create_conf, /* 创建 ngx_epoll_module 模块中每个配置项存储所需的结构体 */
    ngx_epoll_init_conf,                /* 初始化 ngx_epoll_modul 模块配置 */
```

```
    {
        ngx_epoll_add_event,              /* 添加事件 t */
        ngx_epoll_del_event,              /* 删除事件 */
        ngx_epoll_add_event,
        ngx_epoll_del_event,
        ngx_epoll_add_connection,         /* 添加连接 */
        ngx_epoll_del_connection,         /* 删除链接 */
#if (NGX_HAVE_EVENTFD)
        ngx_epoll_notify,
#else
        NULL,
#endif
        ngx_epoll_process_events,
        ngx_epoll_init,
        ngx_epoll_done,
    }
};
```

上述代码中的函数主要作用如下。

❑ ngx_epoll_add_event：主要功能是对 epoll 管理的连接 fd 进行监听事件的添加操作。

❑ ngx_epoll_del_event：主要功能是对 epoll 管理的连接 fd 进行监听事件的删除操作。

❑ ngx_epoll_add_connection：主要功能是把 socket_fd 以边缘触发的方式添加到 epoll 中，并监听 socket_fd 的可读、可写、断开连接事件。

❑ ngx_epoll_del_connection：主要功能是从 epoll 中删除某 socket_fd。

❑ ngx_epoll_notify：主要功能是实现多进程、多线程间的等待与通知机制。

❑ ngx_epoll_process_events：Nginx 处理 socket_fd 产生事件的核心函数。

❑ ngx_epoll_init：主要功能是调用 epoll_create 函数来创建 epoll_fd，并初始化 epoll_event 结构体。其是名称为 event_list 的数组，数组大小默认为 512，用于对 epoll 模块相关的全局变量进行初始化。

❑ ngx_epoll_done：主要功能是在 Event 模块退出时，释放相应的系统资源，此处主要对 ngx_epoll_init 函数初始化的资源进行释放。

（2）初始化核心流程

在简要介绍 Event 模块涉及的结构体后，我们再来看看 Event 模块初始化的核心流程。Event 模块初始化实际是在 Nginx 启动过程中完成的。Nginx 启动分为两个阶段：第一阶段为调用 fork 函数启动子进程前，第二阶段为调用 fork 函数启动子进程后。我们先看看 Nginx 启动流程（与 Event 模块初始化相关节点在流程图中已加粗标），如图 9-7 所示。

从图 9-7 可以发现，整个启动过程的关键节点主要是调用 core 模块及所有通用模块的初始化。

第一阶段：调用 fork 函数启动子进程前，主要调用 core 模块的 createConf、initConf、initModule 函数。

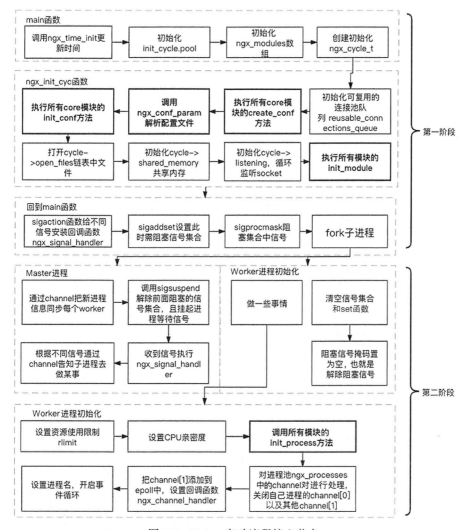

图 9-7　Nginx 启动流程核心节点

第二阶段：调用 fork 函数启动子进程后，调用所有模块（包含 core、Event、HTTP 等模块）的 init_process 函数。

结合 ngx_event_module_t 结构体，我们可以发现 Event 模块也有 create_conf、init_conf 等函数。但 Event 模块的初始化函数并未在图 9-7 中体现，主要原因是 Event 模块的初始化是在 ngx_conf_param 函数中完成的。ngx_conf_param 函数主要作用是解析 Nginx 的配置文件，并读取配置文本中的关键字、回调关键字对应的 set 方法。

关键字与回调函数的映射关系主要存储在结构体 ngx_command_s 中，详细介绍见 5.2 节。该结构体定义如下：

```
struct ngx_command_s {
```

```
ngx_str_t              name;            // 配置指令名称，如 multi_accept
ngx_uint_t             type;            // 指令类型
// 函数指针指向该配置对应的处理函数
char                   *(*set)(ngx_conf_t *cf, ngx_command_t *cmd, void *conf);
ngx_uint_t             conf;
ngx_uint_t             offset;
void                   *post;           // 自定义数据
};
```

其中，name 与 set 字段用于存储配置指令与配置处理函数。Event 模块的 create_conf、init_conf 等初始化函数调用流程具体如图 9-8 所示。

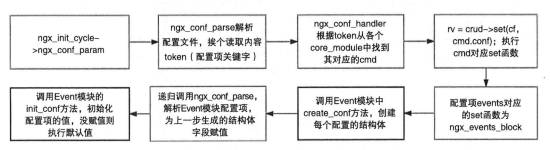

图 9-8　Event 模块的初始化函数调用流程

在图 9-8 中，ngx_events_block 函数实际对应的配置指令为 events。也就是说，Event 模块的 create_conf、init_conf 等初始化函数的调用入口为 ngx_events_block 函数。

下面介绍 Event 模块初始化函数的种类及作用，具体见表 9-3。

表 9-3　Event 模块初始化函数的种类及作用

模块名	类型	create_conf 函数	init_module 函数	init_process 函数	init_conf 函数
ngx_events_module	core 模块	NULL	NULL	NULL	ngx_event_init_conf
ngx_event_core_module	Event 模块	ngx_event_core_create_conf	ngx_event_module_init	ngx_event_process_init	ngx_event_core_init_conf
ngx_epoll_module	Event 模块	ngx_epoll_create_conf	NULL	NULL	ngx_epoll_init_conf

下面简单介绍与 Event 模块初始化函数。

1）create_conf 函数（实际为函数指针）：不同模块的 create_conf 函数作用相近，主要是初始化与模块相关的配置结构体，并把创建的结构体存入 cycle->conf_ctx 数组。create_conf 函数具体执行过程如下。

①在 ngx_events_block 函数中调用所有类型为 Event 模块的 create_conf 函数，调用代码如下：

```
for (i = 0; cf->cycle->modules[i]; i++) {
```

```
                    /* 判断模块类型, 只调用 Event 模块的 create_conf 函数 */
    if (cf->cycle->modules[i]->type != NGX_EVENT_MODULE) {continue;}
    m = cf->cycle->modules[i]->ctx;
    if (m->create_conf) {
        (*ctx)[cf->cycle->modules[i]->ctx_index] =m->create_conf(cf->cycle);
                        //返回初始化好的 conf 配置结构体
    }
}
```

② create_conf 函数主要作用是初始化与模块相关的配置结构体。以 ngx_epoll_module 模块为例, 该模块的 ngx_epoll_create_conf 函数的核心代码如下:

```
ngx_epoll_create_conf(ngx_cycle_t *cycle)
{
    ngx_epoll_conf_t  *epcf;    // 该结构体主要是存储 ngx_epoll_module 模块的相关配置
    epcf = ngx_palloc(cycle->pool, sizeof(ngx_epoll_conf_t));
    epcf->events = NGX_CONF_UNSET;
    epcf->aio_requests = NGX_CONF_UNSET;
    return epcf;
}
```

2) init_conf 函数 (实际为函数指针): 不同模块的 init_conf 函数作用相近, 主要是对模块相关的配置结构体字段执行赋值操作。

① 在 ngx_events_block 函数中调用 Event 模块的 init_conf 函数的核心代码如下:

```
for (i = 0; cf->cycle->modules[i]; i++) {
    /* 判断模块类型, 只调用 Event 模块的 init_conf 函数 */
    if (cf->cycle->modules[i]->type != NGX_EVENT_MODULE) {continue;}
    m = cf->cycle->modules[i]->ctx;
    if (m->init_conf) {
        (*ctx)[cf->cycle->modules[i]->ctx_index] =m->init_conf(cf->cycle);
                                        //返回初始化好的 conf 配置结构体
    }
}
```

② init_conf 函数对模块相关的配置结构体进行赋值操作。以 ngx_epoll_module 模块为例, 该模块的 init_conf 函数为 ngx_epoll_init_conf 函数, 核心代码如下:

```
ngx_epoll_init_conf(ngx_cycle_t *cycle, void *conf)
{
    ngx_epoll_conf_t *epcf = conf;
    ngx_conf_init_uint_value(epcf->events, 512); // 初始化 epcf->events 的值为 512
    ngx_conf_init_uint_value(epcf->aio_requests, 32);
                                        // 初始化 epcf-> aio_requests 的值为 32
    return NGX_CONF_OK;
}
```

3) init_module 函数 (实际为函数指针): 对 Event 模块需要用到的全局变量进行初始化。以 ngx_event_core_module 模块为例, 该模块的 ngx_event_module_init 函数的主要工作流程如图 9-9 所示。

4）init_process 相关函数（实际为函数指针）：Nginx 调用 fork 函数启动子进程，准备开启服务的最后一个核心阶段时会执行 init_process 相关的函数，主要是从进程维度对需要的变量及数据结构进行初始化。

此处，ngx_event_core_module 模块的 init_process 函数为 ngx_event_process_init 函数，调用栈为 main → ngx_worker_process_cycle → ngx_master_process_cycle → ngx_start_worker_processes → ngx_worker_process_init。ngx_event_process_init 函数非常关键。Event 模块的主要初始化动作都发生在此函数中，详细执行步骤如下。

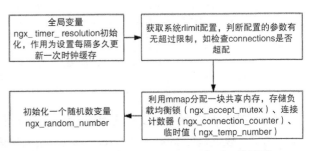

图 9-9　ngx_event_module_init 主要工作流程

① ngx_worker_process_init 函数调用处的代码如下：

```
static void ngx_worker_process_init(ngx_cycle_t *cycle, ngx_int_t worker){
            ...
            for (i = 0; cycle->modules[i]; i++) {
        if (cycle->modules[i]->init_process) {
        /*当模块为epoll_core_module时，此处调用的是ngx_event_process_init 函数，作
            用为初始化连接池，并把 listen_fd 放入 epoll*/
            cycle->modues[i]->init_process(cycle);
        }
    }
            ...
}
```

② Event 模块调用 ngx_event_process_init 函数代码如下：

```
ngx_event_process_init(ngx_cycle_t *cycle)// 初始化 event_list + 初始化连接池
{
    ......
// 打开 accept_mutex 负载均衡锁，以便防止惊群。accept_mutex 关闭时，listen_fd 会被加入每个
    Worker 进程的 epoll。一次 TCP 建立连接请求到达时，每个 Worker 去处理，引发惊群问题
    if (ccf->master && ccf->worker_processes > 1 && ecf->accept_mutex) {
        ngx_use_accept_mutex = 1;
        ngx_accept_mutex_held = 0;
        ngx_accept_mutex_delay = ecf->accept_mutex_delay;

    } else {
        ngx_use_accept_mutex = 0;
    }
    /* 初始化建立连接事件暂存队列 */
    ngx_queue_init(&ngx_posted_accept_events);
    /* 初始化读 / 写事件暂存队列 */
```

```
ngx_queue_init(&ngx_posted_events);
/* 初始化定时器 */
if (ngx_event_timer_init(cycle->log) == NGX_ERROR) {
    return NGX_ERROR;
}
for (m = 0; cycle->modules[m]; m++) {
    ...
    module = cycle->modules[m]->ctx;
    /* 9.2.7 节提到的 ctx 模块与其他模块的不同——多了 ngx_event_actions_t 结构体，其就在
       此处使用 */
    /* 调用 actions.init，实际为调用 ngx_epoll_init 函数。此函数会调用 epoll_create
       函数来创建 epoll_fd，并初始化一个类型为 epoll_event、名为 event_list 的数组，
       数组大小默认为 512，并对 epoll 相关的全局变量进行初始化 */
    if (module->actions.init(cycle, ngx_timer_resolution) != NGX_OK) {
        exit(2);
    }
    break;
}
......
/* 初始化连接池，大小由配置参数 worker_connections 决定，默认值为 512*/
cycle->connections = ngx_alloc(sizeof(ngx_connection_t) * cycle->connection_n,
    cycle->log);
/* 初始化与连接池对应大小的读事件池 */
cycle->read_events = ngx_alloc(sizeof(ngx_event_t) * cycle->connection_n,
    cycle->log);
rev = cycle->read_events;
for (i = 0; i < cycle->connection_n; i++) {
    rev[i].closed = 1;        // 初始化为 1，代表未使用
    rev[i].instance = 1;      // 初始化为 1，用于检测该结构体是否可用
}
/* 初始化与连接池对应大小的写事件池 */
cycle->write_events = ngx_alloc(sizeof(ngx_event_t) * cycle->connection_n,
    cycle->log);
wev = cycle->write_events;
for (i = 0; i < cycle->connection_n; i++) {
    wev[i].closed = 1;        // 初始化为 1，代表未使用
}
        /* 读 / 写事件结构体与 connections 结构体一一映射 */
i = cycle->connection_n;
next = NULL;
do {
    i--;
    c[i].data = next;
    c[i].read = &cycle->read_events[i];
    c[i].write = &cycle->write_events[i];
    c[i].fd = (ngx_socket_t) -1;
    next = &c[i];
} while (i);
        /* 初始化 free_connections，指向连接池头部 */
cycle->free_connections = next;
cycle->free_connection_n = cycle->connection_n;
```

```
/* 为每个监听端口分配连接, 端口监听在派生子进程前的 ngx_open_listening_sockets 函数中完成 */
ls = cycle->listening.elts;
for (i = 0; i < cycle->listening.nelts; i++) {
        ...
    c = ngx_get_connection(ls[i].fd, cycle->log);// 给所有的 listen_fd 分配连接
    ...
    rev = c->read;
    rev->accept = 1;            // 将 listen_fd 读事件类型标识为 accept
        ...
        /* 给所有的 listen_fd 读事件设置回调函数, 即建立连接事件到达时的处理函数 */
    rev->handler = (c->type == SOCK_STREAM) ? ngx_event_accept:
      ngx_event_recvmsg;
    /* 配置 listen 80 reuseport 时, 支持多进程共用一个端口, 此时可直接把 lisen_fd 加
       入 epoll, 并监听可读事件 (建立连接时触发) */
    #if (NGX_HAVE_REUSEPORT)
      if (ls[i].reuseport) {
          if (ngx_add_event(rev, NGX_READ_EVENT, 0) == NGX_ERROR) {
          return NGX_ERROR;
          }
        continue;
      }
          #endif
    /* 打开 accept_mutex 负载均衡锁后, 每个 Woker 进程不能直接把 lisen_fd 加入 epoll
       监听 accept 事件, 需要在 Worker 进程抢到锁之后才能把 lisen_fd 加入 epoll, 避免
       一个请求被多个 Worker 进程处理, 出现惊群现象 */
    if (ngx_use_accept_mutex) {
       continue;
    }
            /* 未开启 accept_mutex 负载均衡锁, 未启动 reuseport 端口复用, 此后 listen_fd
               触发的建立连接事件会引发惊群问题 */
    if (ngx_add_event(rev, NGX_READ_EVENT, 0) == NGX_ERROR) {
        return NGX_ERROR;
    }
    }
  }
  return NGX_OK;
}
```

ngx_event_process_init 函数核心流程如下。

1）根据 accept_mutex 配置，初始化负载均衡锁相关变量，以防惊群问题出现。"惊群"概念会在 9.3 节讲解。

2）初始化两个队列，建立连接事件暂存队列与读/写事件暂存队列；Worker 进程在持有负载均衡锁时，会以独占的方式把 listen_fd 加入自己的 epoll。客户端请求建立连接后，Worker 进程会优先处理暂存在队列中的建立连接事件，而暂存在队列中的读/写事件会暂缓处理，等建立连接事件处理完后，再把 listen_fd 从 epoll 中删除，此时才会处理读/写事件。也就是说，暂存队列中的建立连接事件处理优先级比暂存队列中的读/写事件优先级高。通过这种方式，可以避免某个 Worker 进程独占 listen_fd 时间过久。

3）初始化红黑树，将其用作时间事件的定时器。时间事件按照触发时间顺序存储在红

黑树中。

4）调用 Event 模块的 actions.init——实际为 ngx_epoll_init 函数。此函数会通过 epoll_create 创建 ep_fd，并初始化 512 个 event_list。event_list 主要用于调用 epoll_wait 时存储事件。

5）给连接池、事件池分配内存，并关联在一起，最终存储在 cycle->connections、cycle->read_events、cycle->write_events 中，详见图 9-6。

6）遍历监听池，给所有的监听套接字（即 listen_fd）分配连接，即注册在连接池中。

7）为所有监听套接字（listen_fd 一般是基于 TCP 的）连接的读事件设置回调函数，此时，回调函数设置为 ngx_event_accept。注意，ngx_event_accept 函数内部会执行 accept 函数。

8）根据不同的配置选择性地把 listen_fd 加入 epoll。我们将在 9.3 节讲解缘由。

至此，Event 模块初始化阶段所有的函数基本执行完毕。此时，Woker 进程会循环监听，提供服务。

2. 事件循环

为了高性能地提供服务，Nginx 针对网络 I/O 访问实现了异步执行。一次请求的完整生命周期实际被拆分成多个时间段。每次请求遇到 I/O 阻塞时，会把 I/O 对应的 socket_fd 放到 epoll 中监听起来。等待 I/O 完成期间，Worker 进程继续处理其他请求。每一段执行的唤醒都是由对应的 I/O 事件或时间事件触发的。事件循环则是处理事件的核心流程。

事件循环入口函数为 ngx_worker_process_cycle，核心代码如下：

```
static void ngx_worker_process_cycle(ngx_cycle_t *cycle, void *data){
        /* 初始化 worker 进程 */
    ngx_worker_process_init(cycle, worker);
        /* 调用各个类型的 process_init 以初始化连接池、事件池，并把 listen_fd、channel[1]
            等注册到连接池中 */
    ngx_setproctitle("worker process");          /* 设置进程名 */
    for ( ;; ) {// 万事俱备，开启循环监听处理
        if (ngx_exiting) {…}
        ngx_process_events_and_timers(cycle);  /* I/O 事件或时间事件处理，epoll_wait
                                            将在里这被调用 */
        if (ngx_terminate) {…}
        if (ngx_quit) {…}
        if (ngx_reopen) {…}
    }
}
```

Woker 进程初始化完成后，进入循环。所有的 I/O 事件和时间事件都是在函数 ngx_process_events_and_timers 中处理的，代码如下：

```
void ngx_process_events_and_timers(ngx_cycle_t *cycle)
{
    ngx_msec_t  timer, delta;// timer 变量，即 epoll_wait 的第 4 个参数，用于设置阻塞等待时间
    if (ngx_timer_resolution) {/* 开启 timer_resolution 配置项，用于设置每隔多久更新
                            一次缓存时钟，默认值为 0ms*/
        timer = NGX_TIMER_INFINITE;
```

```
            /* 开启时间精度，将 epoll_wait 的超时参数设置为 -1，阻塞等待，直到有 I/O 事件触
               发或 Worker 进程收到信号。ALARM 定时器在 ngx_timer_resolution 时间耗尽后
               会触发 ALARM 信号 */
    } else {
        timer = ngx_event_find_timer(); // 从红黑树中找出最近一个待处理的时间事件，获取
                                         // 与当前时间的差值
        if (timer == NGX_TIMER_INFINITE || timer > 500) {
            timer = 500;/* 最长阻塞 500ms */
        }
    }
    /* 是否开启负载均衡锁，配置项为 accept_mutex */
    if (ngx_use_accept_mutex){ // 开启则需要抢锁，以防惊群，默认为关闭
        if (ngx_accept_disabled > 0) {
        // ngx_accept_disabled 的值是经过算法计算所得的，当值大于 0 时，代表此 Worker 进程
        // 的负载过高，不再接收新连接
            ngx_accept_disabled--;
        } else {
            if (ngx_trylock_accept_mutex(cycle) == NGX_ERROR) {
            // 抢锁成功，则把 listen_fd 加入 epoll
                return;
            }
            if (ngx_accept_mutex_held) {
                    /* 抢到锁，后续事件先暂存队列中 */
                flags |= NGX_POST_EVENTS;
            } else {
                    /* 未抢到锁，修改 epoll_wait 阻塞等待时间，使得下一次抢锁不会
                       等待太久 */
                if (timer == NGX_TIMER_INFINITE || timer > ngx_accept_mutex_delay) {
                    timer = ngx_accept_mutex_delay; // 配置项 accept_mutex_delay
                }
            }
        }
    }
            /* 未开启负载均衡锁，默认每个 Worker 进程的 epoll 都监听了 listen_fd；
               未配置 listen 80 reuseport; 时，存在惊群问题，即一个建立连接请求到来
               会唤醒多个 Woker 进程处理 */
            /* 前文提到的 ctx 模块与其他模块的不同 —— 多了 ngx_event_actions_t
               结构体。此处调用 actions.process_events,epoll_module 实际为调用
               ngx_epoll_process_events 函数 */
    (void) ngx_process_events(cycle, timer, flags); // I/O 事件处理核心函数
    ngx_event_process_posted(cycle, &ngx_posted_accept_events);
        // 开启负载均衡锁时，建立连接事件暂存队列，待 accept 函数获取全连接后，优先处理；
        // 未开启负载均衡锁时，该队列为空，accept 等调用函数直接在 ngx_process_events 中执行
    if (ngx_accept_mutex_held) {
        // 处理完 listen_fd 后，立马释放锁，防止某进程持有互斥锁过久
        ngx_shmtx_unlock(&ngx_accept_mutex);
    }
    ngx_event_expire_timers();
        // 时间事件处理核心函数；每次循环都执行一次时间事件，到期的时间事件在该函数中处理
        // 此处也可以看出，Nginx 的时间事件并非精确到点执行。如果 ngx_process_events 中
        // 某次 I/O 事件执行较慢，时间事件也会相应延后执行
```

```
    ngx_event_process_posted(cycle, &ngx_posted_events);
        // 负载均衡锁开启，才使 I/O 读写事件暂存队列处理；未开启时，I/O 读写事件在
        // ngx_process_events 中就已处理完
}
```

ngx_process_events_and_timers 函数主要是对 I/O 读写事件与时间事件进行处理，其次根据负载均衡锁（配置项为 accept_mutex）开启与否，决定是否加锁。加锁可对惊群问题进行有效规避。值得一提的是，ngx_accept_disabled 变量起到了负载均衡的作用。其通过连接池的使用量计算每个 Worker 进程的负载情况，具体计算公式如下：

ngx_accept_disabled = ngx_cycle->connection_n / 8 - ngx_cycle->free_connection_n

变量说明：

❑ ngx_cycle->connection_n 表示连接池大小；

❑ ngx_cycle->free_connection_n 表示连接池中空闲连接数量。

从事件循环过程可以看到，事件处理最核心的两个函数是 ngx_epoll_process_events 与 ngx_event_expire_timers。接下来，我们继续看这两个函数的实现。

1）I/O 读写事件处理函数（epoll_module 中的 ngx_epoll_process_events 函数）：主要对 I/O 事件进行回调处理，具体代码如下：

```
static ngx_int_t ngx_epoll_process_events(ngx_cycle_t *cycle,
    ngx_msec_t timer, ngx_uint_t flags){
    ......
    events = epoll_wait(ep, event_list, (int) nevents, timer);
        // 调用 epoll_wait 获取 I/O 中监听的已就绪事件的 socket_fd 集合，并将其存放到 event_list
        // 数组中。event_list 数组由 epoll_event 结构体组成；参数 nevents 一般
        // 与 event_list 相同，timer 代表阻塞时长，一般最大值为 500ms
    ......
    for (i = 0; i < events; i++) {/* 遍历时间事件集合 */
        c = event_list[i].data.ptr;
            // data.ptr 字段标识监听事件添加到 epoll 时的自定义数据
            // 此处是该 socket_fd 注册在连接池中的连接地址
        instance = (uintptr_t) c & 1;// 提取连接地址的最后一位，代表事件的 instance 值
        c = (ngx_connection_t *) ((uintptr_t) c & (uintptr_t) ~1);// 还原地址
        rev = c->read;
        if (c->fd == -1 || rev->instance != instance) {/* 是否失效，防范陈旧事件 */
            continue;
        }
        revents = event_list[i].events;
        if (revents & (EPOLLERR|EPOLLHUP)) {
            // 如果触发的事件是断开连接或错误连接，则追加 EPOLLIN|EPOLLOUT，在调用读写
            // 事件的回调函数时能够处理这些异常事件
            revents |= EPOLLIN|EPOLLOUT;
        }
        if ((revents & EPOLLIN) && rev->active) {/* 可读事件处理，直接调度执行该连接
                                                    对应读事件的回调函数 */
#if (NGX_HAVE_EPOLLRDHUP)
            if (revents & EPOLLRDHUP) {
```

```
                              rev->pending_eof = 1;
                    }
                    rev->available = 1;
        #endif
                    rev->ready = 1;
                    if (flags & NGX_POST_EVENTS) {
                          /* 开启负载均衡锁且此 Worker 进程持有锁才能将事件存入暂存队列，以便优先处理
                          accept 获取的事件，快速释放锁 */
      /* 如果该事件为 listen_fd 触发，则存入 ngx_posted_accept_events 队列，否则存入 ngx_posted_
          events。上层调用函数会优先执行 ngx_posted_accept_events 队列中的事件 */
                          queue = rev->accept ? &ngx_posted_accept_events:
                                ngx_post_event(rev, queue);&ngx_posted_events;
                    } else {
      /* 未开启负载均衡锁或此 Worker 进程未持有锁，则直接调用读事件的回调函数执行。在请求的不同处理
          阶段调用的回调函数不一样 */
                          rev->handler(rev);
                    }
              }
              wev = c->write;
              if ((revents & EPOLLOUT) && wev->active) {/* 可写事件处理，此处不再解读 */
                    if (c->fd == -1 || wev->instance != instance) {
                          continue;
                    }
                    wev->ready = 1;
                    if (flags & NGX_POST_EVENTS) {
                          ngx_post_event(wev, &ngx_posted_events);
                    } else {
                          wev->handler(wev);
                    }
              }
        }
        return NGX_OK;
  }
```

2）时间事件处理函数（ngx_event_expire_timers 函数）。每次 I/O 事件处理完后，则会执行时间事件处理函数。时间事件处理函数执行逻辑较简单，首先循环从红黑树中获取最小节点，然后与当前时间对比，执行时间小于当前时间的节点则代表需要立马处理。处理过程为：首先通过需处理节点的首地址计算对应事件的首地址，并给事件打上过期标识（ev->timedout-=1），然后执行事件对应的回调函数。在回调函数中往往会判断过期标识是否为 1，过期则执行对应的清理动作，如归还连接至连接池、断开 TCP 连接等。时间事件处理函数代码如下：

```
void ngx_event_expire_timers(void){
    ...
    for ( ;; ) {//遍历获取红黑树最小节点
        node = ngx_rbtree_min(root, sentinel); // 从红黑树中获取最小节点
        if ((ngx_msec_int_t) (node->key - ngx_current_msec) > 0) {
        //执行时间是否大于当前时间，大于则退出循环
```

```
            return;
        }
    ngx_rbtree_delete(&ngx_event_timer_rbtree, &ev->timer); // 删除该事件
        ev = (ngx_event_t *) ((char *) node - offsetof(ngx_event_t, timer));
            // 通过红黑树中的节点地址还原事件首地址
        ...
        ev->timer_set = 0;          // 打上标记，代表该事件已删除，在定时器中不存在
    ev->timedout = 1;               // 打上标识，代表过期
    ev->handler(ev);                // 执行该节点中的回调函数
    }
}
```

值得一提的是，通过红黑树中的节点地址还原事件首地址的过程具体如图 9-10 所示。

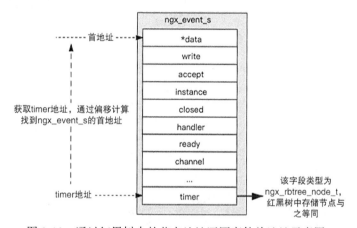

图 9-10　通过红黑树中的节点地址还原事件首地址示意图

9.2.8　请求处理流程

下面我们进一步分析 Nginx 作为反向代理时是如何处理请求的。

首先，Nginx 配置如下：

```
http {
    include        mime.types;
    default_type   application/octet-stream;
    log_format     main   '$remote_addr - $remote_user [$time_local] "$request" '
                          '$status $body_bytes_sent "$http_referer" '
                          '"$http_user_agent" "$http_x_forwarded_for"';
    access_log  logs/upstream-access.log  main;
    sendfile        on;
    keepalive_timeout  65;# 开启 keepalive
            upstream rr_servers {
                    server 127.0.0.1:8000;
                    server 127.0.0.1:8001;
                    server 127.0.0.1:8002;
            }
    }
```

```
        server{
listen 8080;
location /{# 所有请求通过代理转发
            proxy_pass http://rr_servers;
    }
  }
}
```

经过上述配置后，启动 Nginx，整个请求处理流程如图 9-11 所示。

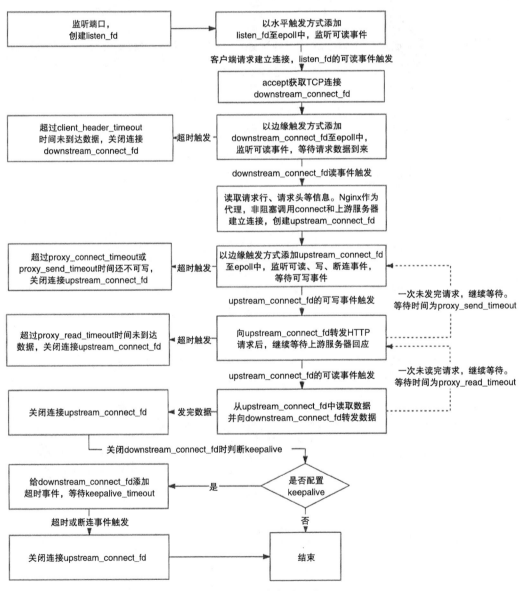

图 9-11　一次请求处理流程

一个请求处理流程主要分为 7 个步骤。

1）Nginx 监听某端口产生 listen_fd，Worker 进程通过抢锁成功地把 listen_fd 加入自己的 epoll，并把 lisen_fd 以水平触发模式添加到 epoll 中以监听可读事件。此时，该事件回调函数为 ngx_event_accept。

2）客户端发起请求，与服务端 TCP 连接建立后，listen_fd 的可读事件触发，Worker 进程调用 epoll_wait 函数获取读事件，执行事件回调函数 ngx_event_accept。回调函数内部会调用系统自带的 accept 函数，获取客户端的新连接 downstream_connect_fd，之后把该连接以边缘触发模式添加到 epoll 中，以监听可读事件。此时，回调函数为 ngx_http_wait_request_handler。为了避免客户端一直不发送数据，我们会给该连接添加一个时间事件，超时后会清理连接，代码如下：

```
ngx_event_accept{
    if (use_accept4) {
        s = accept4(lc->fd, &sa.sockaddr, &socklen, SOCK_NONBLOCK);
        //accept4 可直接设置非阻塞方式接收请求
    } else {
        s = accept(lc->fd, &sa.sockaddr, &socklen);
        // 获取客户端 TCP 连接，即 downstream_connect_fd
    }
    c = ngx_get_connection(s, ev->log);
    // 连接池函数，从连接池中获取一个连接，与 downstream_connect_fd 关联
    ngx_http_init_connection(ngx_connection_t *c){
    // 调用 ls->handler(c)，实际为调用 ngx_http_init_connection 进行初始化连接，
    // 在后续章节会介绍 ngx_connection_t 结构体
        rev = c->read;
        rev->handler = ngx_http_wait_request_handler;
        c->write->handler = ngx_http_empty_handler;
        ngx_add_timer(rev, c->listening->post_accept_timeout);
        // 时间事件将给该连接添加定时器，等待时间由 client_header_timeout 配置项决定
        ngx_reusable_connection(c, 1); // 把该连接标识为可被抢占
    ngx_handle_read_event(rev, 0)          // 以边缘触发模式把 downstream_connect_fd
                                           // 加入 epoll 中，并监听 EPOLLIN|EPOLLRDHUP
    }
}
```

> **注意**　上述仅贴出关键函数及代码行，读者可根据函数名搜索真实源码。后文代码处与此处相同，不再重复说明。

3）客户端建立连接后，开始发送数据。此时，downstream_connect_fd 的可读事件触发，持有 downstream_connect_fd 的 Worke 进程会循环调用 epoll_wait 函数，此时能获取读事件。执行该事件的回调函数为 ngx_http_wait_request_handle。该函数从 downstream_connect_fd 读取客户端数据。读取数据大小由 client_header_buffer_size 配置项决定。读取数

据后,解析请求行、请求头、请求体等,并根据 URI 匹配 location。作为反向代理,Nginx 调用 ngx_socket 创建 upstream_connect_fd,再通过 connect 函数以非阻塞的方式向上游服务器发起建立连接的请求,并把 upstream_connect_fd 以边缘触发模式添加到 epoll 中,监听可读、可写、断开连接事件。读 / 写事件的回调函数均被设置为 ngx_http_upstream_handler。为了避免一直连接不到上 / 下游服务器,Nginx 会给该连接添加一个时间事件。超时时间由 proxy_connect_timeout 配置项指定,若超时则执行时间事件处理函数,清理该连接,释放资源。关键节点与代码如下。

① 回调函数 ngx_http_wait_request_handler 读取数据。

```
size = cscf->client_header_buffer_size; // client_header_buffer_size 配置默认为 1024
n = c->recv(c, b->last, size);          // ngx_unix_recv 循环调用 recv 函数读取数据
```

② 调用 ngx_http_process_request_line、ngx_http_process_request_headers、ngx_http_read_client_request_body 等函数,解析客户端数据的请求行、请求头、请求体等。

③ Nginx 作为客户端,调用 ngx_http_upstream_init 函数请求上游服务器,构造 HTTP 请求,此时生成 HTTP 协议的请求行、请求头、请求体等,最终执行 ngx_event_connect_peer 函数,与上游服务器建立 TCP 连接。

```
ngx_event_connect_peer{
    s = ngx_socket(pc->sockaddr->sa_family, type, 0);
                                        // 创建 socket fd, 即 upstream_connect_fd
    c = ngx_get_connection(s, pc->log); // 从连接池中获取连接
    if (bind(s, pc->local->sockaddr, pc->local->socklen) == -1)
    pc->connection = c;
    if (ngx_add_conn(c) == NGX_ERROR)   // 以边缘触发模式添加连接到 epoll 中,并监听 EPOLLIN|
                                        // EPOLLOUT|EPOLLET|EPOLLRDHUP 这四类事件
    c->read->active = 1;                // 将该连接的读事件标识为监听激活状态
    c->write->active = 1;               // 将该连接的写事件标识为监听激活状态
    rc = connect(s, pc->sockaddr, pc->socklen);     // 发起建立 TCP 连接,非阻塞
    c->write->handler = ngx_http_upstream_handler;  // 设置该连接读事件的回调函数
    c->read->handler = ngx_http_upstream_handler;   // 设置该连接写事件的回调函数
    if (rc == NGX_AGAIN) {//
    ngx_add_timer(c->write, u->conf->connect_timeout);
    // 设置与上游服务器连接超时时间,其由配置项 proxy_connect_timeout 决定,默认为 60s
    }
}
```

4)三次握手后与下游服务器建立连接成功,此时 upstream_connect_fd 的可写事件触发,继续调用 epoll_wait 函数获取写事件,执行该事件的回调函数 ngx_http_upstream_handler,向 upstream_connect_fd 转发 HTTP 请求包。发送数据时,因为写缓冲区有限,一次没有发完会给该连接添加一个写超时的时间事件。超时时间由 proxy_send_timeout 配置项指定,若超时则会清理该连接(大部分情况下,一次能发送完请求数据),避免因写缓冲区始终不可用造成连接一直被占用。成功发送完数据后,需要删除上一次循环连接超

时（connect_timeout）的时间事件，避免连接被错误清理，此外需要给 upstream_connect_fd 加一个读超时的时间事件，避免下游一直不响应造成阻塞。最后执行 ngx_http_upstream_send_request 函数。ngx_http_upstream_send_request 函数的关键代码如下：

```
ngx_http_upstream_send_request{//伪代码
rc = ngx_http_upstream_send_request_body(r, u, do_write);//发送请求体
if (rc == NGX_AGAIN) {
//写缓存有限，请求包没发完会返回NGX_AGAIN，此时需要继续等待写事件触发，下一次epoll_wait
//获取写事件后重复此动作，继续发送
    ngx_add_timer(c->write, u->conf->send_timeout);
    //为避免写数据时间过长，添加一个时间事件，超时时间由prxy_ send _timeout指定，默认为
    //60s；注意，此时connect_timeout的时间事件会被替换
    ngx_handle_write_event(c->write, u->conf->send_lowat)
    //针对upstream_connect_fd继续监听可写事件
    return;
}
ngx_del_timer(c->write);
//发送数据完成，删除connect_timeout的时间事件，避免连接被错误清理
ngx_add_timer(c->read, u->conf->read_timeout);        // 添加读超时时间事件
}
```

5）下游服务器在读超时时间内响应请求。此时，upstream_connect_fd 的可读事件触发，Worker 进程继续调用 epoll_wait 函数获取读事件。执行该事件的回调函数 ngx_http_upstream_handler。该函数会从 upstream_connect_fd 读取数据，再组装数据并向 downstream_connect_fd 响应请求。这一步主要在 ngx_http_upstream_process_header 函数中完成，关键代码如下：

```
static void ngx_http_upstream_process_header(ngx_http_request_t *r,
    ngx_http_upstream_t *u) {
n = c->recv(c, u->buffer.last, u->buffer.end - u->buffer.last);
if (n  == NGX_AGAIN) {                   //一次读取数据未完成时，重新
    ngx_add_timer(rev, u->read_timeout);     //添加读超时时间事件，并在边缘
    ngx_handle_read_event(c->read, 0)        //触发模式下继续监听读事件
}
ngx_http_upstream_send_response(r, u);       //向客户端发送响应数据
}
```

6）响应结束后，需要进行连接清理，关闭 downstream_connect_fd 与 upstream_connect_fd，同时关闭这两个 fd 注册的时间事件。关闭时，会判断 fd 是否开启了 keepalive 机制。根据前面的配置，我们只对客户端进行了 keepalive 配置，即 downstream_connect_fd 需要保持长连接，此时只会关闭 upstream_connect_fd，并重新把 downstream_connect_fd 以边缘触发模式添加到 epoll 中，监听可读、断开连接事件。读回调函数均被设置为 ngx_http_keepalive_handler。为了避免长连接永久不被清理，我们会给该长连接添加一个时间事件，超时时间由 keepalive_timeout 配置指定，若超时则清理该连接，释放资源。关键代码如下。

①对上游 fd 处理：

```
ngx_http_upstream_send_response->ngx_http_upstream_finalize_request
函数 -> ngx_http_finalize_connection 函数 ->ngx_close_connection (u) 函数 {
                                        // 关闭上游连接
    ngx_del_timer(c->read);       // 存在读超时事件则删除，避免后续该连接复用时被时间事件误删
    ngx_del_timer(c->write);      //
    ngx_epoll_del_connection{     // 上游连接从 epoll 中删除，不再监听
        c->read->active = 0;
        c->write->active = 0;
        epoll_ctl(ep, op, c->fd, &ee);
    }
    c->read->closed = 1;
    c->write->closed = 1;
    ngx_close_socket(fd)          // 关闭上游连接 fd
}
```

②对下游 fd 处理：

```
ngx_http_upstream_send_response->ngx_http_upstream_finalize_request 函数
    -> ngx_http_finalize_connection{
    if (!ngx_terminate && !ngx_exiting && r->keepalive &&
        clcf->keepalive_timeout > 0) {
    // 现在 Worker 进程非平滑退出，且开启了 keepalive 机制
    ngx_http_set_keepalive(r){// 下游连接开启了 keepalive 机制，直接保活连接，不关闭
        if (ngx_handle_read_event(rev, 0)
        // 针对下游连接，重新监听可读、断开连接事件，保持长连接
            rev->handler = ngx_http_keepalive_handler;
            ngx_add_timer(rev, clcf->keepalive_timeout);
        }
    }
}
```

7）超时后，对 downstream_connect_fd 进行清理，整个请求处理流程结束。

从上述流程可以看出，对于大部分事件的监听，Nginx 都是采用边缘触发模式，只有对 listen_fd 的读事件监听采用的是水平触发模式。在水平触发模式下，可读、可写事件需要及时处理，否则容易出现连接饿死的情况。

在这也希望读者思考一个问题，为什么 Nginx 只对 listen_fd 事件使用水平触发模式？我们在研读源码的时候，一定要多思考为什么这么写，为什么数据结构这么设计。

9.3 Nginx 的惊群处理

"惊群"指的是当多个进程 / 线程同时阻塞等待同一个事件触发时，如果这个事件发生，则唤醒所有的进程，但最终只有一个进程 / 线程负责处理该事件。一个事件到来会唤醒多个进程 / 线程，所以会造成一定的性能损耗。

那么，Nginx 的惊群场景有哪些，又是如何解决的呢？先看一看 Nginx 基本模型，如图 9-12 所示。

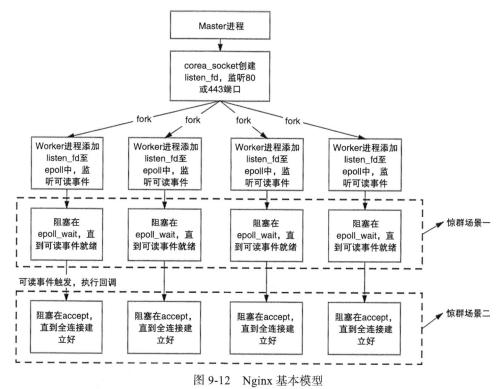

图 9-12 Nginx 基本模型

Nginx 惊群主要发生在对 epoll_wait 及 accept 这两个函数的调用上。

1）监听套接字（listen_fd）被 epoll 管理、监听后，多个 Worker 进程阻塞在 epoll_wait 函数，等待建立连接事件的到来。此时，有一个客户端与服务端三次握手建立好 TCP 连接，触发连接 listen_fd 的可读事件，阻塞的多个 Worker 进程会同时被唤醒来处理此次事件。

2）多个 Worker 进程阻塞在 accept 函数，等待建立连接事件的到来。此时，有一个客户端与服务端三次握手建立好 TCP 连接，阻塞的多个 Worker 进程会同时被唤醒来处理此次事件。

这两个场景在图 9-12 中均有体现，思考一下应该如何解决呢？大致有 4 个解决方案。

方案 1：listen_fd 加入 epoll 之前，每个 Worke 进程都进行抢锁，但只有持有锁的 Worker 进程才能把 listen_fd 加入 epoll。此时，一个 TCP 连接只由一个 Woker 进程处理。Nginx 的 accept_mutex 锁就是利用了这个原理。

方案 2：在 epoll_wait 函数的实现中解决惊群问题。Linux 内核确实可通过该函数解决惊群问题，Nginx 1.9.1 版本开始支持 reuseport 关键字。该关键字可以让多个进程共同监听一个端口。在建立连接请求时，Linux 内核会唤醒其中一个 Worker 进程去处理，不会出现惊群。我们加入 reuseport 关键字时即可开启 listen 配置项。示例配置：listen 80 reuseport。

方案 3：在 accept 函数调用中解决惊群问题，但只能解决部分，因为 epol_wait 函数所在层的惊群问题未解决掉。Linux 2.6 之后的版本在 accept 函数中也解决了惊群问题。

方案 4：保证一个 socket_fd 只能由一个 Worker 进程持有，也可有效避免惊群问题。

在高并发场景下，针对 listen_fd 的惊群问题，性能更高的方案是方案 2 与方案 3 的结合方案。方案 1 存在的问题是，listen_fd 只能由一个 Worker 进程持有，在多个 Worker 进程并行情况下，实际调用 accept 函数获取全连接是串行的，效率不高。因此在高版本的 Nginx 中，accept_mutux 配置默认是关闭的；但方案 1 也有可取之处，因为 Nginx 是跨平台的，在很多操作系统或低版本 Linux 系统中，无法采用方案 2 与方案 3 结合的方式，此时方案 1 为最优方案。

9.4　Nginx 的陈旧事件处理

为了提高性能，Nginx 采用连接池来管理 TCP 连接。一个连接对应一个读事件和一个写事件。Nginx 在启动时会创建好读写事件池与连接池，这样请求到达时不用再创建，请求结束时也不用销毁，使得系统调用频次降低、性能提升。但使用连接池存在 stale 事件问题。

当 Nginx 使用连接池来存储从 epoll_wait 函数返回的 socket_fd 时，需要提供一种方法来动态标记它的关闭。假如调用 epoll_wait 函数返回了 100 个触发事件的 fd，而在 fd=47 的事件处理回调函数中可能会把 fd=13 的描述符关闭，此时再处理 fd=13 的事件时就会触发 stale 事件。

解决方法：正常情况下，关闭某连接时，我们可通过把该连接的 fd 字段置为 –1，以标识此连接已被关闭。下一次处理该连接触发的事件时判断 fd 是否为 –1，就可避免处理出错并规避 stale 事件，但特殊情况下仍存在问题。我们先看一下 socket_fd 的几种状态转移情况，如图 9-13 所示。

图 9-13 状态 3 中，假设文件描述符集合为 #1，#47，#49…#13，在处理 #47 时关闭了 #13，并把 #13 对应连接池中的 fd 字段标识为 –1，恰巧后续处理的 #49 为监听 fd，通过 accept 函数获取的 connect_fd（全连接）与 #13 的值相同，

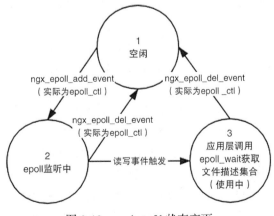

图 9-13　socket_fd 状态变更

且复用了之前 #13 的连接池，此时就有问题了，因为紧接着处理 #13 的事件时连接被复用了，通过 fd 为 –1 去判断某个事件是否无效，已经不准确了。

🔘**注意** 开启 accept_mutex 互斥锁，可避免出现此问题。开启了 accept_mutex 互斥锁，epoll_wait 会优先处理监听 fd，不存在上述交叉处理场景。

Nginx 的解决方法较为巧妙。对于上述连接被复用的场景，Nginx 一定会从连接池中重新获取连接，通过在获取连接时改变某个标识来识别连接事件是否为 stale 事件，具体步骤如下。

1）先初始化读事件中的 instance 字段值为 1，即 rev->instance 值为 1，此动作只会执行一次。

🔘**注意** 这一步未使用 wev->instance 做标记。

2）从连接池中获取新连接时，把该连接对应的读写事件的 instance 字段值取反。

```
instance = rev->instance;
rev->instance = !instance;
```

3）调用 epoll_ctl 添加或修改连接 fd 的监听事件时，利用 epoll_data.ptr 指针地址的最后一位存储当前连接的 instance 字段的值，此时 instance 字段值为 0。

```
c = ev->data;
ee.data.ptr = (void *) ((uintptr_t) c | ev->instance);
// 当前事件的连接地址与事件 instance 字段的值组合在一起
```

🔘**注意** 严格来说，这个指针保存的是当前事件的连接地址与事件 instance 字段的一个组合值。对于大部分平台来说，指针地址的内存是对齐的，因此最后几位都是 0（不使用）。Nginx 就利用连接指针的最后一位来保存事件的 instance 值。

4）读写事件触发后，调用 epoll_wait 获取连接描述符的处理如下。

```
c = event_list[i].data.ptr;
instance = (uintptr_t) c & 1;
// 提取事件的 instance 值，正常情况下此值与第 3 步中的 instance 值相同（为 0）；假设出现特殊
// 情况，此连接已经历一次释放，重新复用此连接时会经过前面的步骤 2，instance 会被改为 1，
// 与 rev->instance 的值不同了
c = (ngx_connection_t *) ((uintptr_t) c & (uintptr_t) ~1);
// 抹除最后一位值，还原当前事件的连接地址
```

```
rev = c->read;
if (c->fd == -1 || rev->instance != instance) {
// 判断从 data.ptr 中提取事件的 instance 值与事件的 instance 值是否相同，以判断该事件是否
// 为 stale 事件
    return error
}
```

9.5   本章小结

本章首先介绍基本概念、Nginx 基本网络模型，逐步引出 Nginx 的事件模型，并就事件模型使用到的基本数据结构、初始化过程、请求的处理流程做了详细讲解，还对惊群处理、陈旧事件的处理做了解读。希望通过本章的学习，读者能对基于 I/O 多路复用的网络模型有更深一步的理解，也期望读者能结合 Nginx 源码一行一行地去学习，掌握理论后去尝试写高性能的网络服务器。

第 10 章 Chapter 10

其他模块

第三方模块可以说是 Nginx 的一大特色。Nginx 的内核设计十分小巧，只包含少量的框架代码，丰富的功能依赖于众多的第三方模块实现。Nginx 允许用户根据需求定制开发模块，这也大大提高了 Nginx 的扩展性。本章挑选了 3 个重要的第三方模块，简要介绍了模块的作用、配置指令、设计思想、源码分析等，希望对读者设计和开发 Nginx 模块有一定的启发。

10.1 负载均衡模块

Nginx 经常作为中间层实现反向代理，将请求转发到后端服务器（Real Server）进行处理。为了让服务在高并发场景下保持高可用与高吞吐量，后端服务器往往以集群的方式分布式部署。集群中包含几台甚至几十台服务器。此时，Nginx 需要以某种形式实现后端服务器的负载均衡，合理地分配请求到每台服务器，实现资源利用率的最大化。最简单的做法是采用轮询策略，即每个后端服务器地位相同，轮流地接收用户请求，这也是生产环境中使用最多的一种负载均衡策略。但是，它存在一定的局限性，即假设后端服务器性能有明显差异，性能较高的服务器应该分配更多的请求，性能较低的服务器则应该分配较少的请求。另外，对于某些业务场景要求同一用户的请求必须发到同一台后端服务器，此时简单的轮询策略就不再适用了。Nginx 在设计之初就考虑到了众多场景，通过一系列模块实现了丰富的负载均衡策略。

10.1.1 Nginx 负载均衡算法简介

Nginx 的负载均衡算法主要分为以下几种。

- 轮询（Round-Robin）：简单的轮询机制，Nginx 默认配置的负载均衡算法。
- 加权轮询（Weighted Round-Robin）：一种改进的轮询算法，通过为每台 Real Server 设置权重来改变分配到每台机器上请求的概率，适用于服务器硬件配置差别较大的场景。
- IP 散列（ip_hash）：基于客户端 IP 的分配方式，通过 hash 算法确保来自同一客户端的请求总被分配到同一台后端服务器，保证了会话的有效性。此策略适用于有状态的服务。
- 最少连接数（least_conn）：尽量将请求转发给连接数少的后端服务器。对于某些长连接场景，单个请求占用的时间很长，服务器资源迟迟不释放，导致后端服务器负载较高，这种情况下采用 least_conn 算法能达到更好的负载均衡效果。
- 最短响应时间（fair）：根据后端服务器响应时间进行分配，响应时间短的后端服务器优先分配，这种模式适用于对请求延迟要求较高的场景。
- 基于 key 的散列算法（hash key）：与 ip_hash 一样是基于 hash 算法的负载均衡算法，但是其更加灵活。用户可以指定不同的 key 来满足不同的业务需求，同时可以自由选择是使用一致性 hash 算法还是使用普通 hash 算法。

以上介绍的负载均衡算法能满足绝大部分用户的使用需求。其中，Round-Robin、Weighted Round-Robin、ip_hash、least_conn 是 Nginx 编译时默认自带的，而 fair 与基于 key 的散列算法需要用户安装第三方模块。在实际应用中，用户需要结合自身的业务场景进行选择，对于复杂的情况可以组合使用多种算法以达到最佳的负载均衡效果。

10.1.2 Nginx 负载均衡配置指令

Nginx 负载均衡的配置是围绕 ngx_http_upstream_module 提供的 upstream 指令展开的。该指令定义了一组后端服务器列表，这组服务器可以被 proxy_pass、fastcgi_pass/memcached_pass 等指令引用。Nginx 不仅支持以 IP 的方式配置服务器地址，也支持域名（Domain）与套接字（Unix Socket）的形式。这里我们以最常用的 IP + 端口的形式来简要说明不同负载均衡算法下的 Upstream 配置。

1）轮询算法下的 Upstream 配置：

```
upstream backend {
    server 192.168.0.1:80;
    server 192.168.0.2:80;
    server 192.168.0.3:80;
}
```

2）加权轮询算法下的 Upstream 配置：

```
upstream backend {
    server 192.168.0.1:80 weight=1;    #weight 指明该节点的权重值
    server 192.168.0.2:80 weight=2;
```

```
    server 192.168.0.3:80 weight=3;
}
```

3）IP 散列算法下的 Upstream 配置：

```
upstream backend {
    ip_hash;    # 指明采用客户端 IP 散列算法
    server 192.168.0.1:80;
    server 192.168.0.2:80;
    server 192.168.0.3:80;
}
```

4）最少连接数算法下的 Upstream 配置：

```
upstream backend {
    least_conn;    # 指明采用最少连接数算法
    server 192.168.0.1:80;
    server 192.168.0.2:80;
    server 192.168.0.3:80;
}
```

5）最短响应时间算法下的 Upstream 配置：

```
upstream backend {
    fair;    # 指明采用最短响应时间算法
    server 192.168.0.1:80;
    server 192.168.0.2:80;
    server 192.168.0.3:80;
}
```

6）基于 key 的散列算法下的 Upstream 配置：

```
upstream backend {
    hash $request_uri;    # 指明以带参数的 url 为 key 进行哈希的算法
    server 192.168.0.1:80;
    server 192.168.0.2:80;
    server 192.168.0.3:80;
}
```

从上面的配置示例中，我们应该很容易想到，只需要 Upstream 配置块里指明负载均衡算法，Nginx 就会解析出配置指令并采取对应的策略。事实上，每个服务器的配置还包括其他参数，例如：

```
upstream backend {
    server 192.168.0.1:80 weight=1 max_fails=3 fail_timeout=30s;
    server 192.168.0.1:80 weight=5 max_fails=3 fail_timeout=30s;
    server 192.168.0.2:80 backup;
    server 192.168.0.3:80 down;
}
```

其中，大多数配置与 Nginx 的健康检查、失败重试机制有关。各参数的配置意义如下。

❑ max_fails：在 fail_timeout 定义的时间段内允许的最大失败次数。

❑ fail_timeout：设置计算最大失败次数的时间段，默认为 10s。

❑ backup：指明该节点为备用节点。

❑ down：标记该节点为宕机不可用状态，且不参与负载均衡。

以上配置示例表示在 30s 内，如果该节点上有超过三次的失败请求，则认为该节点不可用，且在 30s 内 Nginx 不会再给该节点分配请求。当所有的节点不可用时，备用节点启用。

10.1.3　Nginx 负载均衡算法实现

Nginx 内置的负载均衡算法是基于 ngx_http_upstream_module 模块完成的。每种算法对应一个负载均衡模块，这里的负载均衡模块不同于前面提到的 Nginx 常规模块，并且不完全基于 ngx_module_t 结构体进行设计，更多的是专注于不同算法的实现逻辑。负载均衡模块服务于 Upstream 模块。读者也可以理解为 Nginx 为了实现代码层面的解耦，将各种算法的逻辑从 Upstream 模块剥离出来，并单独放在各个源文件中。

上述 6 种算法中，加权轮询与 IP 散列算法是生产环境中使用最多的，也是 Nginx 内置的负载均衡算法。它们对应的源文件分别是 ngx_http_upstream_round_robin.c 与 ngx_http_upstream_ip_hash.c。本节就以加权轮询算法为例，简要阐述 Nginx 的实现原理。关于其他负载均衡算法，读者可以结合源码进行分析。

1. 配置解析与存储

在选择某种负载均衡算法前，Nginx 需要在启动阶段完成一些必要的准备工作，主要是配置文件的解析、配置初始化、设置相关钩子函数。在初始化所有 HTTP 模块的 main 配置项时，执行 Upstream 模块的 ngx_http_upstream_init_main_conf 方法，代码摘要如下：

```
static char *
ngx_http_upstream_init_main_conf(ngx_conf_t *cf, void *conf)
{
    ngx_http_upstream_main_conf_t  *umcf = conf;
    ngx_http_upstream_srv_conf_t   **uscfp;

    uscfp = umcf->upstreams.elts;

    for (i = 0; i < umcf->upstreams.nelts; i++) {
        init = uscfp[i]->peer.init_upstream ? uscfp[i]->peer.init_upstream:
            ngx_http_upstream_init_round_robin;

        if (init(cf, uscfp[i]) != NGX_OK) {
            return NGX_CONF_ERROR;
        }
    }
    ......
}
```

从以上代码可以看到，这里为每一个 Upstream 模块设置 init_upstream 初始化钩子函数，不同算法对应着不同的初始化钩子函数，具体包括 ngx_http_upstream_init_ip_hash、ngx_http_upstream_init_least_conn、ngx_http_upstream_init_hash 等。当配置里没有指明负载均衡算法时，默认选择 ngx_http_upstream_init_round_robin。那么，ngx_http_upstream_init_round_robin 究竟做了哪些初始化操作？这里涉及 3 个重要的结构体，即 ngx_http_upstream_rr_peers_s、ngx_http_upstream_rr_peer_s 以及 ngx_http_upstream_rr_peer_data_t。其中，ngx_http_upstream_rr_peers_s 表示一个 Upstream 模块整体配置信息，其定义摘要如下：

```
struct ngx_http_upstream_rr_peers_s {
    ngx_uint_t                      number;         // 该 Upstream 中包含的 peer 的个数
    ngx_uint_t                      total_weight;   // 所有 peer 的权重总和
    unsigned                        single:1;       // 标志位为 1 时，表示集合中只有一个节点
    unsigned                        weighted:1;     // 标志位为 1 时，表示使用加权轮询算法
    ngx_str_t                       *name;          // 该 Upstream 名称
    ngx_http_upstream_rr_peers_t    *next;          // 指向该 Upstream 的下一个 peer 集合，
                                                    // 通常指向 backup 节点集合
    ngx_http_upstream_rr_peer_t     *peer;          // 指向该集合第一个 peer 节点
    ... ...
};
```

ngx_http_upstream_rr_peer_s 表示该 Upstream 中具体的一个节点信息，其定义摘要如下：

```
struct ngx_http_upstream_rr_peer_s {
    struct sockaddr                 *sockaddr;       // 节点 sockaddr 信息
    socklen_t                       socklen;         // 节点 socklen_t 信息
    ngx_int_t                       current_weight;  // 节点的当前权重
    ngx_int_t                       effective_weight;// 节点的有效权重
    ngx_int_t                       weight;          // 节点的配置权重
    ngx_http_upstream_rr_peer_t     *next;           // 指向下一个节点
    ... ...
};
```

从 ngx_http_upstream_rr_peer_s 的 next 指针可以看出，集合中的节点以链表形式串联起来，每组 peer 拥有一个总权重值，而每个 peer 拥有 current_weight、effective_weight、weight 三种权重值。

- current_weight：当前权重，初始化时等于 0。执行每轮选择时，它的大小都会改变，每轮选择执行完后选择 current_weight 值最大的节点为最佳节点。
- effective_weight：表示有效权重，初始化时等于 weight。它表明了节点的健康状态。当节点正常进行时，effective_weight 始终等于 weight；当节点出现故障时，effective_weight 会被置为 0。
- weight：表示配置权重，即配置文件中指定的该节点的权重值。该值始终是固定不变的。

ngx_http_upstream_rr_peer_data_t 结构体记录了一条连接上每轮选择的信息，其原型摘要如下：

```
typedef struct {
    ngx_uint_t                      config;
    ngx_http_upstream_rr_peers_t    *peers;      // 当前使用的 Upstream
    ngx_http_upstream_rr_peer_t     *current;    // 当前选择出的 peer 节点
    uintptr_t                       *tried;      // 位图指针, 位数为节点的个数,
                                                 // 代表该连接是否尝试过该 rrp
    uintptr_t                        data;       // 位图
} ngx_http_upstream_rr_peer_data_t;
```

以下面的配置为例，当执行完 ngx_http_upstream_init_round_robin 之后，Upstream 模块的内存信息如图 10-1 所示。

```
upstream test.weightrr.com {
    server 192.168.56.103:80 weight=5; # 节点 a
    server 192.168.56.103:81 weight=1; # 节点 b
    server 192.168.56.103:82 weight=2; # 节点 c
    server 192.168.56.103:84 backup;    # 备用节点
}
```

2. 选取后端节点

从第 8 章的 Upstream 模块的原理可知，在启用 Upstream 模块并从 ngx_http_proxy_upstream_module 的 handler 里执行 ngx_http_upstream_init 并启用 Upstream 机制时，应预先设置好回调钩子函数 ngx_http_upstream_init_round_robin_peer。

```
        if (uscf->peer.init(r, uscf) != NGX_OK) {
            ngx_http_upstream_finalize_request(r, u,
                                       NGX_HTTP_INTERNAL_SERVER_ERROR);
            return;
        }
```

在与上游服务器建立连接之前，Upstream 模块最终会通过 ngx_http_upstream_get_peer 函数来选择后端节点，而加权轮询算法的核心逻辑就是在该函数内实现的。以下是该函数的部分摘要。

```
static ngx_http_upstream_rr_peer_t *
ngx_http_upstream_get_peer(ngx_http_upstream_rr_peer_data_t *rrp)
{
    time_t                        now;
    uintptr_t                     m;
    ngx_int_t                     total;
    ngx_uint_t                    i, n, p;
    ngx_http_upstream_rr_peer_t   *peer, *best;

    now = ngx_time();

    best = NULL;
    total = 0;

    /* 遍历这组 peer 下的所有 peer, 选出最佳节点 */
```

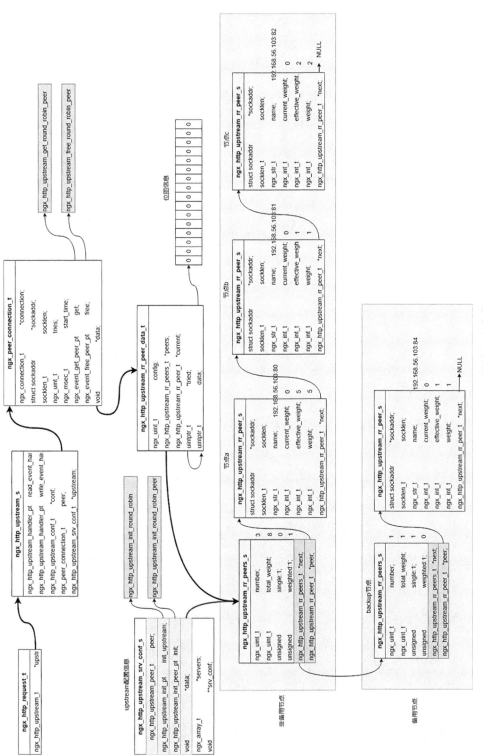

图 10-1 Upstream 模块的内存信息

```
for (peer = rrp->peers->peer, i = 0; peer; peer = peer->next, i++)
{

/* 计算该节点在位图标记中的位置, 如果已经标记过, 则不再进行选择, 继续检查下一个服务器 */
    n = i / (8 * sizeof(uintptr_t));
    m = (uintptr_t) 1 << i % (8 * sizeof(uintptr_t));

    if (rrp->tried[n] & m) {
        continue;
    }
        /* 检查该节点的 down 标志位, 如果为 1 则表示该节点已经挂掉, 不参与本轮选择 */
    if (peer->down) {
        continue;
    }
        /* 当该节点的 down 标志位为 0, 则检查节点的失败次数是否已经大于配置的 max_files
           值。当本次检测与上次检测的时间间隔还没达到 fail_timeout 时间, 则该节点不参
           与本轮选择 */
    if (peer->max_fails
        && peer->fails >= peer->max_fails
        && now - peer->checked <= peer->fail_timeout)
    {
        continue;
    }
    /* 当节点的最大连接数大于配置的最大连接数, 则该节点不参与本轮选择 */
    if (peer->max_conns && peer->conns >= peer->max_conns) {
        continue;
    }

    /* 计算当前节点的权重值与总的权重值 */
    peer->current_weight += peer->effective_weight;
    total += peer->effective_weight;

    /* 当服务器恢复正常时, 逐渐增加 effective_weight */
    if (peer->effective_weight < peer->weight) {
        peer->effective_weight++;
    }
        /* 当前节点的 current_weight 权重值大于最佳节点权重值, 则将当前节点视为最佳节点 */
    if (best == NULL || peer->current_weight > best->current_weight) {
        best = peer;
        p = i;
    }
}

if (best == NULL) {
    return NULL;
}

rrp->current = best;
    /* 设置位图标志位, 标记该节点已经被选择过 */
n = p / (8 * sizeof(uintptr_t));
m = (uintptr_t) 1 << p % (8 * sizeof(uintptr_t));
```

```
    rrp->tried[n] |= m;
        /* 更新被选中节点的 current_weight 权重 */
    best->current_weight -= total;

    if (now - best->checked > best->fail_timeout) {
        best->checked = now;
    }
        /* 返回被选中节点 */
    return best;
}
```

从上述代码实现逻辑中，我们可以总结出以下几点。

1）在重新计算某节点的权重之前，Nginx 会用多种检查机制来判断是否应该跳过当前节点。首先，Nginx 采用全局的二进制位图标记当前节点是否被选中。初始情况下，每个节点的标志位为 0。当某个节点被选中后，它所对应的位图标记为 1。这样，当其他的 Worker 进程在选取同一个 Upstream 的后端节点时，发现该节点的已经被选中，则略过该节点，避免重复选择。当然，操作位图变量必须依赖 Nginx 的互斥锁来保证原子性。

2）计算节点权重过程中，最核心的一步是将节点的 current_weight 值增加 effective_weight，最终选取 current_weight 值最大的节点。前面我们提到，当节点发生故障时，effective_weight 会被置为 0，因此本次选择中该节点的 current_weight 值并不会增加，该节点大概率也不会被选中。当然，该故障节点又恢复正常运行，则在选取过程中逐渐增加 effective_weight，最终恢复到 weight 大小。

3）每轮选择过程中，计算所有节点的 effective_weight 总和。对于选择出来的最佳节点，为了避免下次再被选中，需要降低其 current_weight 值。降低的方式就是减去 total 变量，而其他未被选中的节点的 current_weight 保持不变。

以上面的配置为例，a、b、c 三个节点在加权轮询算法下的 current_weight 变化过程如表 10-1 所示。

表 10-1　加权轮询算法下的 current_weight 变化过程

请求次数	选择前			选择后			选择结果
	a 节点	b 节点	c 节点	a 节点	b 节点	c 节点	
1	5	1	2	−3	1	2	a
2	2	2	4	2	2	−4	c
3	7	3	−2	−1	3	−2	a
4	4	4	0	−4	4	0	a
5	1	5	2	1	−3	2	b
6	6	−2	4	−2	−2	4	a
7	3	−1	6	3	−1	−2	c
8	8	0	0	0	0	0	a

从上面的执行过程可以看到，8 次请求后各节点的 current_weight 值都回到了初始状态 0。其中，a 节点被选中 5 次，b 节点被选中 1 次，c 节点被选中 2 次，完全符合预期的权重配比 5：1：2。

10.2 限流模块

限流是指服务端采取一定的手段限制用户请求量。在高并发场景下，限流是保护系统正常运行的重要手段。合理利用 Nginx 提供的限流功能能让系统在可承受的压力范围内保持最大的吞吐量，提供尽可能多的服务。

10.2.1 常见限流算法

限流方式有很多种，这里简要介绍 3 种常见的限流算法以及实现原理。

（1）计数器算法

计数器算法是最简单的一种限流算法，大致实现思路是对指定接口设置阈值与时间段。例如 100r/min，每接收一个请求就将当前的 count 值加 1，当 1 分钟内 count 值达到 100，说明请求数过多，触发限流策略（比如返回 429、503 等状态码）。当然，每个 count 值都有过期时间，下一分钟开始时 count 值又从零开始。通过这种简单的计数方式就能够起到较好的限流作用。但是，这种限流算法的弊端很明显，如果一个用户在第 1s 的时候就发送 100 次请求，那么在剩下的 59s 内所有的用户都无法访问。也就是说，计数器算法无法消除突发的尖峰流量。此时，我们可以设计滑动窗口提高时间精度，例如将一分钟以 10s 的粒度划分为 6 个格子，每个格子都有单独的统计计数，这样在一定程度上能减少尖峰流量给系统带来的影响。

（2）漏桶算法

漏桶算法也是常用的一种限流算法，核心思想是构造一个用于存储水（请求）的桶，水（请求）以固定的速率从桶底漏出并被处理，当桶存满时水会溢出，即多余的请求会被丢弃。由于桶的漏出速率是固定的，因此可以强行限制处理请求的速率，这也能够很好地保护服务端系统。但是，这种算法并不能有效地利用系统资源，尤其是对于突发性流量，即使此时系统有能力承载也只能以限制的速率处理，溢出桶外的请求依旧会被拒绝。

（3）令牌桶算法

令牌桶算法的设计原理如图 10-2 所示。与漏桶算法类似，其也设计了一个桶，只是这个桶不再用于存放请求，而是用来存储令牌。令牌会以固定的速率加入桶，当桶装满时多余的令牌会被丢弃。每个请求到来时都会取走一块令牌并被处理。当桶里的令牌被取完时，触发限流拒绝服务。这种算法下请求的处理速度不是固定的，当桶里有足够的令牌容量时，可以同时处理多个并发请求，因此服务端具备一定的应对突发流量的能力。

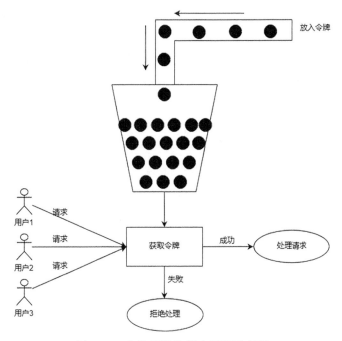

图 10-2 令牌桶限流算法原理示意图

10.2.2 Nginx 限流配置

ngx_http_limit_req_module 是 Nginx 中实现限流功能的模块。该模块主要提供以下两个配置指令。

（1）limit_req_zone

```
Syntax: limit_req_zone key zone=name:size rate=rate;
Default: —
Context: http
```

该指令定义了一块用于存储访问频次信息的共享内存 zone。其各参数意义如下。

❑ Key：限流标识，通常选取请求的某项特征，例如 $binary_remote_addr。

❑ Name：共享内存的名称。

❑ Size：共享内存的大小。

❑ rate：请求的限制速率，即限流值，例如 1r/s。

（2）limit_req

```
Syntax: limit_req zone=name [burst=number] [nodelay];
Default: —
Context: http, server, location
```

该指令定义了一条限流规则。其中，各参数的意义如下。

❑ zone：指定引用 limit_req_zone 中哪一块共享内存，用于保存限流数据。

❑ burst：表示允许超过限流值的突发请求数。当超出限流值的请求数小于 burst 值时，这些过量的请求进入队列等待，系统按照限流速率继续处理这部分请求；超过 burst 值的请求则会被拒绝。

❑ nodelay：表示进入等待队列的请求优先处理，这样可以尽量避免请求处理超时。该参数必须配合 burst 值一起使用。

以下是一份简单的限流指令配置样例：

```
limit_req_zone $binary_remote_addr zone=mylimit:10m rate=1r/s;
server {
    listen 80;
    server_name test.ratelimiting.com;
    location / {
        limit_req zone=mylimit;
        proxy_pass http://test.ratelimiting.com;
        proxy_set_header Host $host;
    }
}
```

10.2.3 限流实现原理

本节将会从 ngx_http_limit_req_module 源码入手，深入分析 Nginx 限流模块底层数据结构、配置指令解析、限流算法设计、请求处理流程。

1. 数据结构的设计

（1）ngx_http_limit_req_node_t

示例配置中，每个请求的 $binary_remote_addr 值都可能不同，因此每个 limit_zone 都保存着成千上万个 key。为了快速查找与修改，Nginx 采用了红黑树 ngx_rbtree_t 存储每个 key 对应的请求数据。但是，原生的红黑树节点 ngx_rbtree_node_t 只维护了最基本的节点信息，于是限流模块自定义了红黑树节点的结构体 ngx_http_limit_req_node_t。ngx_rbtree_node_t 与 ngx_http_limit_req_node_t 结构体的原型设计如下：

```
typedef struct ngx_rbtree_node_s  ngx_rbtree_node_t;
struct ngx_rbtree_node_s {
    ngx_rbtree_key_t        key;           /* 节点对应的 key */
    ngx_rbtree_node_t       *left;         /* 左节点 */
    ngx_rbtree_node_t       *right;        /* 右节点 */
    ngx_rbtree_node_t       *parent;       /* 父节点 */
    u_char                  color;         /* 节点颜色 */
    u_char                  data;          /* 节点数据 */
};
typedef struct {
    u_char                  color;    /* 节点颜色 */
    u_char                  dummy;
```

```
    u_short                    len;
    ngx_queue_t                queue;
    ngx_msec_t                 last;          /* 上个有相同 key 的请求到来的时间 */
    /* integer value, 1 corresponds to 0.001 r/s */
    ngx_uint_t                 excess;        /* 剩余的可以处理的请求数 */
    ngx_uint_t                 count;
    u_char                     data[1];       /* 节点保存的数据信息 */
} ngx_http_limit_req_node_t;
```

那么，ngx_http_limit_req_node_t 如何挂载到 ngx_rbtree_t 呢？ Nginx 采用内存共用的方式巧妙地将 ngx_rebtree_node_t 与 ngx_http_limit_req_node_t 结合起来；在内存空间中，ngx_rbtree_node_t 最后两个字段 color、data 与 ngx_http_limit_req_node_t 的前两个字段 color、dummy 是重叠的，如图 10-3 所示。

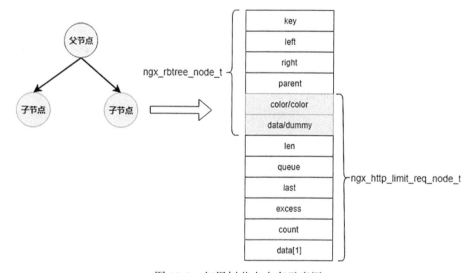

图 10-3　红黑树节点内存示意图

那么，在新增节点时需要重新计算内存空间，代码如下：

```
size = offsetof(ngx_rbtree_node_t, color)
    + offsetof(ngx_http_limit_req_node_t, data)
    + key->len;
```

size 的大小是三者之和：color 字段表示在 ngx_rbtree_node_t 中的偏移量，data 字段表示在 ngx_http_limit_req_node_t 中的偏移量，key->len 表示所代表的 data[1] 柔性数组的大小。

（2）ngx_http_limit_req_shctx_t

ngx_http_limit_req_shctx_t 结构体维护了一棵红黑树和一个队列，其原型定义如下：

```
typedef struct {
    ngx_rbtree_t                   rbtree;    /* 红黑树 */
    ngx_rbtree_node_t              sentinel;  /* 哨兵节点 */
```

```
    ngx_queue_t                        queue;        /* LRU 队列 */
} ngx_http_limit_req_shctx_t;
```

每一棵红黑树都有一个与之对应的 LRU 队列。LRU 队列将红黑树节点按照更新的时间顺序保存起来。每当创建一个新节点时，Nginx 按照 LRU 算法尝试淘汰一些长时间未被访问的节点，这样可以保证红黑树不至于过大而占满这个域的内存空间，同时可以加快查找速度。

（3）ngx_http_limit_req_ctx_t

以上介绍的两个结构体都是专注于红黑树以及红黑树节点的设计。ngx_http_limit_req_ctx_t 用于保存一个域对应的上下文信息，原型如下：

```
typedef struct {
    ngx_http_limit_req_shctx_t   *sh;       /* 红黑树上下文信息 */
    ngx_slab_pool_t              *shpool;  /* slab 共享内存池 */
    /* integer value, 1 corresponds to 0.001 r/s */
    ngx_uint_t                   rate;     /* 请求限制速率 */
    ngx_http_complex_value_t     key;      /* 请求对应的在红黑树中的 key */
    ngx_http_limit_req_node_t    *node;    /* 指向了当前操作的红黑树节点 */
} ngx_http_limit_req_ctx_t;
```

（4）ngx_http_limit_req_limit_t

该结构体存放了 limit_req 指令的相关配置信息，其中 ngx_shm_zone_t 的 data 成员指向一个具体的 ngx_http_limit_req_ctx_t，burst 表示一个域最多允许的突发请求数，delay 表示在一个域中是否要延迟处理那些超过速率限制的请求。

```
typedef struct {
    ngx_shm_zone_t               *shm_zone;
    /* integer value, 1 corresponds to 0.001 r/s */
    ngx_uint_t                   burst;
    ngx_uint_t                   delay;
} ngx_http_limit_req_limit_t;
```

（5）ngx_http_limit_req_conf_t

ngx_http_limit_req_conf_t 是限流模块最外层的容器，保存着配置文件中与限流模块相关的全部信息。它通过 limits 动态数组将所有域存放起来，每个数组元素代表一个 ngx_http_limit_req_limit_t。

```
typedef struct {
    ngx_array_t                  limits;
    ngx_uint_t                   limit_log_level;
    ngx_uint_t                   delay_log_level;
    ngx_uint_t                   status_code;
} ngx_http_limit_req_conf_t;
```

从总体上来看，限流模块中涉及的结构体是层层嵌套的，其引用关系如图 10-4 所示。容器从大到小依次是 ngx_http_limit_req_conf_t、ngx_http_limit_req_limit_t、ngx_shm_zone_t、ngx_http_limit_req_ctx_t、ngx_http_limit_req_shctx_t、ngx_rbtree_node_t。我们弄清楚了

各容器的作用以及彼此之间的关系，就能很好地理解 Nginx 限流模块的底层设计原理。

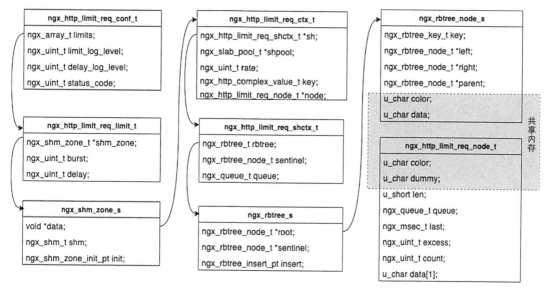

图 10-4　限流模块中容器结构示意图

2. 配置解析

ngx_http_limit_req_zone 用于解析 limit_req_zone 指令。该函数的实现比较简单，核心逻辑完成了两件事。

1）创建 ngx_http_limit_req_ctx_t 容器，然后将解析到的限流配置赋值给 key 与 rate 成员。值得注意的是，限流模块会将配置的 rate 值放大 1000 倍来保存，这是为了更方便地实现漏桶算法。

2）创建 ngx_shm_zone_t 容器来保存每个 limit_req_zone 对应的共享内存，并通过 ngx_shared_memory_add 方法将这块共享内存挂载到 ngx_cycle_t 中 share_memory 指向的链表里。另外，ngx_shm_zone_t 的 data 成员会指向已经创建好的 ngx_http_limit_req_ctx_t，init 成员则指向 ngx_http_limit_req_init_zone 方法，这是限流模块自定义的初始化共享内存的方法。

如果配置文件通过 limit_req_zone 定义了多个域，但是并没有配置 limit_req 会怎样呢？答案是不会有任何限流效果，只是多次调用 ngx_http_limit_req_zone 方法创建了多个共享内存而已。只有配置了 limit_req 之后，限流模块才会创建 ngx_http_limit_req_limit_t 结构体，并将 shm_zone 指针指向创建好的 ngx_shm_zone_t，同时将 ngx_http_limit_req_limit_t 实例保存到最外层容器 ngx_http_limit_req_conf_t 的 limits 动态数组里。

3. handler 方法注册

HTTP 模块需要将自身实现的 handler 方法注册到请求处理的 11 个阶段中。大多数模块会在解析完配置文件之后实现，限流模块也不例外。限流模块在 ngx_http_module_t 的通用接口中定义了 ngx_http_limit_req_init 方法，具体如下：

```
static ngx_int_t
ngx_http_limit_req_init(ngx_conf_t *cf)
{
    ngx_http_handler_pt         *h;
    ngx_http_core_main_conf_t   *cmcf;

    cmcf = ngx_http_conf_get_module_main_conf(cf, ngx_http_core_module);

    h = ngx_array_push(&cmcf->phases[NGX_HTTP_PREACCESS_PHASE].handlers);
    if (h == NULL) {
        return NGX_ERROR;
    }

    *h = ngx_http_limit_req_handler;

    return NGX_OK;
}
```

4. 处理请求

当 Nginx 处理请求到达 preaccess 阶段时，会调用限流模块注册在该阶段的钩子函数 ngx_http_limit_req_handler，这里实现了限流算法的核心逻辑。

```
static ngx_int_t
ngx_http_limit_req_handler(ngx_http_request_t *r)
{
    uint32_t                    hash;
    ngx_str_t                   key;
    ngx_int_t                   rc;
    ngx_uint_t                  n, excess;
    ngx_msec_t                  delay;
    ngx_http_limit_req_ctx_t    *ctx;
    ngx_http_limit_req_conf_t   *lrcf;
    ngx_http_limit_req_limit_t  *limit, *limits;
    /* 判断当前请求的父请求是否已经做过限流判断，如果已经做过则直接返回 NGX_DECLINED，
       进入该阶段的下一个模块的 handler 方法 */
    if (r->main->limit_req_set) {
        return NGX_DECLINED;
    }

    lrcf = ngx_http_get_module_loc_conf(r, ngx_http_limit_req_module);
    limits = lrcf->limits.elts;

    excess = 0;
    /* 遍历最外层容器 ngx_http_limit_req_conf_t 的 limits 数组，通过 shm_zone 成员获取
       每个域对应的 ngx_http_limit_req_ctx_t */
    for (n = 0; n < lrcf->limits.nelts; n++) {
        limit = &limits[n];
```

```
    ctx = limit->shm_zone->data;
    /* 根据 key 标志解析当前请求的 key，例如当配置的 key 标志是 $binary_remote_addr 时，
       根据请求的 remote_addr 二进制数进行解析 */
    if (ngx_http_complex_value(r, &ctx->key, &key) != NGX_OK) {
        return NGX_HTTP_INTERNAL_SERVER_ERROR;
    }

    ......
        /* 计算 key 对应的 hash 值 */
    hash = ngx_crc32_short(key.data, key.len);
    ngx_shmtx_lock(&ctx->shpool->mutex);

/* 调用 ngx_http_limit_req_lookup 在红黑树中查找对应的节点，并判断是否需要限流 */
    rc = ngx_http_limit_req_lookup(limit, hash, &key, &excess,
                                   (n == lrcf->limits.nelts - 1));
    ngx_shmtx_unlock(&ctx->shpool->mutex);
    ......
    if (rc != NGX_AGAIN) {
        break;
    }
}

if (rc == NGX_DECLINED) {
    return NGX_DECLINED;
}
    /* 设置当前请求的主请求的 limit_req_set 为 1*/
r->main->limit_req_set = 1;

if (rc == NGX_BUSY || rc == NGX_ERROR) {

    if (rc == NGX_BUSY) {
        ngx_log_error(lrcf->limit_log_level, r->connection->log, 0,
                      "limiting requests, excess: %ui.%03ui by zone \"%V\"",
                      excess / 1000, excess % 1000,
                      &limit->shm_zone->shm.name);
    }

    while (n--) {
        ctx = limits[n].shm_zone->data;
        if (ctx->node == NULL) {
            continue;
        }

        ngx_shmtx_lock(&ctx->shpool->mutex);
        ctx->node->count--;
        ngx_shmtx_unlock(&ctx->shpool->mutex);
        ctx->node = NULL;
    }
    return lrcf->status_code;
}
```

```
    /* rc == NGX_AGAIN || rc == NGX_OK */

    if (rc == NGX_AGAIN) {
        excess = 0;
    }

    delay = ngx_http_limit_req_account(limits, n, &excess, &limit);

    if (!delay) {
        return NGX_DECLINED;
    }

    ngx_log_error(lrcf->delay_log_level, r->connection->log, 0,
                  "delaying request, excess: %ui.%03ui, by zone \"%V\"",
                  excess / 1000, excess % 1000, &limit->shm_zone->shm.name);

    if (ngx_handle_read_event(r->connection->read, 0) != NGX_OK) {
        return NGX_HTTP_INTERNAL_SERVER_ERROR;
    }

    r->read_event_handler = ngx_http_test_reading;
    r->write_event_handler = ngx_http_limit_req_delay;

    r->connection->write->delayed = 1;
    ngx_add_timer(r->connection->write, delay);

    return NGX_AGAIN;
}
```

这里对该函数的核心逻辑做以下几点说明。

1）一个请求可能派生出多个子请求，如果每一个子请求都要去红黑树查找对应节点并做限流判断会导致性能严重损耗。其实，我们只需要判断父请求即可。那么，该如何避免子请求执行这段逻辑呢？限流模块通过 r->main 字段来实现。子请求的 main 指针指向其父请求，而父请求 main 指针指向自身，在父请求进行限流逻辑判断之后，将 r->main->limit_req_set 设置为 1，告诉子请求不用再进行限流判断。

2）对于每一个域，Nginx 会根据配置的 key 标志调用 ngx_http_complex_value 解析引擎，获取当前请求的 key。例如当配置 limit_req_zone 的 key 为 $remote_addr，且本机访问时，当前请求对应的 key 为 {len = 9, data = "127.0.0.1"}。

3）解析出当前请求的限流 key 后，计算该 key 对应的 hash 值，并调用 ngx_http_limit_req_lookup 方法在该域对应的红黑树中进行查找。为了保证多进程共享内存数据的原子性，Nginx 利用了 ngx_shmtx_t 互斥锁。

4）ngx_http_limit_req_lookup 方法不同的返回值有不同的含义。NGX_OK 表明当前请求并没有超过请求频率，NGX_AGAIN 表示当前请求已经超过限流阈值，但是没有超过 burst 配置的允许突发门限值。这些超过限流值的请求可能需要延迟处理，此时需要调

用 ngx_http_limit_req_account 来计算最大的延迟时间 delay，并将此连接的写事件对应的
handler 方法设置为 ngx_http_limit_req_delay，以便在下次写事件到来时，继续处理这部分
请求。NGX_DECLINED 表示限流模块执行完毕，可以继续调用该阶段其他的 HTTP 模块来
继续处理请求。

5. 漏桶算法

ngx_http_limit_req_lookup 包含限流模块核心逻辑以及限流算法的实现。该函数的原型
摘要如下：

```
static ngx_int_t
ngx_http_limit_req_lookup(ngx_http_limit_req_limit_t *limit, ngx_uint_t hash,
    ngx_str_t *key, ngx_uint_t *ep, ngx_uint_t account)
{
    size_t                     size;
    ngx_int_t                  rc, excess;
    ngx_msec_t                 now;
    ngx_msec_int_t             ms;
    ngx_rbtree_node_t          *node, *sentinel;
    ngx_http_limit_req_ctx_t   *ctx;
    ngx_http_limit_req_node_t  *lr;

    now = ngx_current_msec;

    ctx = limit->shm_zone->data;

    node = ctx->sh->rbtree.root;
    sentinel = ctx->sh->rbtree.sentinel;
    /* 遍历红黑树，查找对应该 key 的节点 */
    while (node != sentinel) {

        if (hash < node->key) {
            node = node->left;
            continue;
        }

        if (hash > node->key) {
            node = node->right;
            continue;
        }

        /* hash == node->key */
        /* 因为 ctx 模块的起始 color 字段和 node 的倒数第二个字段 color 内存复用，直接强转即
           可得到 ngx_http_limit_req_node_t 类型的节点 */
        lr = (ngx_http_limit_req_node_t *) &node->color;
        /* 只比较 hash 值是不够的，因为可能存在 hash 冲突的情况，此时会比较请求的 data 数据，
           若值完全相等才表明找到了想要的节点 */
        rc = ngx_memn2cmp(key->data, lr->data, key->len, (size_t) lr->len);

        /* 找到该节点后，在 LRU 队列尾部删除一个最陈旧的节点，同时在头部插入该节点 */
```

```
        if (rc == 0) {
            ngx_queue_remove(&lr->queue);
            ngx_queue_insert_head(&ctx->sh->queue, &lr->queue);
            /* 根据限流算法计算当前超过限制的请求数 */
            ms = (ngx_msec_int_t) (now - lr->last);

                    ......
            /* 计算超过限流阈值的请求数 */
            excess = lr->excess - ctx->rate * ms / 1000 + 1000;
            if (excess < 0) {
                excess = 0;
            }

            *ep = excess;
            /* 超过阈值的请求数已经大于配置的 burst 突发门限, 则直接返回 NGX_BUSY, 此时触发
               限流动作, 返回对应的状态码给用户 */
            if ((ngx_uint_t) excess > limit->burst) {
                return NGX_BUSY;
            }
            /* account 为 1 时, 表明当前红黑树所在的域是 limits 数组中的最后一个, 也就是当前
               请求已经成功通过所有的限流检验, 更新 excess 与 last 值并返回 NGX_OK */
            if (account) {
                lr->excess = excess;

                if (ms) {
                    lr->last = now;
                }

                return NGX_OK;
            }
            /* 当前域的限流检验已经通过, 此时返回 NGX_AGAIN 并继续进行下一个域的检验 */
            lr->count++;
            ctx->node = lr;
            return NGX_AGAIN;
        }

        node = (rc < 0) ? node->left : node->right;
    }

    *ep = 0;
    /* 红黑树中没有找到对应节点, 则需要创建一个新的节点, 申请的空间大小需要重新计算 */
    size = offsetof(ngx_rbtree_node_t, color)
            + offsetof(ngx_http_limit_req_node_t, data)
            + key->len;
    /* 处理红黑树过期的节点, 及时释放内存 */
    ngx_http_limit_req_expire(ctx, 1);

    /* 创建节点后, 将节点插入红黑树中, 同时插到 LRU 队列首部 */
    node = ngx_slab_alloc_locked(ctx->shpool, size);
    ......
    ngx_rbtree_insert(&ctx->sh->rbtree, node);
```

```
ngx_queue_insert_head(&ctx->sh->queue, &lr->queue);

/* 同样，判断当前域是否为 limits 数组中最后一个，如果是则返回 NGX_OK，如果不是则返回
   NGX_AGAIN 并继续进行下一个域检验 */
if (account) {
    lr->last = now;
    lr->count = 0;
    return NGX_OK;
}

lr->last = 0;
lr->count = 1;
ctx->node = lr;

return NGX_AGAIN;
}
```

其中，excess 表示的是超过阈值的请求数，即过载量。整个限流算法最核心的代码是计算 excess 的大小：

```
excess = lr->excess - ctx->rate * ms / 1000 + 1000
```

这行代码可能不太容易理解，读者可以尝试换一种思路思考——不计算过载量，而是计算富余量 Spare。假设两次请求的时间间隔为 t 秒，配置的限流速率为 v 次 / 秒，则在这段时间内，系统允许处理 $t \times v$ 数量的请求，因此处理完本次请求，系统的富余量 Spare 为

$$Spare = 上个请求的 Spare + t \times v - 1$$

等式两边同时取反，即

$$-Spare = - 上个请求的 Spare - t \times v + 1$$

事实上，富余量就是过载量的相反数，即 excess = -Spare，因此计算过载量的公式为

$$excess = 上次请求的 excess - t \times v + 1$$

由于在解析配置的时候会将限流值放大 1000 倍，同时这里计算的时间间隔单位是毫秒（ms），因此经过单位转换后就有了上述 excess 的计算方式。当 excess 为正数时，表示系统已经过载，需要考虑是否拒绝请求；相反，则表示系统还没有达到请求速率限制，还有足够的富余量处理更多的请求。

10.3 日志模块

在生产环境中，日志是十分重要的数据资产。它是监控系统、告警系统、大数据系统、风控系统、Trace 系统的重要基石。我们能利用它排查各种故障，迅速定位问题，也能够通过数据挖掘与分析日志等手段发现很多有价值的信息，例如分析用户行为、浏览轨迹、偏好设置等。因此，日志不仅能帮助我们提升服务稳定性与健壮性，也能指导我们做出更合理的产品设计与运营策略。

Nginx 作为一款高性能 Web 服务器，其日志模块功能强大、设计巧妙，很好地满足了用户对于日志功能的需求。本节将简要介绍 Nginx 的日志模块。

10.3.1　日志模块配置指令

Nginx 支持非常灵活的日志配置指令，允许用户自定义日志格式、日志级别、日志路径等。下面展示 access_log 与 error_log 配置方式。

1. access_log

access_log 即访问日志，记录的是用户的请求信息。下面是 Nginx 官方文档里关于 access_log 的指令介绍。

语法：access_log path [format [buffer=size] [gzip[=level]] [flush=time] [if=condition]];

默认：access_log logs/access.log combined;

配置块：http、server、location、if in location、limit_except

其中，各指令的含义如下。

❑ path：日志的存放路径。

❑ format：日志格式，默认为预定义的 combined。

❑ buffer：日志缓冲区大小，默认为 64KB。Nginx 日志写入文件前会先写入内存缓冲区。

❑ gzip：日志压缩等级。Nginx 日志写入前会先进行压缩，压缩率范围为 1 ~ 9，默认为 1。压缩功能依赖于 zlib 库。

❑ flush：日志在缓冲区中的最长保存时间，如果超过了指定值，则缓冲区的日志将被清空。

❑ if：日志记录条件，如果指定的日志记录条件为 0 或者空字符串，则此条请求不记录日志。if 通常与 map 指令配合使用。例如，如果只希望记录异常请求日志，则可以采用如下配置。

```
map $status $loggable {
    ~^[23]  0;
    default 1;
}
access_log /path/to/access.log combined if=$loggable;
```

以上配置指令中，最重要的是 log_format。它是一种基于变量的日志格式的设置手段，用户既可以选取 Nginx 提供的丰富的内置变量，也可以通过其他方式（例如 set 指令）自定义变量作为日志字段。表 10-2 展示了 log_format 指令常用到的内置变量。

表 10-2　Nginx 内置变量

变量	含　　义
$bytes_sent	发送给客户端的总字节数
$body_bytes_sent	发送给客户端的字节数，不包括响应头的大小
$connection	连接序列号
$connection_bytes	当前通过连接发出的请求数量

（续）

变量	含　义
$msec	日志写入时间，单位是秒，精度是毫秒
$pipe	如果请求是通过 http 流水线发送，则其值为 p，否则为 "."
$request_length	请求长度（包括请求行、头、体）
$request_time	请求的处理时长，单位为秒，精度为毫秒，从读入客户端的第一个字节开始到发送给客户端最后一个字符进行日志写入
$status	响应的状态码
$time_iso8601	标准格式的本地时间，如 2020-01-01T18:00:00 + 08:00
$time_local	通用日志格式下的本地时间，如 1/May/2020:18:00:00 + 0800
$http_referer	请求的 refer 地址
$http_user_agent	客户端浏览器信息
$remote_addr	客户端 IP
$http_forwarded_for	当客户端的请求经过多层代理到达 Nginx 时，每一层代理会在此字段尾部附加自己的 IP 信息
$request	完整的请求原始行，如 GET/HTTP/1.1
$remote_user	客户端用户名称（针对启用了用户认证的请求）
$request_uri	带参数的 URI，例如请求 https://test.com/a?id=1，则该变量的值为 /a?id=1

Nginx 默认提供了一个名为 main 的日志格式：

```
log_format  main  '$remote_addr - $remote_user [$time_local] "$request" '
                  '$status $body_bytes_sent "$http_referer" '
                  '"$http_user_agent" "$http_x_forwarded_for"';
```

当然，Nginx 也允许用户自定义日志格式。例如，通过 log_format 指令将 main 日志格式重新进行定义：

```
log_format main '{ "@timestamp": "$time_iso8601", '
                '"hostname": "$hostname", '
                '"domain": "$host", '
                '"server_name": "$server_name", '
                '"http_x_forwarded_for": "$http_x_forwarded_for", '
                '"remote_addr": "$remote_addr", '
                '"remote_user": "$remote_user", '
                '"body_bytes_sent": $body_bytes_sent, '
                '"request_time": $request_time, '
                '"upstream_response_time": "$upstream_response_time", '
                '"status": $status, '
                '"upstream_status": "$upstream_status", '
                '"connection_requests": $connection_requests, '
                '"request": "$request", '
                '"request_method": "$request_method", '
                '"request_body": "$request_body", '
                '"http_referrer": "$http_referer", '
                '"http_cookie": "$http_cookie", '
                '"http_user_agent": "$http_user_agent"}'
```

2. error_log

error_log 表示错误日志，记录的是 Nginx 在处理请求过程中的错误信息。其配置方式相对简单，具体如下。

语法：error_log file [level];

默认：error_log logs/error.log error;

配置块：main、http、mail、stream、server、location

其中，各指令的含义如下。

❑ file：错误日志文件，默认为安装目录下的 logs/error.log。

❑ level：日志等级，默认为 error 级别。Nginx 支持 8 种级别的错误日志记录，分别为 debug、info、notice、warn、error、crit、alert、emerg（严重程度依次增加）。错误信息的级别只有等于或高于 level 中指定级别时才会被记录在日志中。另外，开启 debug 级别日志需要在 Nginx 安装时指定 --with-debug 编译参数。

10.3.2 日志模块实现原理

针对 access_log 与 error_log 两个指令，Nginx 分别设计了 ngx_errlog_module 与 ngx_http_log_module 两个日志模块。两者在模块分类的级别上有所差异，前者属于核心模块，负责整个 Nginx 服务的错误日志实现；后者属于 HTTP 模块，只负责 HTTP 请求日志的实现，因此这两个模块在代码逻辑上并没有关联。ngx_errlog_module 的实现比较简单，感兴趣的读者可以自行阅读其源码分析，这里只对 ngx_http_log_module 的实现原理进行讲解。

1. 配置文件解析

和其他 HTTP 模块一样，ngx_http_log_module 模块会在 Nginx 启动阶段解析配置文件时处理自己感兴趣的配置项。从前面的指令讲解中可以看到，配置项包括 log_format 与 access_log。

（1）log_format 解析

首先需要处理的是 log_format 指令。对于每一个 log_format 定义的日志格式，ngx_http_log_module 需要设计一个容器进行存储。这里采用了 ngx_http_log_fmt_t 结构体，定义如下：

```
typedef struct {
    ngx_str_t                   name;      /* 日志格式的名称，如 "main"*/
    ngx_array_t                 *flushes;  /* 缓冲区 */
    ngx_array_t                 *ops;      /* 写日志操作集 */
} ngx_http_log_fmt_t;
```

其中，ops 表示写日志的操作集，指向了 ngx_array_t 的动态数组。数组中每个元素都是 ngx_http_log_op_t 结构体，其定义如下：

```
typedef struct ngx_http_log_op_s  ngx_http_log_op_t;
struct ngx_http_log_op_s {
    size_t                      len;       /* 写入日志数据的长度 */
```

```
    ngx_http_log_op_getlen_pt        getlen;      /* 获取当前写入的日志数据长度 */
    ngx_http_log_op_run_pt           run;         /* 写日志的函数指针 */
    uintptr_t                        data;        /* 写入日志的数据 */
};
```

ngx_http_log_op_t 的作用是什么呢？要弄清楚这点，首先需要理解它的 run 成员变量，这是一个 ngx_http_log_op_run_pt 类型的函数指针，作用是获取变量值并将其写入日志缓冲区。其定义如下：

```
typedef u_char *(*ngx_http_log_op_run_pt) (ngx_http_request_t *r, u_char *buf,
ngx_http_log_op_t *op);
```

写入日志前，Nginx 需要获取 log_format 中指定变量的实际值，而每一种变量值的获取方式可能都不一样，因此需要为每个变量量身定做日志写入的方法，这就组成了包含众多 ngx_http_log_op_run_pt 的操作集。例如，对于上面示例配置中的 $time_iso8601，其对应的实现是 ngx_http_log_iso8601，这里会将全局缓存的 iso8601 格式的时间值复制到日志缓冲区中。

```
static u_char *
ngx_http_log_iso8601(ngx_http_request_t *r, u_char *buf, ngx_http_log_op_t *op)
{
    return ngx_cpymem(buf, ngx_cached_http_log_iso8601.data,
                      ngx_cached_http_log_iso8601.len);
}
```

对于常规的 Nginx 内置变量（例如 $host），其可以通过 ngx_http_log_variable 统一实现。因为这部分变量的信息都存放在 ngx_http_core_main_conf_t 的 variables 数组中，此时 ngx_http_log_op_t 的 data 字段表示的是该变量在 variable 数组中的下标。日志模块会按照该下标获取当前变量的值。

除了以 $ 开头的变量字段，日志格式中还包含一些常量字符串，因此写日志前自然也要将其值复制到缓冲区。此时，ngx_http_log_op_run_pt 的实现方式有两种：ngx_http_log_copy_short 与 ngx_http_log_copy_long。考虑到 uintptr_t 类型的 data 字段本身占用 8 字节，每个字节的 8 位二进制取值范围为 0～255，涵盖了任意字符的 ASCII 码⊖，因此对于长度小于 8 字节的字符串，只需将每个字符转换成对应 ASCII 码后存放到 data 字段即可，无须额外申请内存。而对于长度大于 8 字节的字符串，只能额外申请一段内存区存放，并将 data 指针指向这块内存。

日志模块允许用户定义多种日志格式，每一种日志格式对应一个 ngx_http_log_fmt_t 结构体。它们统一由 ngx_http_log_main_conf_t 管理，其是日志模块存储 main 字段配置项的结构体，由 ngx_http_conf_ctx_t 的 main_conf 成员统一管理。

（2）access_log 解析

其次需要处理的是 access_log 指令，这同样需要设计一个容器存储 access_log 配置，这

⊖ 事实上，一个 ASCII 码值占用 1 字节，其最高位为奇偶校验位。

里采用的是 ngx_http_log_t。从前面介绍的配置指令知道，access_log 会指定一项 format，自然 ngx_http_log_t 有一个 ngx_http_log_fmt_t* 类型的成员指向它所引用的日志格式。

```
typedef struct {
    ngx_open_file_t             *file;           /* 写入的日志文件信息 */
    ngx_http_log_script_t       *script;         /* 脚本引擎，用于解析出日志路径中的变量 */
    time_t                       disk_full_time;
    time_t                       error_log_time;
    ngx_syslog_peer_t           *syslog_peer;    /* 记录系统 syslog 信息，只有配置了 syslog
                                                    指令才会用到 */
    ngx_http_log_fmt_t          *format;         /* 指向其引用的日志格式 */
    ngx_http_complex_value_t    *filter;
} ngx_http_log_t;
```

这里举例说明上述数据结构之间的关系。例如，配置文件中定义了 main1、main2 两种类型的日志格式，并且定义了 3 个 location，即 location L1、location L2、location L3，同时在 location L1 与 location L2 中引用了 main1，在 location L3 中引用了 main2，则对应的日志模块内存示意图如图 10-5 所示。

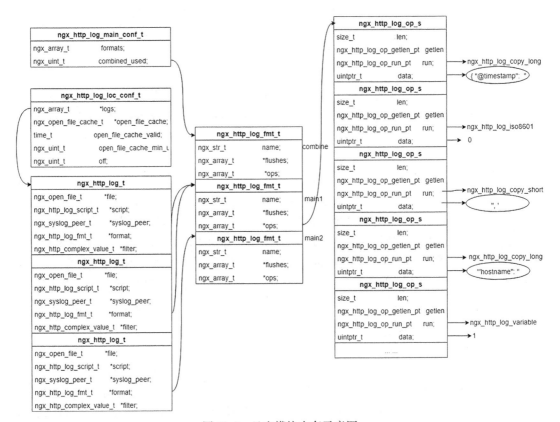

图 10-5　日志模块内存示意图

2. handler 注册

和大部分 HTTP 模块一样，ngx_http_log_module 会在 postconfiguration 时将 handler 函数挂载到请求处理的 11 个阶段中。这一步是通过 ngx_http_log_init 函数完成的。从下面代码摘要中可以看到，ngx_http_log_module 的 handler 钩子函数被挂载到了 NGX_HTTP_LOG_PHASE 阶段。这是 11 个阶段中的最后一个，目前也是 ngx_http_log_module 独享的一个阶段。

```
static ngx_int_t
ngx_http_log_init(ngx_conf_t *cf)
{
    ngx_http_handler_pt        *h;
    ngx_http_core_main_conf_t  *cmcf;
        ......
    cmcf = ngx_http_conf_get_module_main_conf(cf, ngx_http_core_module);
    h = ngx_array_push(&cmcf->phases[NGX_HTTP_LOG_PHASE].handlers);
    if (h == NULL) {
        return NGX_ERROR;
    }
    *h = ngx_http_log_handler;
    return NGX_OK;
}
```

3. handler 执行

虽然 ngx_http_log_module 设置了 buffer 缓冲区来临时存放日志数据，但是写入文件的操作还是会有很大的消耗，特别是在服务器繁忙时，实时写日志会明显增加用户的等待时间。因此，和其他 HTTP 模块不同，日志模块的 handler 方法是在 ngx_http_finalize_request 函数中实现的，这里其实已经开始了关闭连接、释放资源等操作。在此之前，Upstream 模块已经通过 ngx_http_upstream_send_response 函数将响应数据写入 Linux 内核缓冲区，用户很可能已经收到了响应。这种异步写日志的方式有效减少了响应耗时，降低了系统的延时。

当然，回调 handler 的方式和其他 HTTP 模块并没有什么区别，仍旧是依次执行注册在 ngx_http_core_main_conf_t 的 phases 数组中 NGX_HTTP_LOG_PHASE 阶段的 handler。

```
static void
ngx_http_log_request(ngx_http_request_t *r)
{
    ngx_uint_t                  i, n;
    ngx_http_handler_pt        *log_handler;
    ngx_http_core_main_conf_t  *cmcf;

    cmcf = ngx_http_get_module_main_conf(r, ngx_http_core_module);

    log_handler = cmcf->phases[NGX_HTTP_LOG_PHASE].handlers.elts;
    n = cmcf->phases[NGX_HTTP_LOG_PHASE].handlers.nelts;
```

```
            /* 依次执行该阶段的所有 handler，事实上也只有 ngx_http_log_handler 一个 */
    for (i = 0; i < n; i++) {
        log_handler[i](r);
    }
}
```

关于 ngx_http_log_handler 的实现也比较简单，以下是该函数的核心部分。读者在理解
了前面介绍的数据结构设计之后，可轻松理解下面代码的逻辑。

```
static ngx_int_t
ngx_http_log_handler(ngx_http_request_t *r)
{
    u_char                      *line, *p;
    size_t                       len, size;
    ssize_t                      n;
    ngx_str_t                    val;
    ngx_uint_t                   i, l;
    ngx_http_log_t              *log;
    ngx_http_log_op_t           *op;
    ngx_http_log_buf_t          *buffer;
    ngx_http_log_loc_conf_t     *lcf;

    ngx_log_debug0(NGX_LOG_DEBUG_HTTP, r->connection->log, 0,
                   "http log handler");

    lcf = ngx_http_get_module_loc_conf(r, ngx_http_log_module);
        // 如果关闭了记录日志功能，直接返回 NGX_OK
    if (lcf->off) {
        return NGX_OK;
    }

    log = lcf->logs->elts;
    /* 遍历该 ngx_http_log_loc_conf_t 中引用的所有 ngx_http_log_fmt_t */
    for (l = 0; l < lcf->logs->nelts; l++) {
            ... ...
        len = 0;
        op = log[l].format->ops->elts;
            /* 计算写入数据的总长度 */
        for (i = 0; i < log[l].format->ops->nelts; i++) {
            if (op[i].len == 0) {
                len += op[i].getlen(r, op[i].data);
            } else {
                len += op[i].len;
            }
        }
                ... ...
        len += NGX_LINEFEED_SIZE;
        buffer = log[l].file ? log[l].file->data : NULL;
        if (buffer) {
        /* 如果即将写入的数据大小超过了 buffer 的剩余空间，则将 buffer 中的数据先全部写入
```

```
文件, 并将 pos 指针指向 buffer 的起始地址 */
    if (len > (size_t) (buffer->last - buffer->pos)) {
        ngx_http_log_write(r, &log[l], buffer->start,
                           buffer->pos - buffer->start);
        buffer->pos = buffer->start;
    }
/* buffer 中还有足够的空间, 则先将清理 buffer 数据的事件加入定时器, 同时依次执行
   ngx_http_log_op_run_pt 日志写入方法 */
    if (len <= (size_t) (buffer->last - buffer->pos)) {
        p = buffer->pos;
        if (buffer->event && p == buffer->start) {
            ngx_add_timer(buffer->event, buffer->flush);
        }
        for (i = 0; i < log[l].format->ops->nelts; i++) {
            p = op[i].run(r, p, &op[i]);
        }
        /* 一条日志记录完之后换行, 更新文件指针位置 */
        ngx_linefeed(p);
        buffer->pos = p;
        continue;
    }
    ......
    }
    ......
}

return NGX_OK;
}
```

10.4 本章小结

本章将目光聚焦在 Nginx 的第三方模块上, 介绍了 Nginx 的负载均衡模块、限流模块与日志模块并分别介绍了这三个模块的使用方法、配置指令以及底层实现原理, 相信读者在 Nginx 模块的使用与源码上有了一些感悟。事实上, 理解一个模块的核心思路大体相同: 首先是为何需要这个模块, 它的作用是什么, 这个模块能解决什么样的问题; 其次是这个模块该如何使用, 各配置参数的含义是什么; 最后深入理解其底层原理, 它的数据结构如何设计, 配置文件如何解析, handler 方法的核心逻辑等。其实, Nginx 的第三方模块远远不止这些, 但只要我们能抓住以上几点就能快速掌握一个 Nginx 模块, 并能结合业务场景开发出优质的第三方模块。

第 11 章

跨平台实现

Nginx 广受欢迎的另一个重要原因是它的跨平台实现，即用户只需要修改很少的代码就可以在新的平台上运行 Nginx。为了实现这个目标，Nginx 针对不同的平台封装了原子操作、锁、信号量、信号和进程、共享内存等接口。本章将详细介绍 Nginx 在编译前如何检测不同平台的原子操作、锁、信号量、信号和进程、共享内存等底层接口，还会介绍 Nginx 如何将它们封装成统一的、与平台无关的接口。

11.1　configure 实现详解

我们经常使用 configure 和 make 来配置和编译程序，Nginx 也不例外。本节将详细介绍 Nginx 的 configure 实现，探讨 Nginx 是如何检测不同系统的特性，以获取最佳的运行效果。configure 文件位于源码路径的根目录下。执行 ./configure 后，生成与系统相关的 Makefile 文件、模块配置文件和相关宏开关。Makefile 文件很容易理解，包含 Nginx 的生成规则。模块配置文件包含哪些模块是打开的。宏开关则表明系统支持哪些特性。通过模块和宏可定制不同系统的配置，从而使系统发挥出最优的性能。例如，Linux 系统如果支持 epoll，则默认开启 epoll。当然，如果还想对其他特性进一步配置，可以通过配置文件（nginx.conf）来更改运行时配置。

在 configure 执行完成后，我们就可以使用 make 和 make install 完成 Nginx 的编译与安装了。下面以 Linux 系统为例分析 configure 文件。我们发现 Nginx 执行了一系列检测操作，生成了 Makefile 文件，最后还创建了 objs 文件夹。

```
$ ./configure
checking for OS
```

```
  + Linux 3.10.0-693.el7.x86_64 x86_64
checking for C compiler ... found
  + using GNU C compiler
  + gcc version: 4.8.5 20150623 (Red Hat 4.8.5-36) (GCC)
checking for gcc -pipe switch ... found
... ...
creating objs/Makefile

Configuration summary
  + using system PCRE library
  + OpenSSL library is not used
...
```

下面使用 tree 命令查看 objs 文件夹，了解 configure 脚本生成了哪些文件。通过 configure 的输出和生成的文件来介绍 Nginx 内部检测不同平台特性的逻辑。

```
$ tree objs
objs
├── autoconf.err
├── Makefile
├── ngx_auto_config.h
├── ngx_auto_headers.h
├── ngx_modules.c
└── src
    ├── core
    ├── event
    │   └── modules
    ├── http
    │   └── modules
    │       └── perl
    ├── mail
    ├── misc
    └── os
        ├── unix
        └── win32
```

objs 文件中除了包括 Makefile 文件，还包括普通文件 autoconf.err、ngx_auto_config.h、ngx_auto_headers.h 和 nginx_modules.c，同时包括 src 文件及相关的源码文件。随后，我们可以直接执行 make 命令了。ngx_auto_config.h 和 ngx_auto_headers.h 收集了很多与平台相关的宏的定义。这些定义是 configure 生成的，nginx_modules.c 是对模块的定制，autoconf.err 是中间检测过程中产生的中间文件。

下面开始分析 configure 是如何生成这些目录和文件的。

```
#!/bin/sh

# Copyright (C) Igor Sysoev
# Copyright (C) Nginx, Inc.
```

```
LC_ALL=C              # 将 LC_ALL 设置成 C，不需要国际化
export LC_ALL

. auto/options        # 解析 configure 参数
. auto/init           # 根据 options 来初始化构建目录和文件 (Makefile, ngx_auto_headers.h 等)
. auto/sources        # 初始化源代码变量 (CORE_SRC)
# 新建 objs 文件夹
test -d $NGX_OBJS || mkdir $NGX_OBJS


# 新建 ngx_auto_headers.h 和 autoconf.err
echo > $NGX_AUTO_HEADERS_H
echo > $NGX_AUTOCONF_ERR
# 将 configure 命令及选项写入 ngx_auto_config.h 文件
echo "#define NGX_CONFIGURE \"$NGX_CONFIGURE\"" > $NGX_AUTO_CONFIG_H
# 开启 DEBUG
if [ $NGX_DEBUG = YES ]; then
    have=NGX_DEBUG . auto/have
fi
# 开始检查系统平台，MINGW32 认为是 Win32
if test -z "$NGX_PLATFORM"; then
    echo "checking for OS"
    NGX_SYSTEM=`uname -s 2>/dev/null`
    NGX_RELEASE=`uname -r 2>/dev/null`
    NGX_MACHINE=`uname -m 2>/dev/null`
    echo " + $NGX_SYSTEM $NGX_RELEASE $NGX_MACHINE"
    NGX_PLATFORM="$NGX_SYSTEM:$NGX_RELEASE:$NGX_MACHINE";
    case "$NGX_SYSTEM" in
        MINGW32_*)
            NGX_PLATFORM=win32
        ;;
    esac


else
    echo "building for $NGX_PLATFORM"
    NGX_SYSTEM=$NGX_PLATFORM
fi
# 检查编译器
. auto/cc/conf
if [ "$NGX_PLATFORM" != win32 ]; then
    . auto/headers
fi
# 检查系统
. auto/os/conf
# 检查 UNIX 系统
if [ "$NGX_PLATFORM" != win32 ]; then
    . auto/unix
fi
# 检查 thread、module 库配置。注意，这个线程和多线程 Worker 没有任何关系
# nginx cycle 依然是单线程
# 这个线程池用于部分模块 (ngx_http_copy_filter_module、ngx_http_copy_filter_module)。
```

```
. auto/threads # 该选项会决定是否打开宏 NGX_THREADS
. auto/modules # 生成 ngx_modules 数组
. auto/lib/conf # 检查 pcre、openssl、md5、sha1、zlib、libgd、perl、…
# 检查 prefix 及其他目录 (sbin、pid、conf、log、errlog、cgi、tmp path)，当然这些目录可以
    通过配置来指定
case ".$NGX_PREFIX" in
    .)
        NGX_PREFIX=${NGX_PREFIX:-/usr/local/nginx}
        have=NGX_PREFIX value="\"$NGX_PREFIX/\"" . auto/define
    ;;
    .!)
        NGX_PREFIX=
    ;;
    *)
        have=NGX_PREFIX value="\"$NGX_PREFIX/\"" . auto/define
    ;;
esac
if [ ".$NGX_CONF_PREFIX" != "." ]; then
    have=NGX_CONF_PREFIX value="\"$NGX_CONF_PREFIX/\"" . auto/define
fi
# 将选项里的文件路径写入配置的头文件
have=NGX_SBIN_PATH value="\"$NGX_SBIN_PATH\"" . auto/define
have=NGX_CONF_PATH value="\"$NGX_CONF_PATH\"" . auto/define
have=NGX_PID_PATH value="\"$NGX_PID_PATH\"" . auto/define
...
have=NGX_HTTP_FASTCGI_TEMP_PATH value="\"$NGX_HTTP_FASTCGI_TEMP_PATH\""
. auto/define
have=NGX_HTTP_UWSGI_TEMP_PATH value="\"$NGX_HTTP_UWSGI_TEMP_PATH\""
. auto/define
have=NGX_HTTP_SCGI_TEMP_PATH value="\"$NGX_HTTP_SCGI_TEMP_PATH\""
. auto/define
# 构建 Makefile 文件和第三方依赖库
. auto/make   # 根据配置生成 objs/Makefile 文件
. auto/lib/make # 构建第三方依赖库，并进行源码编译（使用 -—with-md5=/md5src/)
. auto/install # 生成 Makefile 的 build 部分
#STUB 添加一些额外的开关 (NGX_SUPPRESS_WARN, NGX_SMP)
# STUB
. auto/stubs
# 添加 Nginx 运行的用户及组定义
have=NGX_USER value="\"$NGX_USER\"" . auto/define
have=NGX_GROUP value="\"$NGX_GROUP\"" . auto/define
#NGX_BUILD 记录了 build 号 Nginx 版本号 1.8.0(125)
if [ ".$NGX_BUILD" != "." ]; then
    have=NGX_BUILD value="\"$NGX_BUILD\"" . auto/define
fi
# 输出配置的模块及其他信息
. auto/summary
```

我们把各个步骤梳理成一个流程图。以 Linux 3.10.0 x86_64 + GCC 4.8.5 为例，
configure 脚本产生配置输出的流程如图 11-1 所示。

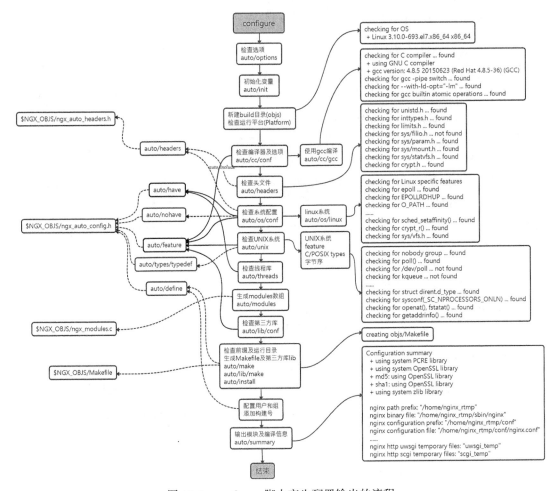

图 11-1   configure 脚本产生配置输出的流程

如图 11-1 所示，configure 脚本负责检查平台（Linux/Win32 等）、编译器特性（atomic 等）、操作系统特性（如 epoll、CPU 亲和性等）以及第三方库（Nginx 主要依赖 pcre、openssl 和 zlib 库）。

configure 主要通过 auto/feature 文件检测是否存在检测函数、宏、引用等。例如在 auto/unix 中利用 auto/feature 检测是否存在 mmap 匿名内存映射。

```
ngx_feature="mmap(MAP_ANON|MAP_SHARED)"
ngx_feature_name="NGX_HAVE_MAP_ANON"
ngx_feature_run=yes
ngx_feature_incs="#include <sys/mman.h>"
ngx_feature_path=
ngx_feature_libs=
ngx_feature_test="void *p;
                  p = mmap(NULL, 4096, PROT_READ|PROT_WRITE,
```

```
                              MAP_ANON|MAP_SHARED, -1, 0);
                    if (p == MAP_FAILED) return 1;"
. auto/feature
```

上述示例主要参数含义如下。

❑ ngx_feature：特性名称。

❑ ngx_feature_name：特性名称（宏名称）。

❑ ngx_feature_run：运行类型，取值为 yes、no、bug、value，如果设置为 yes，则将特性宏通过 auto/have 写入 ngx_auto_config.h；如果设置为 no，则不执行操作。

❑ ngx_feature_incs：测试代码中包含的头文件，如果检测变量非空且头文件不存在则会报错。

❑ ngx_feature_path：通过编译器 –I 添加的附加目录。

❑ ngx_feature_libs：链接的额外选项（库）。

❑ ngx_feature_test：测试特性的代码段。

configure 通过编译测试程序来检测相关特性，并将特性开关通过宏的形式输出到配置头文件中。这样，Nignx 就可以就地取材在运行系统中选择最合适的模型。下面是 auto/feature 的相关解析。

```
# Copyright (C) Igor Sysoev
# Copyright (C) Nginx, Inc.
...
ngx_found=no
# 将 ngx_feature_name 转为全大写
if test -n "$ngx_feature_name"; then
    ngx_have_feature=`echo $ngx_feature_name \
                    | tr abcdefghijklmnopqrstuvwxyz ABCDEFGHIJKLMNOPQRSTUVWXYZ`
fi
# 将 ngx_feature_path 添加到编译器 –I 中
if test -n "$ngx_feature_path"; then
    for ngx_temp in $ngx_feature_path; do
        ngx_feature_inc_path="$ngx_feature_inc_path -I $ngx_temp"
    done
fi
# 生成测试程序
cat << END > $NGX_AUTOTEST.c

#include <sys/types.h>
$NGX_INCLUDE_UNISTD_H
$ngx_feature_incs

int main() {
    $ngx_feature_test;
    return 0;
}
```

```
END
# 编译测试程序命令
ngx_test="$CC $CC_TEST_FLAGS $CC_AUX_FLAGS $ngx_feature_inc_path \
          -o $NGX_AUTOTEST $NGX_AUTOTEST.c $NGX_TEST_LD_OPT $ngx_feature_libs"
ngx_feature_inc_path=
# 执行编译后的程序
eval "/bin/sh -c \"$ngx_test\" >> $NGX_AUTOCONF_ERR 2>&1"
# 检查编译结果
if [ -x $NGX_AUTOTEST ]; then
    case "$ngx_feature_run" in
        #yes 表示需要测试程序运行成功，随后将该特性宏和 1 写入 ngx_auto_config.h 文件
        # 运行失败或者测试程序退出状态不为 0 时，编译链接测试通过但执行失败
        yes)
         # /bin/sh is used to intercept "Killed" or "Abort trap" messages
            if /bin/sh -c $NGX_AUTOTEST >> $NGX_AUTOCONF_ERR 2>&1; then
                echo " found"
                ngx_found=yes
                if test -n "$ngx_feature_name"; then
                    have=$ngx_have_feature . auto/have
                fi
            else
                echo " found but is not working"
            fi
        ;;
        #value 为测试程序的标准输出，注意这里的测试程序会执行两次
        # 执行成功会将宏和值写入 ngx_auto_config.h 文件
        value)
         # /bin/sh is used to intercept "Killed" or "Abort trap" messages
            if /bin/sh -c $NGX_AUTOTEST >> $NGX_AUTOCONF_ERR 2>&1; then
                echo " found"
                ngx_found=yes
# 这里可以优化为 have=$ngx_feature_name value='$NGX_AUTOTEST' . auto/define
                cat << END >> $NGX_AUTO_CONFIG_H
#ifndef $ngx_feature_name
#define $ngx_feature_name   '$NGX_AUTOTEST'
#endif
END
            else
                echo " found but is not working"
            fi
        ;;
        #bug 与 yes 正好相反，但如果测试程序运行不成功，本身也会引发 bug
        # 随后将该特性宏和 1 写入 ngx_auto_config.h 文件
        bug)
         # /bin/sh is used to intercept "Killed" or "Abort trap" messages
            if /bin/sh -c $NGX_AUTOTEST >> $NGX_AUTOCONF_ERR 2>&1; then
                echo " not found"
            else
                echo " found"
                ngx_found=yes
                if test -n "$ngx_feature_name"; then
```

```
                    have=$ngx_have_feature . auto/have
                fi
            fi
        ;;
        #no 或其他情况，只要编译通过就会将宏和 1 写入 ngx_auto_config.h
        *)
            echo " found"
            ngx_found=yes
            if test -n "$ngx_feature_name"; then
                have=$ngx_have_feature . auto/have
            fi
        ;;
    esac
else
    echo " not found"
    ...
fi
rm -rf $NGX_AUTOTEST*   # 最后删除测试文件
```

configure 通过 auto/feature 脚本来编译测试程序，同时检测是否支持某个特定的系统功能。如果编译测试通过并且能得到期望的结果，就产生 NGX_HAVE_XXX 为 1 的宏，并定义到 ngx_auto_config.h 头文件中，另外将一些头文件中的定义写到 ngx_auto_headers.h 中。

上文介绍了 Nginx 对不同特性的检测结果用宏定义的方式写入头文件，还有一些比较特殊的检测，比如对 int 和 long 等基本类型以及 size_t、off_t 等使用 typedef 定义的基本类型大小的检测。当检测到 void* 类型时，将值存到 ngx_ptr_size 中。

```
# C types
#这里检测 int/size_t/off_t 等大小
ngx_type="int"; . auto/types/sizeof
ngx_type="int"; . auto/types/sizeof
ngx_type="long"; . auto/types/sizeof
ngx_type="long long"; . auto/types/sizeof
ngx_type="size_t"; . auto/types/sizeof
ngx_type="off_t"; . auto/types/sizeof
ngx_type="void *"; . auto/types/sizeof; ngx_ptr_size=$ngx_size
ngx_param=NGX_PTR_SIZE; ngx_value=$ngx_size; . auto/types/value

#. auto/types/sizeof
echo $ngx_n "checking for $ngx_type size ...$ngx_c"

ngx_size=
cat << END > $NGX_AUTOTEST.c
...
# 通过标准输出将 sizeof(int 等输入的类型 ) 输出
int main(void) {
    printf("%d", (int) sizeof($ngx_type));
    return 0;
}
END
```

```
ngx_test="$CC $CC_TEST_FLAGS $CC_AUX_FLAGS \
          -o $NGX_AUTOTEST $NGX_AUTOTEST.c $NGX_LD_OPT $ngx_feature_libs"
eval "$ngx_test >> $NGX_AUTOCONF_ERR 2>&1"
...
#4 或者 8
case $ngx_size in
    4)
        ngx_max_value=2147483647
        ngx_max_len='(sizeof("-2147483648") - 1)'
    ;;
    8)
        ngx_max_value=9223372036854775807LL
        ngx_max_len='(sizeof("-9223372036854775808") - 1)'
    ;;
esac
...
```

通过上述代码，我们了解到 Nginx 使标准输出将值（系统判断的值）写入 3 个变量：ngx_max_value、ngx_max_len、ngx_ptr_size 中。Nginx 寻找 uintptr_t 和 intptr_t 定义，当系统找不到它们时会将其定义追加到 ngx_auto_config.h 中。

```
found=no
cat << END > $NGX_AUTOTEST.c
...
int main(void) {
    uintptr_t i = 0;
    return (int) i;
}
END
if [ $found = no ]; then
    found="uint`expr 8 \* $ngx_ptr_size`_t"
    echo ", $found used"
    echo "typedef $found  uintptr_t;"     >> $NGX_AUTO_CONFIG_H
    echo "typedef $found intptr_t;"|sed -e 's/u//g' >> $NGX_AUTO_CONFIG_H
fi
```

通过 configure 脚本，Nginx 检测到了不同系统的特性并将其写入 ngx_auto_config.h 和 ngx_auto_headers.h 文件。读者还可以按照上面的方法在 auto/modules 中找到生成 ngx_mudules 数组的方法，这里不再赘述。

本节介绍 Nginx 跨平台的检测方法以及生成宏开关的逻辑。后面的章节会通过源代码展示跨平台的原子操作、锁、信号量、以共享内存在不同平台实现进程管理的方法。

11.2　跨平台的原子操作和锁

简单来说，原子操作是对某个数据的修改不能被打断的操作，它的目的是实现对该变量的读写互斥。在多核处理器中，原子操作的实现较为复杂。它的实现原理一般是先锁住内存总线，然后对内存进行改写。Nginx 针对不同平台抽象出各平台的原子操作。同时，通过封装后的原子操作实现跨平台读写锁。封装后的 Nginx 原子操作的定义如下：

```
#nginx atomic
# 类型定义，xxx 在不同平台的类型不同
typedef xxx    ngx_atomic_int_t;
typedef xxx    ngx_atomic_uint_t;
typedef volatile ngx_atomic_uint_t  ngx_atomic_t;

# 原子操作方法定义
void ngx_atomic_cmp_set(lock, old, new)      // 比较设置
void ngx_atomic_fetch_add(value, add)        // 原子加 / 减操作
void ngx_memory_barrier()                    // 内存屏障
void ngx_cpu_pause()                         // CPU 暂停

# 自旋锁操作
void ngx_spinlock(ngx_atomic_t *, ngx_atomic_int_t, ngx_uint_t spin);

# 互斥锁是通过原子操作中的比较设置实现的
#define ngx_trylock(lock)  (*(lock) == 0 && ngx_atomic_cmp_set(lock, 0, 1))
#define ngx_unlock(lock)    *(lock) = 0
```

原子操作的跨平台封装的具体代码在 /src/os/unix/ngx_atomic.h 和 src/os/win32/ngx_atomic.h 文件中。ngx_atomic.h 的代码编译条件比较多，编译条件（宏）是在 11.1 节介绍的 configure 脚本中产生的，并写到了 ngx_auto_config.h 文件中。

下面分析 ngx_atomic.h 文件的结构，发现 Nginx 从 libatomic 到 powerpc 依次判断其与本机的平台和编译器版本是否相同，如果不同，就会在 ngx_atomic.h 头文件末尾实现一个简单的原子操作。实质上，它是一个假的原子操作。ngx_atomic.h 文件结构如下。

```
#if (NGX_HAVE_LIBATOMIC)
....../* libatomic */
#elif (NGX_DARWIN_ATOMIC)
....../* darwin atomic */
#elif (NGX_HAVE_GCC_ATOMIC)
....../* gcc built-in atomic */
#if ( __i386__ || __i386 )
    #if ( __SUNPRO_C )
    ......
    #else /*( __GNUC__ || __INTEL_COMPILER )*/
#include "ngx_gcc_atomic_x86.h"
    #endif
#elif ( __amd64__ || __amd64 )
    #if ( __SUNPRO_C )
    ......
    #else
    #include "ngx_gcc_atomic_amd64.h"
    #endif
#elif ( __sparc__ || __sparc || __sparcv9 )
    #if ( __SUNPRO_C )
```

```
    #include "ngx_sunpro_atomic_sparc64.h"
    #else /*( __GNUC__ || __INTEL_COMPILER )*/
    #include "ngx_gcc_atomic_sparc64.h"
    #endif
#elif ( __powerpc__ || __POWERPC__ ) /* powerc platform */
#include "ngx_gcc_atomic_ppc.h"
#endif
/* 最后实在没有这个原子操作就实现了一个 " 伪原子操作 " */
#if !(NGX_HAVE_ATOMIC_OPS)
/* 比较修改 */
static ngx_inline ngx_atomic_uint_t
ngx_atomic_cmp_set(ngx_atomic_t *lock,
    ngx_atomic_uint_t old, ngx_atomic_uint_t set)
…
/* 原子增减 */
static ngx_inline ngx_atomic_int_t
ngx_atomic_fetch_add(ngx_atomic_t *value, ngx_atomic_int_t add)
…
/* 内存屏障 */
#define ngx_memory_barrier()
/* CPU 暂停 */
#define ngx_cpu_pause()
#endif
/* 互斥锁 */
void ngx_spinlock(ngx_atomic_t *, ngx_atomic_int_t, ngx_uint_t spin);
#define ngx_trylock(lock)  (*(lock) == 0&&ngx_atomic_cmp_set(lock,0, 1))
#define ngx_unlock(lock)    *(lock) = 0
```

　　Nginx 根据编译条件依次寻找原子操作在不同平台上的实现，如果都不符合编译条件则自己实现与平台无关的原子操作。如图 11-2 所示，'－'表示操作未实现或者在后续的文件中有汇编实现。

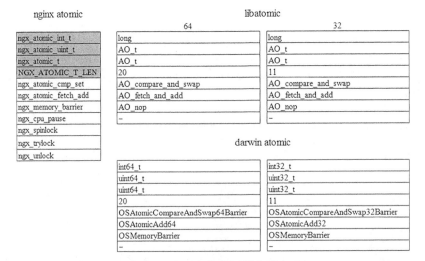

图 11-2　各平台的原子操作的实现

gcc atomic

64	32
long	long
unsigned long	unsigned long
unsigned long	unsigned long
20	11
__sync_bool_compare_and_swap	__sync_bool_compare_and_swap
__sync_fetch_and_add	__sync_fetch_and_add
__sync_synchronize	__sync_synchronize
–	–

i386 atomic

suncc	gnuc/intelc others
int32_t	int32_t
uint32_t	uint32_t
uint32_t	uint32_t
11	11
-src/os/unix/ngx_sunpro_x86.il	-src/os/unix/ngx_gcc_atomic_x86.h
-src/os/unix/ngx_sunpro_x86.il	-src/os/unix/ngx_gcc_atomic_x86.h
-src/os/unix/ngx_sunpro_x86.il	__asm__ volatile ("" ::: "memory")
__asm (".volatile"); __asm (".nonvolatile")	__asm__ (".byte 0xf3, 0x90")

amd64 atomic

suncc	gnuc/intelc others
int64_t	int64_t
uint64_t	uint64_t
uint64_t	uint64_t
20	20
-src/os/unix/ngx_sunpro_amd64.il	-src/os/unix/ngx_gcc_atomic_amd64.h
-src/os/unix/ngx_sunpro_amd64.il	-src/os/unix/ngx_gcc_atomic_amd64.h
-src/os/unix/ngx_sunpro_amd64.il	__asm__ volatile ("" ::: "memory")
__asm (".volatile"); __asm (".nonvolatile")	__asm__ ("pause")

sparc atomic 64

suncc	gnuc/intelc others
int64_t	int64_t
uint64_t	uint64_t
uint64_t	uint64_t
20	20
-src/os/unix/ngx_sunpro_atomic_sparc64.h	-src/os/unix/ngx_sunpro_atomic_sparc64.h
-src/os/unix/ngx_sunpro_atomic_sparc64.h	-src/os/unix/ngx_sunpro_atomic_sparc64.h
-src/os/unix/ngx_sunpro_atomic_sparc64.h	__asm__ volatile ("" ::: "memory")
–	–

sparc atomic 32

suncc	gnuc/intelc others
int32_t	int32_t
uint32_t	uint32_t
uint32_t	uint32_t
11	11
-src/os/unix/ngx_sunpro_atomic_sparc64.h	-src/os/unix/ngx_gcc_atomic_sparc64.h
-src/os/unix/ngx_sunpro_atomic_sparc64.h	-src/os/unix/ngx_gcc_atomic_sparc64.h
-src/os/unix/ngx_sunpro_atomic_sparc64.h	__asm__ volatile ("" ::: "memory")
–	

powerpc atomic

64	32
int64_t	int32_t
uint64_t	uint32_t
uint64_t	uint32_t
11	11
-src/os/unix/ngx_gcc_atomic_ppc.h	-src/os/unix/ngx_gcc_atomic_ppc.h
-src/os/unix/ngx_gcc_atomic_ppc.h	-src/os/unix/ngx_gcc_atomic_ppc.h
-src/os/unix/ngx_gcc_atomic_ppc.h	-src/os/unix/ngx_gcc_atomic_ppc.h

图 11-2 各平台的原子操作的实现（续）

原子操作是对内存访问的互斥限制。所以，原子操作只能作用于同一个进程中的线程之间。要想实现进程间的原子操作，对应内存必须是共享内存。原子操作中的变量增减比较好理解，表示对变量的增减不被打断，从而实现写的互斥。另外，还有两个比较重要的接口：一个是内存屏障接口，另一个是 CPU 暂停接口。

为了优化运行速度，编译器重新安排了指令的执行顺序。有时候，这种优化会在多线程或者信号处理中产生数据不一致的问题。典型的应用场景是在 ngx_times.c 的时间更新函数 ngx_time_update 中，代码如下：

```
void ngx_time_update(void)
{
    tp = &cached_time[slot];
    tp->sec = sec;
    tp->msec = msec;

    p0 = &cached_http_time[slot][0];
    p1 = &cached_err_log_time[slot][0];
    ngx_memory_barrier();

    ngx_cached_time = tp;
    ngx_cached_http_time.data = p0;
    ngx_cached_err_log_time.data = p1;
    ngx_unlock(&ngx_time_lock);
}
```

编译器会重新安排，使相同的数据存储在一起来提高缓存的命中率，但会导致多个数据的缓存时间可能不一致。如果没有内存屏障，优化后的代码如下：

```
void ngx_time_update(void)
{
    tp = &cached_time[slot];
    tp->sec = sec;
    tp->msec = msec;
    ngx_cached_time = tp;
    /* 没有屏障,p0 相关的代码放在一起执行 */
    p0 = &cached_http_time[slot][0];
    ngx_cached_http_time.data = p0;
    /* 没有屏障,p1 相关的代码放在一起执行 */
    /* 这句话执行前 ngx_cached_http_time 和 ngx_cached_err_log_time 时间不一致了！*/
    p1 = &cached_err_log_time[slot][0];
    ngx_cached_err_log_time.data = p1;

    ngx_unlock(&ngx_time_lock);
}
```

Nginx 通过内存屏障接口使相关变量的内存变得一致，因此在信号处理函数中两个缓存的时间就不一致了，特别是当信号发生在修改第一个变量后和第二个变量前。

CPU 暂停接口执行的函数是 ngx_cpu_pause，它告诉 CPU 这是一个循环等待的代码。

因为 CPU 空转是非常快的，所以 ngx_cpu_pause 只是起到一个延时作用。一般情况下，在 for(;;) 无限循环体中加上 ngx_cpu_pause 会大大降低 CPU 耗电量和无谓的空转。下面是在自旋锁实现中 CPU 暂停的应用：

```
void ngx_spinlock(ngx_atomic_t *lock, ngx_atomic_int_t value,
ngx_uint_t spin)
{
    ngx_uint_t  i, n;
    for ( ;; ) {
        /* 加锁成功 */
        if (*lock == 0 && ngx_atomic_cmp_set(lock, 0, value)) {
            return;
        }
        if (ngx_ncpu > 1) {
            for (n = 1; n < spin; n <<= 1) {
                for (i = 0; i < n; i++) {
                    ngx_cpu_pause(); /* 循环使用 ngx_cpu_pause */
                }
                /* 加锁成功 */
                if (*lock == 0 && ngx_atomic_cmp_set(lock, 0, value)) {
                    return;
                }
            }
        }
        ngx_sched_yield();/* 让出当前的时间片 */
    }
}
```

关于内存屏障和 CPU 等待指令在 Windows x86 下的具体汇编指令，读者可以参考 src/os/unix/ngx_gcc_atomic_x86.h 中的描述：

```
/*
 * on x86 the write operations go in a program order, so we need only
 * to disable the gcc reorder optimizations
 */
#define ngx_memory_barrier()    __asm__ volatile ("" ::: "memory")
/* old "as" does not support "pause" opcode */
#define ngx_cpu_pause()         __asm__ (".byte 0xf3, 0x90")
```

上面介绍了一些原子操作，如对比修改、内存屏障和 CPU 暂停。我们可以利用原子操作对内存访问的限制来实现互斥锁。在 ngx_atomic.h 中的加锁与解锁利用原子操作实现了最简单的互斥。

```
#define ngx_trylock(lock)  (*(lock) == 0&&ngx_atomic_cmp_set(lock,0,1))
#define ngx_unlock(lock)   *(lock) = 0
```

内存值为 0，表示内存未被锁住；内存值为 1，表示内存被锁住。当多个线程调用 ngx_atomic_cmp_set 将内存值修改为 1 时，只有一个线程修改成功，其他线程都会修改失败。因为对比修改操作是原子操作，例如成功将线程 a 内存值从 0 修改为 1，再将线程 b 修改为 1 后，发现线程 b 内存值已经被修改，只能返回修改失败。同理，解锁是直接写成 *lock=0，它只是一个赋值语句。原子操作的赋值同样是原子操作，当然也可以写成 ngx_atomic_cmp_set(lock, 1, 0)。

Nginx 利用原子操作实现了互斥锁，实现代码在 src/core/ngx_shmtx.c 中。假设 NGX_HAVE_POSIX_SEM 为 1，互斥锁的定义如下：

```
typedef struct {
#if (NGX_HAVE_ATOMIC_OPS)
    ngx_atomic_t   *lock;
    ngx_atomic_t   *wait;
    ngx_uint_t      semaphore;
    sem_t           sem;
#else
    ngx_fd_t        fd;
    u_char         *name;
#endif
    ngx_uint_t      spin;
} ngx_shmtx_t;
```

在代码中，互斥锁的定义是被多个宏隔开的，实际上展开后的结构如下：

```
#if (NGX_HAVE_ATOMIC_OPS)
typedef struct {
    ngx_atomic_t   *lock;
    ngx_atomic_t   *wait;
    ngx_uint_t      semaphore;
    sem_t           sem;
    ngx_uint_t      spin;
} ngx_shmtx_t;
#else
typedef struct {
    ngx_fd_t        fd;
    u_char         *name;
    ngx_uint_t      spin;
} ngx_shmtx_t;
#endif
```

从上面的定义不难看出，Nginx 为了实现互斥锁使用了两种方法：原子操作和文件锁。如果系统支持原子操作，Nginx 会利用原子操作中对比修改的互斥性实现一套互斥锁。要想利用原子操作中对比修改的特性实现进程间的互斥，对比修改的内存一定对所有进程有感知，因此这块内存一定是共享的，但用户的私有内存是不能被其他进程感知的。假设系统不支持信号量，互斥锁的实现如下：

```
typedef struct {
    ngx_atomic_t   *lock;   /* 原子操作的内存地址 */
    ngx_uint_t      spin;   /* 自旋参数 */
```

```
} ngx_shmtx_t;

ngx_int_t ngx_shmtx_create(ngx_shmtx_t *mtx, ngx_shmtx_sh_t *addr, u_char *name)
{
    mtx->lock = &addr->lock;
    if (mtx->spin == (ngx_uint_t) -1) {
        return NGX_OK;
    }
    mtx->spin = 2048;
    return NGX_OK;
}
void ngx_shmtx_destroy(ngx_shmtx_t *mtx)
{
}
ngx_uint_t ngx_shmtx_trylock(ngx_shmtx_t *mtx)
{
    return (*mtx->lock == 0 && ngx_atomic_cmp_set(mtx->lock, 0, ngx_pid));
}
void ngx_shmtx_lock(ngx_shmtx_t *mtx)
{
    /* 与 ngx_spinlock 实现方法是一样的 */
    ....
}
void ngx_shmtx_unlock(ngx_shmtx_t *mtx)
{
    ....
    if (ngx_atomic_cmp_set(mtx->lock, ngx_pid, 0)) {
        ngx_shmtx_wakeup(mtx);
    }
}
ngx_uint_t ngx_shmtx_force_unlock(ngx_shmtx_t *mtx, ngx_pid_t pid)
{
    if (ngx_atomic_cmp_set(mtx->lock, pid, 0)) {
        ngx_shmtx_wakeup(mtx);
        return 1;
    }
    return 0;
}
```

本节介绍了 Nginx 抽象出的跨平台的原子操作：比较修改、内在屏障和 CPU 暂停等，并且利用这些原子操作实现了互斥锁，同时利用共享内存实现进程间的互斥访问和共享变量的修改。下一节我们会接着讨论跨平台利用信号量实现更高级的互斥锁。

11.3　信号量

11.2 节介绍 Nginx 利用原子操作实现了互斥锁。但其属于非阻塞锁，也就是说如果多个线程同时争抢一把原子锁，只有一个线程占用成功，其他线程则会占用失败。失败的后果并没有如同文件锁那样，等到其他线程释放锁后再获取，而是一直在自旋。请看 ngx_spinlock 与 ngx_shmtx_lock 的实现（省略了部分代码，自旋表示占用 CPU）。

```
for(;;) {                              /* 无限期重复尝试加锁 */
    for (n = 1; n < mtx->spin; n <<= 1) {
        for (i = 0; i < n; i++) {
            ngx_cpu_pause();           /* 暂停 CPU，因为循环抢占原子锁非常消耗 CPU */
        }
        /* 尝试加锁等价于 ngx_trylock 函数调用 */
        if (*mtx->lock == 0 && ngx_atomic_cmp_set(mtx->lock, 0, ngx_pid))
        {
            return;
        }
    }
}
```

实际上，这样做是没有问题的，但是我们有更先进的方法，那就是通过信号量处理。当多个线程或者进程竞争资源时，我们通常使用信号量或者信号灯去抢占原子锁。信号量用于保证资源访问不发生死锁，如果只有一个资源，退化成互斥锁。

信号量 S 的操作有两种，分别是 P 操作（signal 函数）和 V 操作（wait 函数），简称 PV 操作。V 操作使信号量 S 的值加 1，P 操作使信号量 S 的值减 1，并且 PV 操作都是原子操作。信号量 S 的值表示当前可用资源的数量。当使用 P 操作的时候，信号量 S 的值减 1，如果减完后，可用资源小于 0，进程将会进入休眠，直到可用资源被唤醒。V 操作正好相反，它会使信号量 S 的值减 1，表示释放当前资源并唤醒等待资源队列中的首个进程。另外一个要注意的是，信号量 S 的值只能被 PV 操作修改。下面有一个简单的方法去理解 wait 和 signal 函数。

❑ wait 函数：将信号量的值减 1。如果信号量 S 的值为负，进程被放入等待队列，并阻塞自己。

❑ signal 函数：将信号量的值加 1。如果信号量增加之前值小于 0（说明有进程正在等待请求该资源），唤醒等待队列中的一个进程继续执行。

最著名的同步问题就是生产者与消费者问题。生产者一直往仓库放产品，消费者一直从仓库拿产品。生产者在仓库满后不能生产产品，消费者在仓库空后不能拿出产品。我们使用 3 个信号量来描述该过程，信号量 F 初始为 0，表示仓库初始是空的；信号量 E 为 n，表示仓库初始可以容纳 n 个产品；信号量 M 为 1，表示同一时刻只有一个人修改仓库新产品数量。生产者争要夺信号量 E，因为只有在仓库没满的时候才能放入产品，消费者要争夺信号量 F，因为只有仓库不是空的时候才能拿出产品，所以进程都要争夺信号量 M。下面用 PV 操作来表示生产者与消费的关系。

```
#include <unistd.h>
#include <stdlib.h>
#include <stdio.h>
#include <fcntl.h>
```

```
#include <sys/stat.h>
#include <semaphore.h>
#define sem_name_f        "/my_linux_sem_test_F"
#define sem_name_m        "/my_linux_sem_test_M"
#define sem_name_e        "/my_linux_sem_test_E"

#define P(x)        sem_wait(x)
#define V(x)        sem_post(x)
int main()
{
    sem_t *sem_f,*sem_m,*sem_e;
    /* open semaphore */
    sem_f = sem_open(sem_name_f,O_CREAT,0644,1);
    sem_m = sem_open(sem_name_m,O_CREAT,0644,1);
    sem_e = sem_open(sem_name_e,O_CREAT,0644,10);
    P(sem_f);        /* 将 f 初始化为 0*/
    switch(fork()) {
    case 0:
        /* 消费者 */
        while (1) {
            P(sem_f);
            P(sem_m);
            printf("-1");
            V(sem_m);
            V(sem_e);
        }
        break;
    case -1:
        break;
    default:
        /* 生产者 */
        while (1) {
            P(sem_e);
            P(sem_m);
            printf("1");
            V(sem_m);
            V(sem_f);
        }
        break;
    }
    return 0;
}
```

    上面的内容并不是信号量的使用文档，因为还有一些细节没有处理，比如关闭信号量
和异常处理。信号量包括有名信号量和匿名信号量。有名信号量会伴随系统关闭被销毁，要
想手动关闭则需使用 sem_unlink。其使用方法与 unlink 一样。Nginx 使用的是匿名信号量。
如果使用匿名信号量进行进程间同步，必须使用共享内存，并且使用 sem_init 函数进行初始
化，最后使用 sem_destroy 销毁。sem_init 函数的 PV 操作方法是一致的。

回到 Nginx，支持信号量的互斥锁的记录型结构体为：

```
typedef struct {
    ngx_atomic_t    *lock;          /* 原子操作的共享内存 */
    ngx_atomic_t    *wait;          /* 等待互斥锁的进程数 */
    ngx_uint_t       semaphore;     /* 是否支持信号量 */
    sem_t            sem;           /* 信号量 */
    ngx_uint_t       spin;          /* 自旋参数 */
} ngx_shmtx_t;
```

创建无名信号量：

```
ngx_int_t ngx_shmtx_create(ngx_shmtx_t *mtx, ngx_shmtx_sh_t *addr, u_char
*name)
{
...
mtx->wait = &addr->wait;
    if (sem_init(&mtx->sem, 1, 0) == -1) {
        ......
    } else {
        mtx->semaphore = 1;
    }
    ...
}
```

Nginx 对信号量的 PV 操作的代码：

```
void ngx_shmtx_lock(ngx_shmtx_t *mtx)
{
    ngx_uint_t  i, n;
    ngx_log_debug0(NGX_LOG_DEBUG_CORE, ngx_cycle->log, 0, "shmtx lock");
    for ( ;; ) {
        ...
        if (mtx->semaphore) {
            (void) ngx_atomic_fetch_add(mtx->wait, 1);
            if (*mtx->lock == 0 && ngx_atomic_cmp_set(mtx->lock, 0, ngx_pid)){
                return;
            }
            ...
            /* 尝试多次都未拿到锁 mtx->lock, 阻塞等待, 然后被其他进程释放锁后唤醒 */
            while (sem_wait(&mtx->sem) == -1) {
                ...
            }
            /* 有进程释放锁被唤醒, 重新去竞争 mtx->lock 的机会很大, 也有可能失败, 导致再次阻塞 */
            continue;
        }
        ngx_sched_yield();
    }
}
void ngx_shmtx_unlock(ngx_shmtx_t *mtx)
{
    if (mtx->spin != (ngx_uint_t) -1) {
```

```
                ngx_log_debug0(NGX_LOG_DEBUG_CORE, ngx_cycle->log,0,"shmtx unlock");
    }
        /* 解锁后去唤醒尚在等待锁的进程 */
        if (ngx_atomic_cmp_set(mtx->lock, ngx_pid, 0)) {
            ngx_shmtx_wakeup(mtx);
        }
    }

static void ngx_shmtx_wakeup(ngx_shmtx_t *mtx)
{
    ngx_atomic_uint_t  wait;
    if (!mtx->semaphore) {
        return;
    }
    for ( ;; ) {
        wait = *mtx->wait;
        /* 没有进程被阻塞 */
        if (wait == 0) {
            return;
        }
        /* 阻塞的进程数减 1*/
        if (ngx_atomic_cmp_set(mtx->wait, wait, wait - 1)) {
            break;
        }
    }
    ...
    if (sem_post(&mtx->sem) == -1) { /* V 操作唤醒其中一个进程 */
        ...
    }
}
```

基于原子锁和信号量的互斥锁在多次尝试加锁失败后，Nginx 将自身阻塞起来，等待其他进程释放锁后唤醒自己再次去竞争。进程释放锁后，查看是否有其他进程正在请求该锁，即使有也不会直接将锁给该进程，而是唤醒该进程去竞争刚释放的锁，原因在于释放锁后但尚未通知阻塞进程的时候，锁有可能就被其他进程抢去，所以只是唤醒进程重新竞争，这时候获得锁的机会是很大的。

这里介绍一个重要的参数 spin，如果 spin 为 –1，那么系统放弃自旋，转而一直尝试加锁，也不会使用信号量实现互斥锁。

Nginx 利用多平台的原子操作实现了简单的互斥锁。在支持信号量的平台中，Nginx 将互斥锁扩展成带有自旋或可以阻塞和唤醒的高级互斥锁。下一节介绍在不同平台下，Nginx 利用信号对进程进行管理。

11.4　信号和进程管理

Nginx 在不同平台使用不同的机制实现对进程的管理。我们以 Linux 平台为例，介绍

Nginx 是如何通过信号进行进程管理的。输入 nginx –h 命令：

```
$ /usr/local/nginx/sbin/nginx -h
nginx version: nginx/1.16.0
Usage: nginx [-?hvVtTq] [-s signal] [-c filename] [-p prefix] [-g directives]

Options:
  -?,-h         : this help
  -v            : show version and exit
  -V            : show version and configure options then exit
  -t            : test configuration and exit
  -T            : test configuration, dump it and exit
  -q            : suppress non-error messages during configuration testing
  -s signal     : send signal to a master process: stop, quit, reopen, reload
  -p prefix     : set prefix path (default: /usr/local/nginx/)
  -c filename   : set configuration file (default: conf/nginx.conf)
  -g directives : set global directives out of configuration file
```

　　Nginx 使用 –s 指令来控制进程的停止、退出、重新打开配置文件、屏蔽信号这些实现细节。我们知道 Nignx 是 Master-Worker 进程模式，Master 进程负责对 Worker 进程的管理，不负责应用层的逻辑处理。当然在 Linux 系统中，我们也可以通过 kill 指令直接控制 Master 进程，或者通过 kill 指令有限地直接控制子进程。在 Linux 系统中，对 Master 进程的控制有以下几种方式：

```
nginx -s stop   等价于 kill -TERM <master pid>
nginx -s quit   等价于 kill -QUIT <master pid>
nginx -s reopen 等价于 kill -USR1 <master pid>
nginx -s reload 等价于 kill -HUP <master pid>
```

　　我们不推荐使用 kill 指令进行进程控制，因为在不同系统中 kill 指令的使用方式是不一样的，如果在 Windows 中则使用事件特性来控制 Master 进程。

　　在 Linux 系统中，对 Master 进程控制的代码如下：

```
/* 这里的 pid 是 master 的 pid, name 为 "stop,quit,reopen,reload" 之一 */
ngx_int_t
ngx_os_signal_process(ngx_cycle_t *cycle, char *name, ngx_pid_t pid)
{
    ngx_signal_t  *sig;
    for (sig = signals; sig->signo != 0; sig++) {
        if (ngx_strcmp(name, sig->name) == 0) {
            if (kill(pid, sig->signo) != -1) {
                return 0;
            }
            ...
        }
    }
    return 1;
}
```

在 signals 数组中，我们可以把 handler 看成一个 map，正如上文说的一个名字对应一个信号，代码如下：

```
ngx_signal_t  signals[] = {
    { ngx_signal_value(NGX_RECONFIGURE_SIGNAL),        /* SIGHUP */
      "SIG" ngx_value(NGX_RECONFIGURE_SIGNAL),         /*"SIGHUP */
      "reload",
      ngx_signal_handler },
    { ngx_signal_value(NGX_REOPEN_SIGNAL),             /* SIGUSR1*/
      "SIG" ngx_value(NGX_REOPEN_SIGNAL),              /*"SIGUSR1"*/
      "reopen",
      ngx_signal_handler },
    { ngx_signal_value(NGX_TERMINATE_SIGNAL),          /* SIGTERM */
      "SIG" ngx_value(NGX_TERMINATE_SIGNAL),           /*"SIGTERM"*/
      "stop",
      ngx_signal_handler },

    { ngx_signal_value(NGX_SHUTDOWN_SIGNAL),           /* SIGQUIT */
      "SIG" ngx_value(NGX_SHUTDOWN_SIGNAL),            /*"SIGQUIT"*/
      "quit",
      ngx_signal_handler },
      ...
};
```

由上面代码可以看到，Master 进程接收了 4 个信号，分别是 SIGHUG、SIGUSR1、SIGTERM、SIGQUIT。这个 4 个信号的处理函数为 ngx_signal_handler。在信号处理中，我们一定要使用可重入函数（信号安全函数），如果使用了不可重入函数，可能会造成死锁，导致程序直接崩溃。另外，全局变量的赋值操作也应该是原子操作。

```
static void
ngx_signal_handler(int signo, siginfo_t *siginfo, void *ucontext)
{
    /* 省略一部分代码 */
    switch (ngx_process) {
    case NGX_PROCESS_MASTER:
    case NGX_PROCESS_SINGLE:
        switch (signo) {
        case ngx_signal_value(NGX_SHUTDOWN_SIGNAL):
            ngx_quit = 1;
            action = ", shutting down";
            break;
        case ngx_signal_value(NGX_TERMINATE_SIGNAL):
        case SIGINT:
            ngx_terminate = 1;
            action = ", exiting";
            break;
        case ngx_signal_value(NGX_RECONFIGURE_SIGNAL):
            ngx_reconfigure = 1;
            action = ", reconfiguring";
```

```
        break;
    case ngx_signal_value(NGX_REOPEN_SIGNAL):
        ngx_reopen = 1;
        action = ", reopening logs";
        break;
    case SIGCHLD:
        ngx_reap = 1;
        break;
    }
    break;
    if (signo == SIGCHLD) {
        ngx_process_get_status();
    }
    ngx_set_errno(err);
}
```

Master 进程在接收到这 4 信号后只是对一些原子变量进行了赋值。在 Master 进程的事件处理中，我们看到 ngx_master_process_cycle 函数中变量的处理逻辑，具体如下：

```
void
ngx_master_process_cycle(ngx_cycle_t *cycle)
{
    for ( ;; ) {
        /* ngx_reap 在 SIGCHLD 中设置，在事件循环中不用调用 waitpid */
        /* 该子进程在信号处理中已经被回收 */
        if (ngx_reap) {
            ngx_reap = 0;

            live = ngx_reap_children(cycle);
        }
        /* 如果 Worker 进程都退出，且接收到 stop 和 quit 指令，此时 Master 进程可以退出 */
        if (!live && (ngx_terminate || ngx_quit)) {
            ngx_master_process_exit(cycle);
        }
        if (ngx_terminate) {
            sigio = ccf->worker_processes + 2 /* cache processes */;
            if (delay > 1000) {
                /* delay 每次累积是上一次的 2 倍，超 1000ms 直接杀掉进程 */
                ngx_signal_worker_processes(cycle, SIGKILL);
            } else {
                ngx_signal_worker_processes(cycle,
                                    ngx_signal_value(NGX_TERMINATE_SIGNAL));
            }
            continue;
        }
        /* 给 Worker 进程发送退出指令，并且关闭自身的所有监听 */
        if (ngx_quit) {
            ngx_signal_worker_processes(cycle,
                                ngx_signal_value(NGX_SHUTDOWN_SIGNAL));
            continue;
        }
```

```
            /* 重新配置, Worker 进程 */
            if (ngx_reconfigure) {
                ngx_reconfigure = 0;
                cycle = ngx_init_cycle(cycle);

                ngx_signal_worker_processes(cycle,
                                    ngx_signal_value(NGX_SHUTDOWN_SIGNAL));
            }
            /* Master 进程和 Worker 进程均重新打开文件描述符 */
            if (ngx_reopen) {
                ngx_reopen = 0;
                ngx_reopen_files(cycle, ccf->user);
                ngx_signal_worker_processes(cycle,
                                    ngx_signal_value(NGX_REOPEN_SIGNAL));
            }
        }
    }
```

上述代码展示了 Master 进程管理 Worker 进程的方法。当我们使用 Nginx 的命令行向 Master 进程发送以下信号（nginx –s stop、quit、reload、reopen）时，Master 进程会通过管道或者信号来通知 Worker 进程，具体处理方式如下。

- stop：Master 进程通知 Worker 进程立即退出，若退出超过一定时长，直接杀死未退出的子进程。
- quit：Master 进程通知 Worker 进程退出，同时关闭自身的 listen 数组，等待子进程退出，而子进程不再接收新的连接，最后一个事件处理完毕后退出。当然，你可以通过设置 worker_shutdown_timeout 强制关闭所有连接。
- reload：Master 进程通知 Worker 进程退出（quit 方式），同时自身通过 ngx_init_cycle 函数调用初始化变量，重新拉起新的 Worker 进程。
- reopen：Master 进程通知 Worker 进程重新打开所有文件，一般是因为修复日志或文件重命名或删除而导致内容不能被写到原文件中。

Master 进程通知 Worker 进程由函数 ngx_signal_worker_processes 执行。其中 stop、quit、reload 都是要子进程退出的指令，而 reopen 不需要退出子进程。这些指令通过管道发送给子进程，子进程不会收到 reload 指令，因为 Master 进程收到 reload 指令会直接通知 Worker 进程以 quit 方式退出，然后重新拉起 Worker 进程。下面是 Master 进程通知 Worker 进程的代码。

```
static void
ngx_signal_worker_processes(ngx_cycle_t *cycle, int signo)
{
    switch (signo) {
    case ngx_signal_value(NGX_SHUTDOWN_SIGNAL):
        ch.command = NGX_CMD_QUIT;
        break;
```

```
        case ngx_signal_value(NGX_TERMINATE_SIGNAL):
            ch.command = NGX_CMD_TERMINATE;
            break;
        case ngx_signal_value(NGX_REOPEN_SIGNAL):
            ch.command = NGX_CMD_REOPEN;
            break;
        default:
            ch.command = 0;
        }
        for (i = 0; i < ngx_last_process; i++) {
            if (ch.command) {
                if (ngx_write_channel(ngx_processes[i].channel[0],
                                      &ch, sizeof(ngx_channel_t), cycle->log)
                    == NGX_OK)
                {
                }
            }
            /* 其他情况直接透传信号 */
            if (kill(ngx_processes[i].pid, signo) == -1) {
                continue;
            }
            /* 只有 reopen 指令，不会使子进程退出 */
            if (signo != ngx_signal_value(NGX_REOPEN_SIGNAL)) {
                ngx_processes[i].exiting = 1;
            }
        }
    }
```

上面展示了在 Linux 平台下，Nginx 信号对进程进行的管理。Nginx 将信号和进程管理屏蔽，用户只需要通过命令行就能控制 Nginx 的重启和重新加载，并不关心底层用的是信号还是其他方式实现。例如在 Windows 平台中，Nginx 采用事件模型进行进程管理。下面是 Windows 平台中使用 Global 内核事件对象对 Master 进程的控制：

```
/* 这里的 pid 是 Master 进程的 pid, name 为 stop、quit、reopen、reload 其中之一 */
ngx_int_t
ngx_os_signal_process(ngx_cycle_t *cycle, char *sig, ngx_pid_t pid)
{
    HANDLE      ev;
    ngx_int_t   rc;
    char        evn[NGX_PROCESS_SYNC_NAME];
    /* 全局事件：Global\ngx_stop_pid */
    /* 全局事件：Global\ngx_quit_pid */
    /* 全局事件：Global\ngx_reopen_pid */
    /* 全局事件：Global\ngx_reload_pid */
    ngx_sprintf((u_char *) evn, "Global\\ngx_%s_%P%Z", sig, pid);
    ev = OpenEvent(EVENT_MODIFY_STATE, 0, evn);
    if (ev == NULL) {
        ngx_log_error(NGX_LOG_ERR, cycle->log, ngx_errno,
                      "OpenEvent(\"%s\") failed", evn);
```

```
        return 1;
    }
    if (SetEvent(ev) == 0) {
        ...
    } else {
        rc = 0;
    }
    ngx_close_handle(ev);
    return rc;
}
```

当子进程结束后，Master 进程又是如何得知呢？在 Windows 平台下，Master 进程和 Worker 进程的的入口都是 ngx_master_process_cycle 函数。我们看一下事件循环实现。

```
void ngx_master_process_cycle(ngx_cycle_t *cycle)
{
    ...
    ngx_sprintf((u_char *) ngx_master_process_event_name,
                "ngx_master_%s%Z", ngx_unique);
    /* Worker 进程启动有 worker 标识 */
    if (ngx_process == NGX_PROCESS_WORKER) {
        ngx_worker_process_cycle(cycle, ngx_master_process_event_name);
        return;
    }
    ...
    /* 子进程启动后会识别环境变量并把自己设置为 worker 标识 */
    SetEnvironmentVariable("ngx_unique", ngx_unique);
    ngx_master_process_event = CreateEvent(NULL, 1, 0,
                                        ngx_master_process_event_name);
    ...
    /* 创建信号事件 */
    if (ngx_create_signal_events(cycle) != NGX_OK) {
        exit(2);
    }
    events[0] = ngx_stop_event;          /* 停止事件 */
    events[1] = ngx_quit_event;          /* 退出事件 */
    events[2] = ngx_reopen_event;        /* 重新打开文件事件 */
    events[3] = ngx_reload_event;        /* 重新配置事件 */
    if (ngx_start_worker_processes(cycle, NGX_PROCESS_RESPAWN) == 0) {
        exit(2);
    }
    timer = 0;
    timeout = INFINITE;
    for ( ;; ) {
        nev = 4;/* 子进程事件追加到 events 后 */
        for (n = 0; n < ngx_last_process; n++) {
            if (ngx_processes[n].handle) {
                events[nev++] = ngx_processes[n].handle;
            }
        }
```

```
    ...
    ev = WaitForMultipleObjects(nev, events, 0, timeout);
    err = ngx_errno;
    ngx_time_update();
    if (ev == WAIT_OBJECT_0) {        /* 停止事件 */
        ...
        continue;
    }
    if (ev == WAIT_OBJECT_0 + 1) {  /* 退出事件 */
        ...
        continue;
    }
    if (ev == WAIT_OBJECT_0 + 2) {  /* 重新打开文件事件 */
        ...
        continue;
    }
    if (ev == WAIT_OBJECT_0 + 3) {  /* 重新配置事件 */
        ...
        continue;
    }
    /*3 之后的都是子进程事件 */
    if (ev > WAIT_OBJECT_0 + 3 && ev < WAIT_OBJECT_0 + nev) {
        live = ngx_reap_worker(cycle, events[ev]);
        if (!live && (ngx_terminate || ngx_quit)) {
            ngx_master_process_exit(cycle);
        }
        continue;
    }
    ...
    }
}
```

本节介绍了不同的平台（主要 Linux 和 Windows 平台）下，Nginx 将信号和事件封装起来，用户只需要使用命令行对 Worker 进程进行控制。同时，Nginx 利用不同平台的特性进行信号命令的传递。除了信号的传递，Nginx 还实现了一套与平台无关的共享内存操作的接口。

11.5　共享内存

Nginx 实现了共享内存在不同平台中使用不同的适配方法。在 Unix 系统中获取共享内存的方式有 3 种：使用匿名 mmap 获取共享内存；使用特殊文件 /dev/zero 获取共享内存；使用 shmget 获取共享内存。当然，Win32 系统也利用 CreateFileMapping 实现了适配。

Unix 系统的 3 种获取和释放共享内存的方式用宏定义进行了条件编译，这些条件分别是 NGX_HAVE_MAP_ANON、NGX_HAVE_MAP_DEVZERO 和 NGX_HAVE_SYSVSHM。它们作为不同平台获取共享内存的实现，提供了统一的接口。共享内存在 Unix 系统的定义如下：

```
typedef struct {
    u_char      *   addr;       /* 共享内存起始地址 */
    size_t          size;       /* 共享内存的大小 */
    ngx_str_t       name;       /* 共享内存的名字。注意：并不是 mmap 的第一个参数 */
    ngx_log_t   *   log;        /* 日志 */
    ngx_uint_t      exists;     /* 存在的标志，如果共享内存已存在，此标志会设置为 1*/
} ngx_shm_t;
```

只有获取和释放裸内存的接口（所谓的 "裸内存"，是指一片内存原始的区域），Nginx 才会利用 slab 机制将这块内存划分成页，供进程申请使用。申请和释放原始共享内存的接口是 ngx_int_t ngx_shm_alloc(ngx_shm_t *shm) 和 void ngx_shm_free(ngx_shm_t *shm)。下面看一下这两个接口在不同的平台的适配方法。

实现 1：使用匿名 mmap 实现 Nginx 的共享内存的分配接口。

```
ngx_int_t ngx_shm_alloc(ngx_shm_t *shm)
{
    /* 与普通的 mmap 一样，没有指定文件描述符 (-1)，但指定了 MAP_ANON 标志 */
    shm->addr = (u_char *) mmap(NULL, shm->size,
        PROT_READ|PROT_WRITE,MAP_ANON|MAP_SHARED, -1, 0);
    if (shm->addr == MAP_FAILED) {
        ......
        return NGX_ERROR;
    }
    return NGX_OK;
}
void ngx_shm_free(ngx_shm_t *shm)
{
    /* 释放共享内存 */
    if (munmap((void *) shm->addr, shm->size) == -1) {
        ......
    }
}
```

实现 2：通过 /dev/zero 的读操作实现 Nginx 的共享内存的分配接口。

```
ngx_int_t ngx_shm_alloc(ngx_shm_t *shm)
{
    ngx_fd_t    fd;
    /* 获取 /dev/zero 文件描述符，然后进行文件映射，这里可以是任意可读 / 写的文件 */
    fd = open("/dev/zero", O_RDWR);
    ...
    shm->addr = (u_char *) mmap(NULL, shm->size,
        PROT_READ|PROT_WRITE, MAP_SHARED, fd, 0);
    ...
    /* 打开文件获取文件描述符后立即关闭，目的是将文件与共享内存脱离 */
    if (close(fd) == -1) {
        ...
```

```
    }
    return (shm->addr == MAP_FAILED) ? NGX_ERROR : NGX_OK;
}
void ngx_shm_free(ngx_shm_t *shm)
{
    /* 释放共享内存 */
    if (munmap((void *) shm->addr, shm->size) == -1) {
        ...
    }
}
```

实现 3：使用 shmget 接口实现 Nginx 的共享内存分配的接口。

```
fd = open("/dev/zero", O_RDWR);
ngx_int_t ngx_shm_alloc(ngx_shm_t *shm)
{
    int  id;
    /* shmget 获取 ID, shmat 分配共享内存, shmdt 释放共享内存 */
    id = shmget(IPC_PRIVATE, shm->size, (SHM_R|SHM_W|IPC_CREAT));
    if (id == -1) {
        ...
        return NGX_ERROR;
    }
    /* shmat 分配共享内存 (share memory attach)*/
    shm->addr = shmat(id, NULL, 0);
    ...
    /* 删除共享内存信息，不能再通过 shmat 获取该内存，但该内存在 shmdt 前仍然可用 */
    if (shmctl(id, IPC_RMID, NULL) == -1) {
        ...
    }
    return (shm->addr == (void *) -1) ? NGX_ERROR : NGX_OK;
}
void ngx_shm_free(ngx_shm_t *shm)
{
    /* 释放共享内存 */
    if (shmdt(shm->addr) == -1) {
        ...
    }
}
```

实现 4：在 Win32 平台下使用 CreateFileMapping 实现 Nginx 的共享内存分配的接口。

```
ngx_int_t ngx_shm_alloc(ngx_shm_t *shm)
{
    u_char    *name;
    uint64_t  size;
    name = ngx_alloc(shm->name.len + 2 + NGX_INT32_LEN, shm->log);
    ...
    /* 共享内存的系统名称为 name+ 进程 ID */
    (void) ngx_sprintf(name, "%V_%s%Z", &shm->name, ngx_unique);
    ngx_set_errno(0);
```

```
    size = shm->size;
    shm->handle=CreateFileMapping(INVALID_HANDLE_VALUE,NULL,
                PAGE_READWRITE, (u_long) (size >> 32),
                (u_long) (size & 0xffffffff), (char *) name);
    if (shm->handle == NULL) {
        ...
        return NGX_ERROR;
    }
    ngx_free(name);
    /* 系统已存在该共享内存 */
    if (ngx_errno == ERROR_ALREADY_EXISTS) {
        shm->exists = 1;
    }
    /* 分配共享内存 */
    shm->addr = MapViewOfFile(shm->handle, FILE_MAP_WRITE, 0, 0, 0);
    if (shm->addr != NULL) {
        return NGX_OK;
    }
    ....
    if (CloseHandle(shm->handle) == 0) {
        ...
    }
    return NGX_ERROR;
}
void ngx_shm_free(ngx_shm_t *shm)
{
    /* 释放共享内存 */
    if (UnmapViewOfFile(shm->addr) == 0) {
        ...
    }
    /* 释放文件句柄 */
    if (CloseHandle(shm->handle) == 0) {
        ...
    }
}
```

Nginx 提供了与平台无关的匿名共享内存的申请和释放的接口，这些内存都是裸内存，被初始化为 0，配合 slab 机制进行共享内存的分配。

11.6　本章小结

本章介绍了 Nginx 跨平台的实现，例如跨平台的配置信息、原子操作、基于原子操作实现的互斥锁。当然针对 Unix 系统信号量的特性，Nginx 基于信号量实现了互斥锁。同时，还介绍了不同平台的共享内存实现的 4 种方式。

第 12 章

基于 Nginx 的 RTMP 直播服务实现

目前，市面有很多开源的 RTMP 直播服务器，其中定制化和模块化最好的模块属于 Nginx-RTMP。通过本章的学习，读者将了解 Nginx-RTMP 以及 nginx-rtmp-module 模块的实现，加深对基于 Nginx 模块化编程的理解。

12.1 Nginx-RTMP 简介

Nginx-RTMP 是基于 Nginx 的 RTMP 媒体服务器（简称 Nginx-RTMP），由 Nginx 与 nginx-rtmp-module 组成。nginx-rtmp-module 是属于 Nginx 的模块，但是与一般 Nginx 模块不一样。得益于 Nginx 高效的模块化，nginx-rtmp-module 模仿 Nginx 的风格实现了基于 RTMP 的媒体发布订阅的系统。

图 12-1 是一个最简单的 Nginx-RTMP 部署的教学应用场景，教师通过客户端使用 RTMP 向 Nginx-RTMP 发送音 / 视频数据，学生通过客户端使用 RTMP 接收音 / 视频。当然，图 12-1 只是一个最简单的应用，实际的场景有多级 Nginx-RTMP 进行中继和转发，以保证整个服务的高可用、低延时。

本节会简单介绍 RTMP 以及 nginx-rtmp-module 的编译方法。nginx-rtmp-module 的源代码见 https://github.com/arut/nginx-rtmp-module。nginx-rtmp-module 依赖 Nginx 的源代码，编译过程如下：

```
$ ls
nginx-1.16.0  nginx-rtmp-module
$ cd nginx-1.16.0
$ ./configure --add-module=../nginx-rtmp-module --with-http_ssl_module
```

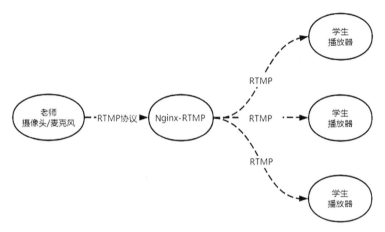

图 12-1   简单的教学直播场景

```
[root@dev nginx-1.16.0 ]# ./auto/configure
    --add-module=../nginx-rtmp-module --with-http_ssl_module
checking for OS
 + Linux 5.6.11-1.el7.elrepo.x86_64 x86_64
checking for C compiler ... found
 + using GNU C compiler
 + gcc version: 7.5.0 (GCC)
checking for gcc -pipe switch ... found
...
configuring additional modules
adding module in ../nginx-rtmp-module
 + ngx_rtmp_module was configured
...
creating objs/Makefile

Configuration summary
  + using system PCRE library
  + using system OpenSSL library
 ...
```

在编译完成后，启动 Nginx-RTMP：

```
#nginx -c conf/nginx.conf
```

配置如下（详细代码见 https://github.com/arut/nginx-rtmp-module/wiki/Examples）：

```
rtmp {
    server {
        listen 1935;
        application live {
            live on;
        }
    }
}
```

使用 ffmpeg 进行推 / 拉流：

```
# 使用 ffmpeg 推流，test.flv 是我们的一段视频
$ ffmpeg -stream_loop -1 -re -i test.flv -c copy -f flv
rtmp://127.0.0.1/live/test
# 使用 ffplay 拉流
$ ffplay rtmp://127.0.0.1/live/test
```

本节介绍了 Nginx-RTMP 从编译到运行的一个简单实践。后续章节具体介绍使用 RTMP 建立连接的握手过程及源码级别的模块化。

12.2 握手

当客户端接入服务器时，Nginx-RTMP 先为连接分配一个 ngx_rtmp_session_t 结构体，然后进入握手阶段。握手分简单握手和复杂握手。Nginx-RTMP 使用的是复杂握手。Nginx-RTMP 握手流程如图 12-2 所示。

客户端连接进入握手的状态后，连接的读 / 写函数设置为 ngx_rtmp_handshake_recv、ngx_rtmp_handshake_send。下面介绍 Nginx-RTMP 的加密过程。

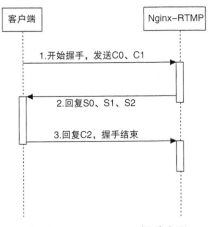

图 12-2　Nginx-RTMP 握手流程

握手字段意义

C0：0x03
C1：4B（时间 1）+ 4B（版本 1）+ 1528B（密文 1）
C2：4B（时间 2）+ 4B（时间 4）+ 1528B（密文 4）
S0：0x03
S1：4B（时间 2）+ 4B（版本 2）+ 1528B（密文 2）
S2：4B（时间 1）+ 4B（时间 3）+ 1528B（密文 3）

其中，

版本 1：非零。
版本 2：非零。
密文 1：由 C1 的明文生成。
密文 2：由 S1 的明文生成。
密文 3：根据密文 1 生成。
密文 4：根据密文 2 生成。

明文格式

C1：4B（时间 1）+ 4B（版本 1）+ 764B（随机数 1）+ 764B（X1）

X1：4B（偏移量）+ xB（随机数 1）+ 32B（密文 1）+（728 − x）B（随机数 2）（$0 \leqslant x < 728$）

密文 1 将整个 C1/S1 划分为 3 个部分：$[0, 776+x)$、$[776+x, 808+x)$ 和 $[808+x, 1536)$。这也是加密的关键所在。

还有一种特殊情形，当 $x = 728$ 时，整个 C1/S1 分成了两部分：$[0, 1054)$ 和 $[1054, 1536)$。

加密步骤

1）构造 C1/S1（填充版本）。

与明文握手相比，密文握手多了一个版本填充，对 C1 填充 (0x0C, 0x00, 0x0D, 0x0E)，对 S1 填充 (0x0D, 0x0E, 0x0A, 0x0D)。

2）计算 x 的值。

根据 X1 的最前面计算 x 值。计算方法：$x = (X1[0] + X1[1] + X1[2] + X1[3]) \% 728$。

3）计算并填充密文。

当密文长度为 32，对于 C1 来说，密钥为 Genuine Adobe Flash Player 001(30B)；对于 S1 来说，密钥为 Genuine Adobe Flash Media Server 001(36B)。

客户端将 C0C1 发送出去后，将接收服务器发回来的 S0S1S2。这时，客户端要对 S0S1 进行检查，然后根据 S2 来发送 C2。

服务端握手主要有两个过程：一个是接收并校验 C0C1，一个是生成 S0S1S2。ngx_rtmp_handshake_recv 函数完成了这两个过程，代码如下：

```
static void
ngx_rtmp_handshake_recv(ngx_event_t *rev)
{
    ...
    b = s->hs_buf;
    while (b->last != b->end) {
        n = c->recv(c, b->last, b->end - b->last);
        ...
        b->last += n;
    }
    ++s->hs_stage;
    switch (s->hs_stage) {
    /* 接收到 C0C1 后处于 NGX_RTMP_HANDSHAKE_SERVER_SEND_CHALLENGE 阶段 */
        case NGX_RTMP_HANDSHAKE_SERVER_SEND_CHALLENGE:
            if (ngx_rtmp_handshake_parse_challenge(s,
                    &ngx_rtmp_client_partial_key,
                    &ngx_rtmp_server_full_key) != NGX_OK)
            {
                ngx_rtmp_finalize_session(s);
                return;
```

```
        }
        if (s->hs_old) {/* 不使用加密的握手 */
            s->hs_buf->pos = s->hs_buf->start;
            s->hs_buf->last = s->hs_buf->end;
        } else if (ngx_rtmp_handshake_create_challenge(s,
                    ngx_rtmp_server_version,
                    &ngx_rtmp_server_partial_key) != NGX_OK)
        {
            ngx_rtmp_finalize_session(s);
            return;
        }
        /* 发送 S0、S1*/
        ngx_rtmp_handshake_send(c->write);
        break;
    /* 接收到 C2 后处于 NGX_RTMP_HANDSHAKE_SERVER_DONE 阶段 */
    case NGX_RTMP_HANDSHAKE_SERVER_DONE:
        ngx_rtmp_handshake_done(s);
        break;
    ...
    }
}
static void
ngx_rtmp_handshake_send(ngx_event_t *wev)
{
    ......
    b = s->hs_buf;
    while(b->pos != b->last) {
        n = c->send(c, b->pos, b->last - b->pos);
            ...
        b->pos += n;
    }
    switch (s->hs_stage) {
    /* 发送完 S0、S1 后再发送 S2*/
    case NGX_RTMP_HANDSHAKE_SERVER_SEND_RESPONSE:
        if (s->hs_old) {/* 不使用加密的握手算法 */
            s->hs_buf->pos = s->hs_buf->start + 1;
            s->hs_buf->last = s->hs_buf->end;
        } else if (ngx_rtmp_handshake_create_response(s)!= NGX_OK) {
            ngx_rtmp_finalize_session(s);
            return;
        }
        ngx_rtmp_handshake_send(wev);
        break;
    ...
    }
}
static void
ngx_rtmp_handshake_done(ngx_rtmp_session_t *s)
{
```

```
/* 握手结束 */
if (ngx_rtmp_fire_event(s, NGX_RTMP_HANDSHAKE_DONE,
        NULL, NULL) != NGX_OK)
{
    ngx_rtmp_finalize_session(s);
    return;
}
/* 循环进行 RTMP 消息交换 */
ngx_rtmp_cycle(s);
}
```

服务端校验 C0C1 在 ngx_rtmp_handshake_parse_challenge 函数中完成。ngx_rtmp_ handshake_create_challenge 函数用来构造 S0S1，ngx_rtmp_handshake_create_response 函数用来构造 S2。服务端接收客户端发送的 C2 后调用 ngx_rtmp_handshake_done 函数进行 RTMP 接收上层的包的循环。

校验 S1 的方法很简单，只需要将 S1 的认证提取出来，然后重新对 S1 进行加密得到密文，之后与接收到的密文对比，如果一致则校验通过，否则不通过并且关闭连接。C2/S2 主要是对 S1/C1 的验证。C2/S2 的包与之前不一样的地方在于，它的格式是 C1/S1 的特例，也就是 $x = 728$ 时 C1/S1 的格式。严格来讲，x 是无意义的。C2/S2 的密钥是由 S1/C1 的认证二次加密而来的，也就是 C2/S2 的密钥长度为 32。C1/S1 得到认证后，用各自的 public key 进行加密后产生的 digest 做 C2/S2 的 key。

本节介绍了 Nginx-RTMP 握手的部分。只有握手成功，才能走到真正的媒体数据的交换过程。媒体数据与一般数据不一样，具有周期性，大小差异大。下一节介绍为解决差异问题，RTMP 引入的分块概念。

12.3　分块

当握手成功后，客户端会发出创建通道的指令。我们可以认为在发布数据之前要创建一个通道来传送媒体数据。当然，客户端可以创建多个通道来传送数据，最终引出分块的概念。我们知道视频数据往往以帧为单位进行传输，音频数据以采样为单位进行传输，即当创建好通道后，把每个帧和每个采样封装成块，在通道进行传送，如图 12-3 所示。RTMP 允许将帧或者采样分割成若干块，以防大的低优先级消息（比如视频）阻塞小的高优先级的消息（比如音频）。

图 12-3　RTMP 分块组流

每一个块又分成块头和块数据。块结构如图 12-4 所示。

❑ 基本头：这个字段对块流 ID 和块
类型进行编码，大小为 1 ～ 3 字
节。块类型标明了消息头的编码
格式。字段的长度取决于块流 ID，
因为块流是一个变长的字段。

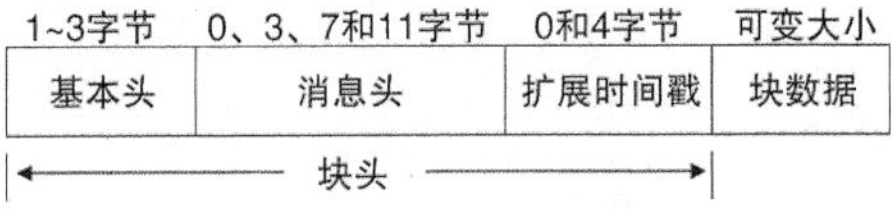

图 12-4　块结构

❑ 消息头：这个字段对发送的消息
（部分或和全部）进行编码，大小为 0、3、7 和 11 字节。这个字段的长度取决于块头
的类型。

❑ 扩展时间戳：这个字段是否出现取决于块消息头中的时间戳或时间戳增量，大小为 0
和 4 字节。

❑ 块数据：最大有效负载为配置的最大块大小，大小可变。

下面是 Nginx-RTMP 对块头的定义：

```
/* 块头的定义 */
typedef struct {
    uint32_t                csid;          /* 这就是块流 ID */
    uint32_t                timestamp;
    uint32_t                mlen;
    uint8_t                 type;
    uint32_t                msid;
} ngx_rtmp_header_t;
```

RTMP 承载的都是有时间规律的音 / 视频消息，在传输块时会对时间、大小块头进行压
缩。根据块流 ID 的范围（2 ～ 319），我
们将块的基本头分成了 3 类，如图 12-5
所示。

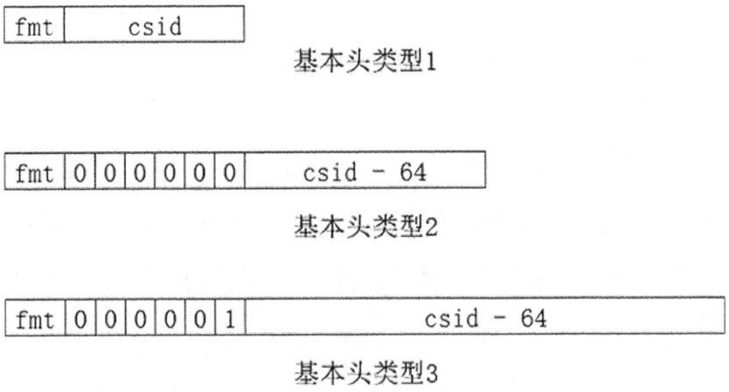

从代码和协议我们看到，在 2 ～ 63
之间的块流 ID 可以编码成块基本头的 1
字节的形式；在 62 ～ 319 之间的块流 ID
可以编码成块基本头的 2 字节的形式。ID
的 计 算 方 法 是（第 1 个 字 节 ＋ 64）。在
64 ～ 65566 之间的块流 ID 可以编码成块
基本头为 3 字节的字段。ID 的计算方法
是（第 3 个字节 ×256 ＋第 2 个字节 ＋ 64）。ngx_rtmp_recv 函数实现了上述 3 种块基本头的
解压缩，代码如下：

```
fmt    csid
```
基本头类型1

```
fmt 0 0 0 0 0 0    csid - 64
```
基本头类型2

```
fmt 0 0 0 0 0 1    csid - 64
```
基本头类型3

图 12-5　块基本头类型

```
static void ngx_rtmp_recv(ngx_event_t *rev)
{
    ...
```

```
/* 解析头 */
if (b->pos == b->start) {
    p = b->pos;
    /* 块基本头，默认是块基本头 1*/
    fmt  = (*p >> 6) & 0x03;
    csid = *p++ & 0x3f;
    if (csid == 0) {/* 块基本头 2*/
        if (b->last - p < 1)
            continue;
        csid = 64;
        csid += *(uint8_t*)p++;
    } else if (csid == 1) {/* 块基本头 3*/
        if (b->last - p < 2)
            continue;
        csid = 64;
        csid += *(uint8_t*)p++;
        csid += (uint32_t)256 * (*(uint8_t*)p++);
    }
...
}
```

上文介绍了 3 种块基本头，整个消息又是由块基本头、块消息头、扩展时间戳和块数据组成。

fmt 字段标识了块消息头 4 种格式的其中 1 种。因为音 / 视频消息具有周期性，应用的消息可能会被省略一部分进行压缩。应用层的消息头有 4 种，可由块头中的 fmt 字段来区分，与前面介绍的 0、3、7 和 11 字节的 4 种长度的消息头对应。完整的 11 字节（fmt 字段值为 0）的消息头如图 12-6 所示。

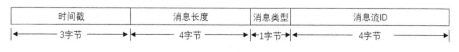

图 12-6　完整的消息头（fmt 字段值为 0）

完整的 11 字节的消息头被称为类型 0。因为消息一般具有周期性，例如连续的音频，那么第二个音频包就可以省略消息流 ID 并且把时间变成相对于上一个包的时间增量值，这样就形成了类型 1，如图 12-7 所示。

另外，如果连续发送相同大小的数据，消息的长度和消息类型 ID 都可以省略，这样就形成了类型 2，如图 12-8 所示。

图 12-7　时间增量消息头类型　　　　图 12-8　只有时间增量消息头类型
　　　　（fmt 字段值为 1）　　　　　　　　　（fmt 字段值为 2）

当然，如果这个消息的上一个消息的时间增量与前两个包的时间增量一样，那么这个消息就可以省略，这就形成了类型 3。我们看一下 Nginx-RTMP 在 ngx_rtmp_recv 函数中处理这些块消息头和扩展时间戳的代码：

```
static void ngx_rtmp_recv(ngx_event_t *rev)
{
...
        /* 检查块基本头 */
        fmt  = (*p >> 6) & 0x03;
        csid = *p++ & 0x3f; /* 块基本头 1 */
        if (csid == 0) { /* 块基本头 2 */
            csid = 64;
            csid += *(uint8_t*)p++;
        } else if (csid == 1) { /* 块基本头 3 */
            csid = 64;
            csid += *(uint8_t*)p++;
            csid += (uint32_t)256 * (*(uint8_t*)p++);
        }
        ext = st->ext;
    timestamp = st->dtime;
        if (fmt <= 2 ) { /* 消息类型为 0、1、2，有时间戳 */
            pp = (u_char*)&timestamp;
            pp[2] = *p++; pp[1] = *p++;
            pp[0] = *p++; pp[3] = 0;
            ext = (timestamp == 0x00ffffff);
            if (fmt <= 1) { /* 消息类型为 0、1，有消息长度 */
                pp = (u_char*)&h->mlen;
                pp[2] = *p++; pp[1] = *p++;
                pp[0] = *p++; pp[3] = 0;
                h->type = *(uint8_t*)p++;
                if (fmt == 0) { /* 消息类型为 0，有消息 ID */
                    pp = (u_char*)&h->msid;
                    pp[0] = *p++;  pp[1] = *p++;
                    pp[2] = *p++;  pp[3] = *p++;
                }
            }
        }
        /* 时间（增量）大于 16777215 时会使用扩展的时间头 */
        if (ext) {
            pp = (u_char*)&timestamp;
            pp[3] = *p++;   pp[2] = *p++;
            pp[1] = *p++;   pp[0] = *p++;
        }
...
}
```

分块的过程就是序列化的过程。由于音 / 视频的周期性，RTMP 要求将块分成 4 类进行压缩。

12.4　Nginx-RTMP 模块

前面几节介绍了 RTMP 的消息分块和握手。本节介绍 Nginx-RTMP 中各个模块是如何协同完成媒体数据分发的。

当 Nginx-RTMP 接收到一个完整的分块后，将会根据不同的消息类型调用不同的处理方法。nginx-rtmp-module 使用消息事件模型，收到消息后发送相应的事件，这样就将直播分发的任务交给了 live 模块，不用关心消息的后续处理。ngx_rtmp_recv 负责循环接收数据。Nginx-RTMP 一直在接收来自客户端的数据，将这些数据组成块，然后将这些块组成消息，接到消息后回调消息的钩子函数。下面是 ngx_rtmp_recv 消息处理的代码。

```
static void ngx_rtmp_recv(ngx_event_t *rev)
{
    /* s->in_csid 记载了当前的块流 ID, 每次开始前都为 0*/
    /* 等识别块流后放入相应的块流 ID 中 */
    for( ;; ) {
        st = &s->in_streams[s->in_csid];
        h  = &st->hdr;
        in = st->in;
        b  = in->buf;
        if (old_size) {
            /* chunk size 改变后，需要将已接收的数据复制到新缓冲区 */
            b->last = ngx_movemem(b->pos, old_pos, old_size);
            if (s->in_chunk_size_changing) {
                ngx_rtmp_finalize_set_chunk_size(s);
            }
        } else {
            /* 接收 */
            n = c->recv(c, b->last, b->end - b->last);
            // 异步处理
            if (n == NGX_AGAIN) {
                if (ngx_handle_read_event(c->read, 0) != NGX_OK) {
                    ngx_rtmp_finalize_session(s);
                }
                return;
            }
            ...
        }
    }
    /* 解析块基本头，上文提过 */
    ...
        /* link orphan */
        if (s->in_csid == 0) {
            /* 识别出块 ID，放入相应的流 */
            s->in_csid = csid;
            st = &s->in_streams[csid];
        }
        /* 反序列化消息头：0、1、2*/
        ...
```

```
            /* 其他部分 */
            /* 到此，所有消息头都解析完成，包括消息类型、消息大小、块流 ID，等等 */
            b->pos = p;
        }
    // 开始处理消息
    if (fsize > s->in_chunk_size) {
        /* chunck 大小变了，要继续收集 */
        ...
    } else {
        /* 接收到一条完整的消息，处理消息 */
        if (ngx_rtmp_receive_message(s, h, head) != NGX_OK) {
            return;
        }
    }
    s->in_csid = 0;
    }
}
```

ngx_rtmp_recv 负责接收集成模块——若干个完整的块组成一条完整的消息，然后再交给更上层的模块处理。这些消息可能是音频、视频和数据消息。下面介绍接收到一条完整的消息后的处理函数 ngx_rtmp_receive_message，代码如下：

```
/* ngx_rtmp_receive_message 消息分发 */
ngx_int_t
ngx_rtmp_receive_message(ngx_rtmp_session_t *s, ngx_rtmp_header_t *h,
    ngx_chain_t *in)
{
    ...
    cmcf = ngx_rtmp_get_module_main_conf(s, ngx_rtmp_core_module);
    evhs = &cmcf->events[h->type];
    evh = evhs->elts;
    for(n = 0; n < evhs->nelts; ++n, ++evh) {
        switch ((*evh)(s, h, in)) {
            case NGX_DONE:
                return NGX_OK;
        }
    }
    return NGX_OK;
}
```

ngx_rtmp_receive_message 函数的整体逻辑很简单，回调相应事件的钩子函数。主流程从这里进入消息分发的流程。rtmp_live_module 模块在初始化的时候注册这些消息，设置接收处理音频、视频、数据消息的钩子函数。下面是 rtmp_live_module 模块初始化时设置的钩子函数：

```
static ngx_int_t
ngx_rtmp_live_postconfiguration(ngx_conf_t *cf)
{
    /* 将音 / 视频的数据加入事件处理中 */
```

```
    h = ngx_array_push(&cmcf->events[NGX_RTMP_MSG_AUDIO]);
    *h = ngx_rtmp_live_av;
    h = ngx_array_push(&cmcf->events[NGX_RTMP_MSG_VIDEO]);
    *h = ngx_rtmp_live_av;
    return NGX_OK;
}
```

rtmp_live_module 模块只对音 / 视频消息感兴趣，也就是说一旦有音 / 视频数据到来，
ngx_rtmp_receive_message 函数就会调用事件的钩子函数。钩子函数将媒体数据分送给订
阅者：

```
/* 音 / 视频的回调函数 */
static ngx_int_t
ngx_rtmp_live_av(ngx_rtmp_session_t *s, ngx_rtmp_header_t *h,
                ngx_chain_t *in)
{
    /* 申请一个消息缓存 */
    rpkt = ngx_rtmp_append_shared_bufs(cscf, NULL, in);
ngx_rtmp_prepare_message(s, &ch, &lh, rpkt);
/* AV 的编码器信息 */
    codec_ctx = ngx_rtmp_get_module_ctx(s, ngx_rtmp_codec_module);
    if (codec_ctx) {
        if (h->type == NGX_RTMP_MSG_AUDIO) {
            header = codec_ctx->aac_header;
            /* interleave 是指音频是否分开走不同的 chunk stream */
            if (lacf->interleave) {
                coheader = codec_ctx->avc_header;
            }
        } else {
            ...
        }
    }
    for (pctx = ctx->stream->ctx; pctx; pctx = pctx->next) {
        if (pctx == ctx || pctx->paused) {
            continue;
        }
        ss = pctx->session;
        cs = &pctx->cs[csidx];
        /* 省略很多代码 */
        /* 广播音频数据 */
    }
    if (rpkt) {
        ngx_rtmp_free_shared_chain(cscf, rpkt);
    }
    /* 省略很多代码 */
    return NGX_OK;
}
```

我们发现 Nginx-RTMP 转发数据是由 rtmp_live_module 模块完成的。该模块设置了音 /
视频的钩子函数。这样每接到一个音 / 视频的消息，rtmp_live_module 就会进行广播分发。

Nginx-RTMP 还使用另外一种抽象，比如直播流的发布开始、发布结束和播放开始等，这些直播流的操作被 rtmp_cmd_module 封装，通过链式的调用实现模块的动态插入以及中继、录制和切片等功能。

下面介绍 rtmp_cmd_module 的实现。rtmp_cmd_module 模块初始化过程中配置了 amf 指令的钩子函数。这些 amf 指令包含用户层的连接、创建流、关闭流、删除流和发布等，从而实现对直播流操作的封装，代码如下：

```
static ngx_int_t
ngx_rtmp_cmd_postconfiguration(ngx_conf_t *cf)
{
    ......
    /* 控制回调初始化 */
    cmcf=ngx_rtmp_conf_get_module_main_conf(cf,ngx_rtmp_core_module);
    h = ngx_array_push(&cmcf->events[NGX_RTMP_DISCONNECT]);
    *h = ngx_rtmp_cmd_disconnect_init;

    /* 注册所有 RTMP 里的控制协议、amf 指令的钩子函数 */
    ncalls = sizeof(ngx_rtmp_cmd_map) / sizeof(ngx_rtmp_cmd_map[0]);
    ch = ngx_array_push_n(&cmcf->amf, ncalls);
    bh = ngx_rtmp_cmd_map;
    for(n = 0; n < ncalls; ++n, ++ch, ++bh) {
        *ch = *bh;
    }
    ngx_rtmp_connect = ngx_rtmp_cmd_connect;
    ngx_rtmp_disconnect = ngx_rtmp_cmd_disconnect;
    ngx_rtmp_create_stream = ngx_rtmp_cmd_create_stream;
    ......
    return NGX_OK;
}
/* RTMP 支持的控制协议表、amf 的钩子函数 */
static ngx_rtmp_amf_handler_t ngx_rtmp_cmd_map[] = {
    { ngx_string("connect"),     ngx_rtmp_cmd_connect_init},
    { ngx_string("createStream"),ngx_rtmp_cmd_create_stream_init},
    { ngx_string("closeStream"), ngx_rtmp_cmd_close_stream_init},
    { ngx_string("deleteStream"),ngx_rtmp_cmd_delete_stream_init},
    { ngx_string("publish"),     ngx_rtmp_cmd_publish_init },
    ......
};
```

例如，客户端连接到服务端后发送 connect 的 amf 指令过来，这时 ngx_rtmp_receive_message 会调用 ngx_rtmp_amf_message_handler 来处理这个消息。而 rtmp_cmd_module 模块注册了 connect 的 amf 指令，ngx_rtmp_cmd_connect_init 函数会被 ngx_rtmp_amf_message_handler 调用。ngx_rtmp_cmd_connect_init 初始化参数后调用函数指针 ngx_rtmp_connect，代码如下：

```
ngx_int_t
ngx_rtmp_amf_message_handler(ngx_rtmp_session_t *s,
```

```
                    ngx_rtmp_header_t *h, ngx_chain_t *in)
{
    for (n = 0; n < ch->nelts; ++n, ++ph) {
        switch ((*ph)(s, h, in)) {
            case NGX_ERROR:
                return NGX_ERROR;
            case NGX_DONE:
                return NGX_OK;
        }
    }
    ...
    return NGX_OK;
}
static ngx_int_t ngx_rtmp_cmd_connect_init(
    ngx_rtmp_session_t *s, ngx_rtmp_header_t *h,ngx_chain_t *in)
{
    static ngx_rtmp_connect_t   v;
    ...
    return ngx_rtmp_connect(s, &v);
}
```

也就是说，rtmp_cmd_module 模块只是对外暴露了一个函数指针变量 ngx_rtmp_ connect。以 rtmp_notify_module 模块为例，如果模块想在连接时被通知，就要在模块初始化过程中将 ngx_rtmp_notify_connect 挂载到调用链上。挂载方法如下：

```
static ngx_int_t
ngx_rtmp_notify_postconfiguration(ngx_conf_t *cf)
{
    next_connect = ngx_rtmp_connect;
    ngx_rtmp_connect = ngx_rtmp_notify_connect;
    ...
    return NGX_OK;
}
```

当客户端发送 connect 的 amf 指令过来时，ngx_rtmp_connect 链上所有的钩子函数都会被调用。ngx_rtmp_notify_connect 通常用来鉴权或者重定向。下面是 ngx_rtmp_notify_ connect 的代码实现：

```
static ngx_int_t ngx_rtmp_notify_connect(ngx_rtmp_session_t *s,
                                        ngx_rtmp_connect_t *v)
{
    ngx_rtmp_notify_srv_conf_t    *nscf;
    ngx_rtmp_netcall_init_t        ci;
    ngx_url_t                     *url;
    ...
    /* 调用鉴权，访问配置好的 HTTP 服务 */
    ci.url = url;
    ci.create = ngx_rtmp_notify_connect_create;
    ci.handle = ngx_rtmp_notify_connect_handle;
```

```
        ci.arg = v;
        ci.argsize = sizeof(*v);
        return ngx_rtmp_netcall_create(s, &ci);
next:
        /* 下一模块的 connect 函数 */
        return next_connect(s, v);
}
```

访问后端服务是一个异步操作。在后端服务没有响应或者超时前，链式调用是不会继续运行的。下面是后端服务的返回操作：如果鉴权通过，继续调用下一个钩子函数；如果鉴权不通过，返回错误，被 **ngx_rtmp_receive_message** 捕捉到，进而关闭连接。

```
static ngx_int_t
ngx_rtmp_notify_connect_handle(ngx_rtmp_session_t *s,
        void *arg, ngx_chain_t *in)
{
    ...
    rc = ngx_rtmp_notify_parse_http_retcode(s, in);
    if (rc == NGX_ERROR) { /* 鉴权不通过 */
        return NGX_ERROR;
    }
    ...
    /* 鉴权通过 */
    return next_connect(s, v);
}
```

这类的链式有很多，上文代码有提到 connect，还有 publish、play 等。nginx_cmd_module 的调用链如图 12-9 所示。

有一个问题，调用链的调用顺序是什么？因为调用链的插入在配置后初始化，所以会按照模块的初始化逆序进行调用。

通过模块化后动态插入调用链的方式，使直播中订阅者和发布者加入和退出的实现变得很简单，即只要将 ngx_rtmp_live_publish 加入调用链，然后让会话挂载到对应的链表即可。下面是发布流的钩子函数的实现：

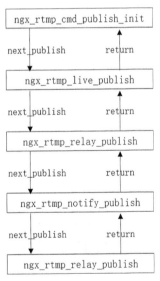

图 12-9　nginx_cmd_module 调用链

```
static ngx_int_t
ngx_rtmp_live_publish(ngx_rtmp_session_t *s, ngx_rtmp_publish_t *v)
{
    /* 加入发布者 */
    ngx_rtmp_live_join(s, v->name, 1);

    ctx = ngx_rtmp_get_module_ctx(s, ngx_rtmp_live_module);
    if (ctx == NULL || !ctx->publishing) {
```

```
        goto next;
    }
    ctx->silent = v->silent;
next:
    return next_publish(s, v);
}
```

publish 中的钩子函数将会话的上下文加入当前流的链表。ngx_rtmp_live_join 主要用于实现加入链表和创建流的操作，代码如下：

```
/* 加入订阅者或者发布者 */
static void
ngx_rtmp_live_join(ngx_rtmp_session_t *s, u_char *name,
                   unsigned publisher)
{
    ......
    ngx_memzero(ctx, sizeof(*ctx));
    ctx->session = s;

    /* 如果是发布者，流不存在会创建 */
    stream = ngx_rtmp_live_get_stream(s, name,
        publisher || lacf->idle_streams);

    /* 当前流如果已有发布者，不允许重复发布 */
    if (publisher) {
        if ((*stream)->publishing) { /* 创建失败 */
            ...
            return;
        }
        (*stream)->publishing = 1;
    }
    ctx->stream = *stream;
    ctx->publishing = publisher;

    /* 链表的插入操作 */
    /* 将当前的 ctx 加入流的发布者和订阅者链表 */
    ctx->next = (*stream)->ctx;
    (*stream)->ctx = ctx;
    ...
}
```

学生作为订阅者加入链表的流程与发布者加入链表的流程是一样的。ngx_rtmp_live_module 同样将 ngx_rtmp_live_play 挂到 ngx_rtmp_cmd_play 的钩子函数中，然后 ngx_rtmp_live_play 将会话加入订阅者队列。读者可以阅读 ngx_rtmp_live_play 的实现。

本节主要讨论了模块化的流程，媒体数据发送到 Nginx-RTMP 后，组成完整消息后会调用 ngx_rtmp_receive_message，该函数会根据消息的类型调用不同的钩子函数，其中 ngx_rtmp_live 模块关注音 / 视频数据，这个模块会将音 / 视频数据接收后发送给订阅者。除此之外，Nginx-RTMP 还提供了流的抽象，如流的开始、结束等，我们编写模块的时候可以将钩子函数插入到这些流程，从而实现按需定制。12.5 节会选取 Nginx-RTMP 核心 ngx_rtmp_relay_module 模块（中继模块）进行讨论。通过中继模块，Nginx-RTMP 可以实现推 / 拉功能。这些功能典型的应用场景是网络加速。

12.5 中继模块

除了 live 模块外，中继模块是 Nnginx-RTMP 中最复杂的 RTMP 模块。它最主要的作用是中转推 / 拉相应的流。通过中继模块，服务器之间可以使用专线或者其他可控的方案来保证直播的稳定。图 12-10 所示是一个典型的加速场景，我们可以加入多级 Nginx-RTMP 去扩展服务。

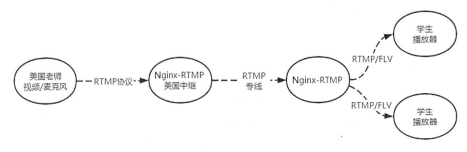

图 12-10　中继模块的转推作用

我们先看一个中继模块的指令：

```
static ngx_command_t  ngx_rtmp_relay_commands[] = {
    { ngx_string("push"),
      NGX_RTMP_APP_CONF|NGX_CONF_1MORE,
      ngx_rtmp_relay_push_pull,
      NGX_RTMP_APP_CONF_OFFSET,
      0,
      NULL },
    { ngx_string("pull"),
      NGX_RTMP_APP_CONF|NGX_CONF_1MORE,
      ngx_rtmp_relay_push_pull,
      NGX_RTMP_APP_CONF_OFFSET,
      0,
      NULL },
    { ngx_string("push_reconnect"),

      NGX_RTMP_MAIN_CONF|NGX_RTMP_SRV_CONF|NGX_RTMP_APP_CONF|NGX_CONF_TAKE1,
      ngx_conf_set_msec_slot,
      NGX_RTMP_APP_CONF_OFFSET,
      offsetof(ngx_rtmp_relay_app_conf_t, push_reconnect),
      NULL },
    { ngx_string("pull_reconnect"),
```

```
    NGX_RTMP_MAIN_CONF|NGX_RTMP_SRV_CONF|NGX_RTMP_APP_CONF|NGX_CONF_TAKE1,
    ngx_conf_set_msec_slot,
    NGX_RTMP_APP_CONF_OFFSET,
    offsetof(ngx_rtmp_relay_app_conf_t, pull_reconnect),
    NULL },
    ngx_null_command
};
```

push 指令后面跟着 URI，配置后当有流发布时都会向配置好的 RTMP 服务转推一份；pull 指令后面也跟着 URI，配置后当学生来拉流时会向指定的服务器转拉一份。ngx_rtmp_relay_push_pull 用于解析推 / 拉（转推、转拉和静态拉）的配置。

转推和转拉都是动态触发的，而静态拉不需要触发，比如知道老师下午有一节重要的课，我们可以提前将流拉到服务器，这样学生连接上服务器就可以观看直播了，而不需要动态地去老师所在的服务器拉流，相当于一个提前预热的过程。下面代码是这 3 种情况的配置解析和设置过程。

```
static char *
ngx_rtmp_relay_push_pull(ngx_conf_t*cf,ngx_command_t*cmd,void *conf)
{
    value = cf->args->elts;
    racf = ngx_rtmp_conf_get_module_app_conf(cf,
            ngx_rtmp_relay_module);

    is_pull = (value[0].data[3] == 'l');               /* pull ? push */
    target = ngx_pcalloc(cf->pool, sizeof(*target));
    target->tag = &ngx_rtmp_relay_module;
    target->data = target;
    u = &target->url;
    u->default_port = 1935;
    u->uri_part = 1;
    u->url = value[1];
    if (ngx_parse_url(cf->pool, u) != NGX_OK) {
    }
    /* push 指令后面的 URL 可以带参数 */
    value += 2;
    for (i = 2; i < cf->args->nelts; ++i, ++value) {
        /* 只支持下面的参数 */
        NGX_RTMP_RELAY_STR_PAR("app",      app);      /* 应用名 */
        NGX_RTMP_RELAY_STR_PAR("name",     name);     /* 流名 */
        NGX_RTMP_RELAY_STR_PAR("tcUrl",    tc_url);
        ......
        return "unsuppored parameter";
    }
    if (is_static) {/* 静态拉一般用来提前预热 */
    } else if (is_pull) { /* 转拉配置 */
        t = ngx_array_push(&racf->pulls);
    } else {/* 转推配置 */
        t = ngx_array_push(&racf->pushes);
```

```
    }
    *t = target;
    return NGX_CONF_OK;
}
```

初始化的 push 和 pull 数组里就有配置好的目标，接下来在 publish 和 play 的钩子函数中进行动态转推或转拉。该钩子函数在 ngx_rtmp_relay_module 模块的初始化函数 ngx_rtmp_relay_postconfiguration 中进行设置：

```
static ngx_int_t
ngx_rtmp_relay_postconfiguration(ngx_conf_t *cf)
{
    cmcf = ngx_rtmp_conf_get_module_main_conf(cf,
                        ngx_rtmp_core_module);
    /* 对握手感兴趣，后面介绍 */
    h = ngx_array_push(&cmcf->events[NGX_RTMP_HANDSHAKE_DONE]);
    *h = ngx_rtmp_relay_handshake_done;

    /* publish 钩子函数用于转推，即 push */
    next_publish = ngx_rtmp_publish;
    ngx_rtmp_publish = ngx_rtmp_relay_publish;
    /* play 钩子函数用于中继转拉，即 pull */
    next_play = ngx_rtmp_play;
    ngx_rtmp_play = ngx_rtmp_relay_play;
    ...

    ch = ngx_array_push(&cmcf->amf);
    ngx_str_set(&ch->name, "_result");
    ch->handler = ngx_rtmp_relay_on_result;
    ch = ngx_array_push(&cmcf->amf);
    ngx_str_set(&ch->name, "_error");
    ch->handler = ngx_rtmp_relay_on_error;
    ch = ngx_array_push(&cmcf->amf);
    ngx_str_set(&ch->name, "onStatus");
    ch->handler = ngx_rtmp_relay_on_status;
    return NGX_OK;
}
```

nginx_relay_module 挂载了 publish 和 play 的钩子函数，同时挂载了一些控制指令的钩子，例如握手信息、onStatus、_error、_result。原因是作为中继模块，nginx_relay_module 不仅要充当服务端的角色，也要充当客户端的角色。我们知道 onStatus、_error、_result 是服务器对客户端的响应，由于中继模块不仅是服务方，同时也是上游服务器的客户端，因此它会对握手以及 onStatus 等设置回调函数。下面继续学习中继模块的 publish 的钩子函数：

```
static ngx_int_t
ngx_rtmp_relay_publish(ngx_rtmp_session_t *s, ngx_rtmp_publish_t *v)
{
    ...
```

```
    t = racf->pushes.elts;
    for (n = 0; n < racf->pushes.nelts; ++n, ++t) {
        target = *t;
        if (target->name.len && (name.len != target->name.len ||
            ngx_memcmp(name.data, target->name.data, name.len)))
        {
            continue;
        }
        /* 执行中继转推操作 */
        if (ngx_rtmp_relay_push(s, &name, target) == NGX_OK) {
            continue;
        }
        /* 如果失败，则重试 */
        if (ctx && !ctx->push_evt.timer_set) {
            ngx_add_timer(&ctx->push_evt, racf->push_reconnect);
        }
    }
next:
    return next_publish(s, v);
}
```

当发布者发布流后，ngx_rtmp_relay_publish 钩子函数将流给转推出去。转推的过程就是中继模块作为客户端向远端的服务发起推流的指令的过程。ngx_rtmp_relay_create_connection 函数是中继模块，作为客户端而开始握手。

```
static ngx_rtmp_relay_ctx_t *
ngx_rtmp_relay_create_connection(ngx_rtmp_conf_ctx_t *cctx,
        ngx_str_t* name, ngx_rtmp_relay_target_t *target,
        ngx_rtmp_session_t *ps)
{
    racf = ngx_rtmp_get_module_app_conf(cctx,
                                        ngx_rtmp_relay_module);
    pool = NULL;
    pool = ngx_create_pool(4096, racf->log);
    /* 省略一部分代码，作为客户端连接远端服务 */
    rc = ngx_event_connect_peer(pc);
    if (rc != NGX_OK && rc != NGX_AGAIN ) {
        goto clear;
    }
    ...
    rs = ngx_rtmp_init_session(c, addr_conf);
    rs->app_conf = cctx->app_conf;
    rs->relay = 1;
    rctx->session = rs;
    ngx_rtmp_set_ctx(rs, rctx, ngx_rtmp_relay_module);
    ngx_str_set(&rs->flashver, "ngx-local-relay");
    /* 作为客户端，开始握手 */
    ngx_rtmp_client_handshake(rs, 1);
    return rctx;
clear:
```

```
    if (pool) {
        ngx_destroy_pool(pool);
    }
    return NULL;
}
```

对于 Nginx-RTMP 而言，将远端作为一个 player 加入 live 模块。握手的结果会通过 _error 或者 _result 从远端传回来。随后，在 _result 的响应函数 ngx_rtmp_relay_on_result 中检查返回值。

```
static ngx_int_t
ngx_rtmp_relay_on_result(ngx_rtmp_session_t *s,
        ngx_rtmp_header_t *h,ngx_chain_t *in)
{
    ctx = ngx_rtmp_get_module_ctx(s, ngx_rtmp_relay_module);
    if (ctx == NULL || !s->relay) {
        return NGX_OK;
    }
    /* v.trans 参数作为客户端请求时传给服务端，当服务端返回时会回传这个参数 */
    switch ((ngx_int_t)v.trans) {
        case NGX_RTMP_RELAY_CONNECT_TRANS:
            return ngx_rtmp_relay_send_create_stream(s);
        case NGX_RTMP_RELAY_CREATE_STREAM_TRANS:
            if (ctx->publish != ctx && !s->static_relay) {
                /* 给远端发送开始推流的指令 */
                if (ngx_rtmp_relay_send_publish(s) != NGX_OK) {
                    return NGX_ERROR;
                }
                /* 对远端的 publish 的回应，将远端作为一个 player 放入链表 */
                return ngx_rtmp_relay_play_local(s);
            } else {
                /* 给远端发送开始播放的指令 */
                if (ngx_rtmp_relay_send_play(s) != NGX_OK) {
                    return NGX_ERROR;
                }
                /* 对远端的 player 的回应，将远端作为一个 publish 放入链表 */
                return ngx_rtmp_relay_publish_local(s);
            }
        default:
            return NGX_OK;
    }
}
/* 只要简单调用 play 的钩子函数即可。后续是正常的分发流程 */
static ngx_int_t
ngx_rtmp_relay_play_local(ngx_rtmp_session_t *s)
{
    ctx = ngx_rtmp_get_module_ctx(s, ngx_rtmp_relay_module);
    ngx_memzero(&v, sizeof(ngx_rtmp_play_t));
    v.silent = 1;
    *(ngx_cpymem(v.name, ctx->name.data,
```

```
                ngx_min(sizeof(v.name) - 1, ctx->name.len))) = 0;
    return ngx_rtmp_play(s, &v);
}
```

整个过程是非常巧妙的。对于转推，中继模块作为客户端向远端发送开始推流的指令，向本地发送开始播放的指令，这样本机的 live 模块会将远端当成一个订阅者，将音 / 视频数据源源不断地发送给远端。对于转推，远端是当前 Nginx-RTMP 是一个订阅者；对于转拉，远端是当前 Nginx-RTMP 的一个发布者。

12.6　本章小结

本章介绍了 RTMP 和 Nginx-RTMP 的实现。其中，RTMP 使用块来划分消息，这些消息包括音 / 视频和数据消息。Nginx-RTMP 实现了握手，RTMP 模块实现了数据接收，但是把消息的转发放在 ngx_rtmp_live_module 模块中，还使用 ngx_rtmp_relay_module 模块进行转推或者转拉。

推荐阅读

微服务架构设计模式

作者：Chris Richardson ISBN：978-7-111-62412-7 定价：139.00元

世界十大软件架构师之一Chris Richardson力作，微服务架构的权威指南

涵盖44个架构设计模式，系统解决服务拆分、事务管理、查询和跨服务通信等难题

易宝支付CTO陈斌、PolarisTech 联合创始人蔡书、才云科技CEO张鑫等多位专家鼎力推荐

本书将教会你如何开发和部署生产级别的微服务架构应用。这套宝贵的架构设计模式建立在数十年的分布式系统经验之上，Chris还为开发服务添加了新的模式，并将它们组合成可在真实条件下可靠地扩展和执行的系统。本书不仅仅是一个模式目录，还提供了经验驱动的建议，以帮助你设计、实现、测试和部署基于微服务的应用程序。

本书专为熟悉标准企业应用程序架构的开发人员编写，使用Java编写所有示例代码。

推荐阅读

推荐阅读

PHP 7底层设计与源码实现

作者：陈雷 等编著　ISBN：978-7-111-59919-7 定价：99.00元

滴滴出行专家联合撰写，多位 PHP 领域大咖推荐，全面吃透 PHP 底层设计不二之选
全面讲解 PHP 内核架构、核心实现与内存管理、
词法与句法解析、Zend 虚拟机、函数及关键扩展等设计细节与源码实现

Nginx底层设计与源码分析

作者：聂松松 赵禹 施洪宝 等著 ISBN：978-7-111-68274-5 定价：99.00元

好未来资深专家撰写，剖析 Nginx 源码设计精髓与应用
大量源码分析与流程图总结，详解 Nginx 架构、执行流程、模块实现与数据结构，
兼有经百万级 PV 直播高峰验证的 Nginx 直播服务案例